“十四五”普通高等院校计算机类专业系列教材

计算机网络系统集成

（第二版）

桂学勤　熊小兵　田凤霞　卢社阶　编著

中国铁道出版社有限公司
CHINA RAILWAY PUBLISHING HOUSE CO., LTD.

内 容 简 介

本书是"十四五"普通高等院校计算机类专业系列教材之一，系统论述了计算机网络系统集成的全过程。全书共分10章，包括计算机网络系统集成概述、网络需求分析、网络工程设计（逻辑设计、物理设计、拓展设计）、网络工程实施与管理、网络工程测试与验收、网络管理与维护、网络工程监理及网络工程招标投标等知识和实践内容。

本书在相关章节介绍了华为网络相关的产品及选型参考，包括华为模块化机房、华为交换机路由器产品、华为服务器产品、华为存储产品、华为防火墙安全产品、华为 eSight 网络管理系统等。

本书内容丰富，既有理论深度，也有实用价值，适合作为普通高等院校网络工程专业教材，也可作为计算机网络系统集成人员的项目实施参考资料。

图书在版编目（CIP）数据

计算机网络系统集成 / 桂学勤等编著 .—2 版 .—北京：中国铁道出版社有限公司，2024.4（2025.1 重印）
"十四五"普通高等院校计算机类专业系列教材
ISBN 978-7-113-30902-2

Ⅰ.①计… Ⅱ.①桂… Ⅲ.①计算机网络－网络集成－高等学校－教材 Ⅳ.① TP393.03

中国国家版本馆 CIP 数据核字（2024）第 013999 号

书　　名：计算机网络系统集成
作　　者： 桂学勤　熊小兵　田凤霞　卢社阶

策　　划： 徐海英　　**编辑部电话：**（010）63551006
责任编辑： 王春霞　李学敏
封面设计： 付　巍
封面制作： 刘　颖
责任校对： 苗　丹
责任印制： 赵星辰

出版发行： 中国铁道出版社有限公司（100054，北京市西城区右安门西街 8 号）
网　　址： https://www.tdpress.com/51eds
印　　刷： 天津嘉恒印务有限公司
版　　次： 2024 年 4 月第 2 版　2025 年 1 月第 2 次印刷
开　　本： 850 mm×1 168 mm　1/16　**印张：** 17.5　**字数：** 452 千
书　　号： ISBN 978-7-113-30902-2
定　　价： 48.00 元

前　言

"计算机网络系统集成"是高等院校网络工程专业的核心课程。本教材以计算机网络系统集成的过程为主线，内容涵盖网络工程需求分析、规划设计、实施部署、测试验收、维护管理，以及计算机网络系统集成的辅助工作、网络工程项目监理和网络工程项目招标投标等。

全书共10章。第1章在介绍计算机网络系统集成过程的同时，论述了计算机网络系统的四层模型，计算机网络系统四层模型有助于确定网络系统集成各项工作的内容；第2章论述计算机网络系统集成的需求分析，包括需求分析的过程（需求获取、需求分析、需求分析报告）、需求分析的内容（基本需求、高级需求）等；第3章论述网络工程逻辑设计，包括网络结构设计、VLAN设计、IP地址设计、路由设计等；第4章论述网络工程物理设计，包括结构化布线设计、网络中心设计、网络设备选型、服务器选型与部署等；第5章是针对高级需求的设计，包括对网络性能、可靠性、扩展性、安全和管理的设计；第6章网络工程实施与管理，包括项目实施流程、具体实施过程、初测初验和试运行，以及项目实施过程中的项目管理和文档管理等；第7章论述项目测试和验收，包括测试规范、测试工具，以及具体的测试方法和验收方法；第8章论述网络的维护管理，包括管理的功能、常用管理工具和管理工具的使用方法；第9章论述网络工程项目的监理工作；第10章论述网络工程项目的招标投标知识，以及网络工程项目的经费预算方法等。

本书在讲述理论知识的同时，注重实践能力的培养，对读者从事计算机网络系统集成实际工作具有指导作用，具体体现在四个方面：一是列举大量的网络工程项目建设过程产生的文档作为参考样本，包括详细的需求分析报告、设计报告、实施方案、测试验收报告大纲、维护管理工作内容及记录样表、网络工程费用预算样表等。二是在设备选型中对网络工程项目涉及的各种设备，以华为设备为例进行了详细介绍，包括华为模块化数据中心IDS系列、华为交换机Sx700系列、华为路由器AR系列、华为服务器RH系列、华为存储产品OceanStor统一存储系列、华为USG防火墙的UTM防火墙USG5000系列和NGFW防火墙USG6000系列，为设备选型提供参考。三是对网络的测试验收与管理维护等容易忽视的内容，有定性的方法介绍、定量可操作的测试和维护方法介绍，比如电缆光缆的测试方法、工具以及合格参数等；网络连通性、网络性能测试的方法、软件、合格参数等；常用网络管理工具、流量监控工具、协议分析工具的使用方法等，这些内容有利于读者真正掌握具体的计算机网络系统的测试验收方

法和维护管理方法。四是结合国家标准和国家法律法规对网络工程项目监理和网络工程项目招标投标知识进行了较为详细的介绍。

本书适合作为普通高等院校网络工程专业教材，也可作为计算机网络系统集成人员的项目实施参考资料。

本书以落实立德树人根本任务、践行党的二十大报告精神为根本宗旨，充分领悟党的二十大报告提出的“实施科教兴国战略，强化现代化建设人才支撑”的精神，同时按照“加强教材建设和管理”新要求，积极“推进教育数字化”，加强数字教学资源建设。书中附有二维码，读者可扫码获取相关资源。

由于编者水平有限，书中不妥之处在所难免，诚望读者批评指正。希望本书的出版能够为更多从事计算机网络系统集成的读者提供一定的帮助。

编　者

2023年10月

目 录

第1章 计算机网络系统集成概述

本章首先对网络工程和计算机网络系统集成的关系进行说明，然后从计算机网络系统的层次模型、计算机网络系统集成的步骤、计算机网络系统集成的文档管理、计算机网络系统集成的相关标准和规范等几个方面进行介绍。

1.1 网络工程与网络系统集成的关系

网络工程是从工程的角度来说明计算机网络系统的建设。可以说，网络工程是应用网络相关科学知识和技术手段，结合工程管理的原则，构成计算机网络系统的过程。

视频

计算机网络系统集成概述

系统是指为实现某一目标而应用一组元素的有机组合，系统本身又可以作为一个元素单位（子系统）参与多次组合，这种组合的过程就是系统集成。

计算机网络系统集成是从方法学的角度来说明计算机网络系统的建设。计算机网络系统集成可以理解为利用系统集成的方法将组成网络的各种组成元素（系统）有机组合在一起的过程。可以说，网络工程就是用系统集成的方法建设计算机网络系统的工作过程。

计算机网络系统的建设包括网络需求分析、网络规划与设计、网络实施与部署、网络测试与验收、网络维护管理等过程。另外，在项目实施过程中还有一些辅助工作，如项目的招标投标、项目监理等工作。对于一个大型网络工程项目，需要严格按照工程规范开展工作，项目实施的过程中需要编写各类文档。本章主要介绍计算机网络系统集成过程中各项工作的具体内容以及相关文档的撰写。

1.2 计算机网络系统的层次模型

计算机网络系统是一个非常复杂的系统，为了便于设计实现一个网络系统，通过对大量计算机网络系统的结构进行分析，提炼出了计算机网络系统的四层模型。该四层模型自下而上包含网络环境平台、网络传输平台、网络服务平台、网络业务应用平台，见表1-1。计算机网络系统四层模型概括了一个计算机网络系统包含的主要工作和内容。掌握计算机网络系统四层模型有助于确定网络系统集成各项工作的内容，有助于计算机系统集成知识体系的学习。

表 1-1　计算机网络系统四个层次

计算机网络系统层次	
网络业务应用平台	用户业务（管理信息系统等） 系统应用（Web E-mail、DNS等）
网络服务平台	支撑管理（网络管理系统、服务器、支撑软件如数据库等）
网络传输平台	通信技术与设备（网络协议、网络技术、网络设备等）
网络环境平台	基础设施（综合布线系统、网络中心机房系统等）

（1）网络环境平台

网络环境平台为计算机网络系统运行提供支撑的基础设施，主要包括楼宇的综合布线系统、网络中心机房系统、供电系统等。

（2）网络传输平台

网络传输平台为计算机网络系统提供可靠的信息传输，主要包括网络协议（TCP/IP）、网络互联技术（Ethernet、Wi-Fi、RPR、ATM、FR、SDH、DWDM等）、网络设备（集线器、交换机、路由器）等。

（3）网络服务平台

网络服务平台主要为计算机网络系统提供网络服务功能和应用支撑，主要是网络系统自身的功能，包括网络服务相关的系统、支撑技术和各类服务器。网络服务平台主要包含网络操作系统、数据库管理系统、网络管理系统、服务器管理系统、网络存储系统等，支撑技术如数据库技术、网络技术、服务器群集技术、磁盘阵列技术等。

（4）网络业务应用平台

网络业务应用平台是相关单位建设计算机网络系统的主要动力，是为单位用户开展相关业务和互联网应用的软件平台。业务软件如办公OA系统、财务管理系统、管理信息系统MIS（CRM系统、ERP系统等）、计算机辅助设计CAD、计算机辅助制造CAM、计算机辅助教育CAI等；互联网应用如Web服务、DNS服务、电子邮件、即时通信、电子商务、电子政务、数字娱乐等。

1.3 计算机网络系统集成步骤

对于不同规模的计算机网络系统，系统集成的过程承载很大差异。比如，对于只有几台和十多台计算机的小型办公网络，只需要购置一到两台交换机，配合布线设备及线缆就能很好地建造起来。但对于一个拥有几百台主机，连接一座大楼或若干大楼的大型企业网络，计算机网络系统集成工作就比较复杂了。

通过对大量计算机网络系统集成过程进行分析，总结出计算机网络系统集成的主要步骤如下。

① 网络工程需求分析；

② 网络工程规划设计；

③ 网络工程实施部署；

④ 网络工程测试与验收；

⑤ 网络工程维护管理。

为了建设好一个计算机网络系统，在系统集成的整个过程中，为保证项目建设达到预期目标，通过招投标选定系统集成商和网络设备供应商；为保障项目建设的质量和建设工期，通过委托方式选择具有法人资格的监理单位参与项目监理；为保障项目的正常运行管理，系统集成商对用户进行系统运行管理培训等。计算机网络系统集成过程如图1-1所示。

图 1-1　计算机网络系统集成过程

1.3.1　网络工程需求分析

网络需求分析是网络工程的第一步，是网络规划设计的基础，也是建设一个用户满意的计算机网络系统的基础和前提。网络需求分析是通过需求信息获取、需求分析，并最终形成需求分析报告的过程。

在建设一个网络系统之前，用户方的网络系统主管或系统集成商的网络设计者必须关注网络需求，进行网络需求调查。也就是说，网络设计者应该实地考察并与用户进行良好的沟通。通过实地考察整个网络建设环境，调查网络工程涉及的建筑物分布、建筑物的结构，初步确定网络中心位置、楼宇之间光纤的走向等。通过与用户沟通交流，了解用户单位组织结构、人员数量，初步了解网络信息点数量，并确定网络系统要完成的网络功能，要支持开展的业务等。

网络设计者根据实地考察和用户沟通交流，获取需求信息，进行需求分析，最终获取用户网络建设的目标；了解网络系统对环境平台需求、通信平台需求、服务平台需求、业务平台需求，以及网络性能需求、网络可靠性需求、网络安全需求、网络扩展性需求、网络管理需求等，并最终形成需求分析报告。

1.3.2　网络工程规划设计

网络规划设计是在一定的方法和原则指导下，对网络进行总体规划、逻辑设计和物理设计的过程。网络规划设计包括网络结构与拓扑、通信协议与传输技术、网络服务与应用等多个方面的规划设计。

网络规划位于高层，从宏观和整体上对网络进行规划，把握网络设计方向，需要结合网络需求分析，明确网络建设的目标，明确计算机网络系统应具备的服务功能和业务功能，明确网络工程项目建设的工期以及项目资金预算，并根据网络需求分析以及项目资金预算确定需要建设的网络工程项目的网络规模。

网络设计则是在网络规划的指导下进行具体的逻辑设计和物理设计，逻辑设计在网络拓扑、传输技术、IP地址、路由选择、网络管理和网络安全等方面给出具体的设计方案；物理设计在结构化布线、设备选型等方面给出具体的方案。

很多时候，网络规划与网络设计一起完成，简称为网络设计。

1.3.3 网络工程实施部署

网络工程实施部署是整个项目成败的关键，需要制订详细的实施方案和计划，并按照既定方案和计划进行实施部署，以保证项目的顺利完成。用户单位关心的往往是项目实施完成的质量和计算机网络系统能否达到工程建设目标，并不关心项目实施的过程。但项目实施者可以通过项目实施的过程管理以及全面的文档材料撰写，通过项目实施活动引导用户参与项目具体实施。比如，项目启动会、项目实施周报、设备初验等活动，让用户单位的网络管理者参与项目中来。

项目实施的主要内容包括网络环境平台的实施、网络传输平台实施、网络服务系统实施、网络业务系统实施等。项目实施的主要流程主要包括制订实施方案（成立项目工作组、确定项目进度）→召开项目启动会（审核方案）→综合布线工程实施（随工测试）→网络中心实施（随工测试）→网络设备配置、部署（调试）→服务器配置部署（调试）。

网络工程测试验收是计算机网络系统集成过程中一项单独的工作，但隐蔽工程的随工测试工作包含项目实施过程。

1.3.4 网络工程测试与验收

网络工程测试与验收是网络工程建设的最后一环，是全面考核工程的建设工作、检验工程设计和工程质量的重要手段，它关系到整个网络工程的质量能否达到预期设计指标。对网络工程项目的测试验收一般都有对应的测试验收标准，应参照标准进行。在网络工程项目实施过程中和实施完成并交付使用前，需要对项目进行测试验收。总体来说，测试验收过程可以细化为三个阶段：初测初验、试运行、竣工测试验收。

测试结果能够表明网络设计方案和项目实施满足用户业务目标和技术目标的程度，并以验收的形式加以确认。网络工程测试与验收的最终结果是向用户提交一份完整的系统测试结果与验收报告。

网络工程测试的内容应包含网络环境平台测试、网络传输平台测试、网络服务平台测试和网络业务平台测试。在此基础上，还需要进行管理功能测试等。

网络工程验收通常分为网络环境平台验收（布线系统和机房系统）、网络传输平台验收（交换机、路由器验收）、网络服务平台验收（服务器、存储设备）、网络业务平台验收（业务软件），以及项目相关文档验收。

1.3.5 网络工程维护管理

网络维护管理是监督、组织和控制网络通信服务以及信息处理所必需的各种活动的总称。其目标是确保计算机网络的持续正常运行，并在计算机网络运行出现异常时能及时响应和排除故障。应该说，网络维护是当网络出现故障或异常时能够及时发现并处理，保持网络高效运行；网络管理就是通过某种方式对网络运行进行管理，使网络能正常高效地运行。其目的很明确，就是使网络中的资源得到更加有效的利用。它应维护网络的正常运行，当网络出现故障时能及时报告和处理，并协调、保持网络系统的高效运行等。

随着计算机技术和因特网的发展，企业和政府部门大规模建立网络来推动电子商务和政务的发展，伴随着网络的业务和应用的丰富，对计算机网络的管理与维护也就变得至关重要。人们普遍认为，网络维护管理是计算机网络的关键技术之一，尤其在大型计算机网络中更是如此。

1.4 计算机网络系统集成的文档管理

计算机网络系统集成是涉及网络设备、服务器、软件应用程序等基本构件的系统工程，是一个技术要求高的系统工程项目。在这个系统工程项目设计实施过程中，会产生很多文档。从某种意义上来说，网络系统集成过程形成的这些文档是网络系统集成的指南；按照规范要求生成的一整套文档的过程，是计算机网络系统集成的过程体现。因此，网络工程文档是计算机网络系统集成的重要组成部分，应高度重视网络工程文档管理。

1.4.1 文档分类

按照文档的形式来看，文档大致分为两类：一类是编制的技术资料和设计文档，可称为文档；一类是设计实施过程需要填写的图表，可称为图表。图表可单独存在，也可包含在文档中。

按照文档产生和使用的范围，网络工程文档大致分为三类：设计文档、管理文档、用户文档。

（1）设计文档

这类文档是需求分析和设计阶段产生的文档，设计文档主要包括网络工程需求分析报告、网络工程设计方案等。

需求分析报告中可能包含的图表有项目需求问卷调查表、信息节点统计表等。网络工程设计方案中可能包含的图表有网络拓扑结构图、IP地址分配表、VLAN规划表、网络设备配置图等。

（2）管理文档

这类文档是在项目实施、测试验收、管理维护阶段产生的文档，管理文档主要包含网络工程项目实施方案、项目测试方案、项目试运行总结、项目验收报告、计算机网络系统管理维护档案等。

网络工程实施方案中可能包含的图表有网络工程实施进度表、骨干网铺设路由平面图、各个建筑物内部结构图和信息点分布图、综合布线工程实施记录、综合布线系统标识记录资料等。测试方案中可能包含测试项目内容表等。验收报告中可能包含验收记录等。管理维护档案中可能包含维护管理记录等。

（3）用户文档

这类文档是网络设计人员为用户准备的有关系统使用、操作、管理、维护有关的资料，用户文档包括设备配置文档、操作手册、使用说明书等。

以上相关文档是在计算机系统集成过程中，随着各个阶段工作的开展适时编写的。其中，有些文档反映一个阶段的工作，有些文档会跨越几个阶段。

1.4.2 文档制作工具

在网络系统集成的过程中需要用到多种文档，如网络工程设计方案、网络拓扑图、项目进度表、项目预算表、项目演示汇报课件等。不同的文档需要使用不同的软件工具来制作。常用的工具软件有

Microsoft Office Word（或WPS文字）、Microsoft Office Excel（或WPS表格）、Microsoft Office PowerPoint（或WPS演示）、Microsoft Office Visio（或Edraw Max）、Microsoft Office Project。

① Microsoft Office Word是微软公司提供文字处理软件，主要为用户制作含有大量文字和段落的文档。计算机网络系统集成中可以用于制作网络工程需求分析报告、网络工程设计报告等。

② Microsoft Office Excel是微软公司提供的报表处理软件，主要用于制作统计报表。计算机网络系统集成中可以用于制作网络工程设备配置表、网络工程项目预算表等。

③ Microsoft Office PowerPoint是微软公司提供的演示文稿制作软件，用于制作演示、汇报、培训场合的幻灯片文档。计算机网络系统集成中可以用于制作网络工程设计报告、项目投标方案的宣讲展示文稿。

④ Microsoft Office Visio是微软公司提供的图表制作软件，主要用于制作各类结构图、流程图、网络拓扑图等。计算机网络系统集成中可以用于制作网络拓扑图等。推荐使用Edraw Max（亿图图示）软件制作网络拓扑图。

⑤ Edraw Max是一款功能强大的专业制作各种应用图形的设计软件，通过这款软件用户可以轻松制作出流程图、组织结构图、业务流程、UML图、工作流程、程序结构、网络图、图表和图形、心智图、定向地图以及数据库图表。亿图图示完全基于矢量图形，可随心所欲地放大或缩小图形，与微软Office软件良好兼容。用户可快速熟练掌握亿图，它完美兼容Visio，包含大量高质量图形及模板，适用广泛，支持几乎所有图形格式及提供所见即所得输出。

Microsoft Office Project是微软公司提供的项目管理软件，主要用于项目管理。计算机网络系统集成中可以用于制作项目管理图表、项目实施进度表等。

1.4.3 网络系统集成过程对应文档

计算机网络系统集成过程以及对应文档如图1-2所示。本书后续各章将分别讲述计算机网络系统集成过程的相关理论知识，并结合实际项目，撰写计算机网络系统集成过程对应文档。通过文档撰写实践，熟练掌握计算机网络系统相关知识。

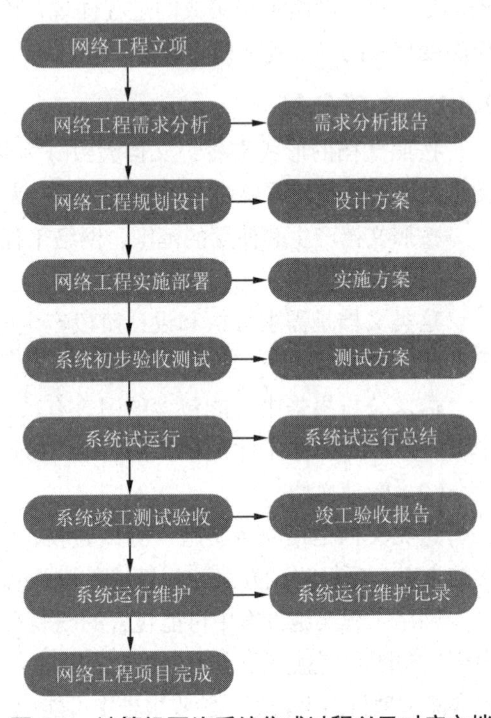

图 1-2 计算机网络系统集成过程以及对应文档

1.5 计算机网络系统集成相关标准与规范

与计算机网络系统集成相关的标准和规范主要集中在项目设计、项目实施、项目测试验收阶段。与网络工程项目设计、实施、验收有关的国家标准很多，这里仅列出部分国家标准和规范。可用作计算机网络系统设计方案的参考标准和规范。

①《数据中心设计规范》(GB 50174—2017)。
②《计算机场地安全要求》(GB/T 9361—2011)。
③《计算机场地通用规范》(GB/T 2887—2011)。
④《综合布线系统工程设计规范》(GB 50311—2016)。
⑤《通信管道与通道工程设计标准》(GB 50373—2019)。
⑥《建筑物电子信息系统防雷技术规范》(GB 50343—2012)。
⑦《电气装置安装工程　电缆线路施工及验收标准》(GB 50168—2018)。
⑧《电气装置安装工程　接地装置施工及验收规范》(GB 50169—2016)。
⑨《电气装置安装工程　蓄电池施工及验收规范》(GB 50172—2012)。
⑩《通信管道工程施工及验收标准》(GB/T 50374—2018)。
⑪《综合布线系统工程验收规范》(GB/T 50312—2016)。
⑫《综合布线系统电气特性通用测试方法》(YD/T 1013—2013)。

小结

本章主要介绍计算机网络系统集成的相关知识，计算机网络系统集成包括需求分析、网络设计、实施部署、测试验收、维护管理等过程，并对计算机网络系统集成的过程进行了概要说明。

本章还说明了网络工程、网络系统集成以及计算机网络系统的关系，对计算机网络系统的层次模型进行了介绍，重点理解计算机网络系统层次模型，它为网络工程各项工作的内容提供参考。

另外，还介绍计算机网络系统集成过程的文档管理，包括文档分类、制作工具，以及计算机网络系统集成过程涉及文档。最后提供了计算机网络系统集成相关的标准和规范。

习题

1. 如何理解计算机网络系统、网络工程、网络系统集成之间的关系？
2. 简述计算机网络系统层次模型。
3. 简述计算机网络系统集成步骤。
4. 什么是需求分析？
5. 网络规划设计包括哪几部分，各包括哪些内容？
6. 网络工程实施部署的内容和流程是什么？
7. 为什么要测试验收，它分为哪几个阶段？
8. 网络维护管理的目的是什么？
9. 简要说明计算机网络建设过程中涉及的文档。

第2章 网络需求分析

网络需求分析是网络工程项目建设的第一步，是网络设计者通过实地考察和用户沟通等方法，获取需求信息，然后对获取的需求信息进行分析，并最终形成需求分析报告的过程。

2.1 需求分析概述

设计一个网络，首先要为用户分析目前面临的主要问题，确定用户对网络的真正需求，并在结合未来可能的发展要求的基础上选择、设计合理的网络结构和网络技术，提供用户满意的服务。

需求分析的目的是充分了解用户建设网络的目的和要求。需求分析包括需求调查和调查结果分析两部分。需求调查就是通过调查的方式，了解用户的实际需求；调查结果分析就是对需求调查所取得的信息和数据进行分析，以确定网络工程项目的建设目标和所需要的网络环境、传输技术、网络服务功能、用户业务应用方面的具体需求，以及项目具体需求的有关参数等。

网络需求分析在整个计算机网络系统建设过程所在的位置非常重要，在一定程度上决定了网络工程项目设计实施的成败。网络需求分析涉及的非常广泛，总的来说，用户需求可以分为两大类，网络基本需求和网络高级需求。基本需求包括业务应用平台需求、服务功能平台需求、网络传输平台需求、网络环境平台需求（结合网络信息系统的层次结构）；高级需求包括性能需求、可靠性需求、安全需求、扩展性需求、管理需求等。

网络工程设计师通过需求调查获取需求信息后，还需要对用户需求信息进行分析，形成项目对应的网络工程需求分析报告。这个过程不仅要求需求调查人员具备足够的用户调查经验，全面掌握相关计算机网络系统的细节，还要求需求调查人员具备熟练的网络工程需求分析的能力，并撰写合理的需求分析报告，为网络工程项目设计提供指导。否则可能形成不合适的网络工程项目设计方案，导致网络工程项目的失败。

本章主要介绍用户需求调查和网络需求分析相关知识。需求调查是基础，需求分析是目的，全面细致的需求调查是为了进行网络需求分析，形成恰当的需求分析报告。需求分析的结果是计算机网络系统设计、设备选型、系统服务配置、业务应用软件选择等的重要依据。

2.2 网络需求调查

在网络工程中，用户提出的网络需求往往是基于网络应用的，是抽象的、不具体的需求信息。而网络工程师给出的网络需求是对用户需求信息进行分析，基于网络设计要求给出的。用户需求信息通过需求调查获取，网络需求是网络工程师通过对用户需求信息进行处理，并结合网络原理、网络技术进行分析得出的需求结果。需求分析是网络系统集成过程的难点，是用来获取和确定网络需求的方法。

视 频

计算机网络需求调查

为保证收集数据的有效性，用户需求调查人员在需求调查之前做好需求调查准备工作，应确定好需求调查的用户对象，设计好需求调查的方法，规划好需求调查的内容，并根据需求调查的方法做好必要的需求数据统计表格。做好这些需求调查的准备工作，可以提高需求调查工作的效率，保证需求调查工作顺利进行。

2.2.1　用户需求调查对象

每个网络因为用户不同、业务不同，导致网络工程方案不同，在设计时，应尽可能使网络工程方案与用户、业务相匹配。一个大型单位工作人员往往较多，因此在进行需求调查时，需要合理选择调查对象。可以借助单位的组织结构图来区分和选择相关的人员进行需求调查。应从组织结构图顶层开始，逐层向下收集，在这个过程中，要与以下三类人员进行沟通。

① 单位领导层：审批网络设计方案和投资决策规模的管理层，业务平台信息提供者。

② 部门负责人和员工：计算机网络系统的主要用户，业务平台、环境平台需求信息的提供者。

③ 网络管理者：网络服务平台、传输平台、环境平台需求信息的提供者。

单位领导层是单位的决策层，通过与单位领导层沟通，可以了解网络投资规模，虽然投资不是技术问题，但它极大地影响网络的设计，投资规模是必须首先了解的信息。通过与领导层沟通，可以大致了解单位需要利用网络开展的业务应用，了解计算机网络系统建设的主要目的。

普通员工是网络平台的主要用户，通过与普通员工交流，可以更深入地了解单位需要开展的网络业务应用需求，以及员工所在单位信息点的相关信息和部分网络性能的需求。

网络管理者是计算机网络系统的维护者，通过与网络管理者商讨，可以了解单位的网络服务应用需求、网络环境平台需求，以及网络性能、可靠性、安全性、扩展性和管理等的需求信息。

2.2.2　用户需求获取方法

计算机网络系统建设是由需求驱动，需求源于用户的需要，用户对网络的需要通过挖掘才能转化为需求。这个挖掘的方法就是需求调查。

如果网络工程项目面向的是特定行业和特定用户，如电信行业、金融行业，这类行业的计算机网络系统需求往往是由用户直接提供需求，或与用户联合成立需求分析小组，共同商议确定网络需求。

如果网络工程项目属于网络工程师不了解的行业，或者有相当难度的行业，为避免不知道和不了解用户，需要聘请行业专家（用户是最好的行业专家）成立需求小组，共同完成需求分析任务。

如果网络工程项目属于网络工程师比较了解或学习难度不是很大的行业，网络工程师可以通过学习，在短时间内了解行业特点，通过需求调查获取需求信息并完成需求分析。

总之，对于一个网络工程项目，网络工程师在大部分情况下，是通过需求调查获取用户需求的。需求调查的方法有多种，主要采用的方法有：实地考察、用户访谈、问卷调查、同行咨询。

1. 实地考察

网络工程项目需求调查首先要考虑的就是实地考察，没有实地考察的需求分析都是不切实际的。通过实地考察，了解整个网络建设环境，调查网络工程涉及的建筑物分布、建筑物的结构，初步确定网络中心位置，楼宇之间互联光纤的走向等，初步确定网络大致结构、主干网铺设路由等。

2. 用户访谈

对于大型组织单位，用户数量多，不可能一一访谈，因此需要有选择地访谈，用户访谈前要做好用户访谈的准备工作。可以结合组织结构选择确定访谈对象和人数，包括单位管理层，部门负责人和员工；结合网络工程项目确定需要访谈的问题，做到有的放矢。根据访谈对象、人数、问题，采用两种访谈形式：一对一单独访谈，集中访谈。对于管理层，一般采用单独访谈。对于具有部门特点的问题，可以采用单独访谈。对于共性问题，可以通过集中访谈的形式，在集中访谈时可以相互交流，形成共识。

3. 问卷调查

相比用户访谈，问卷调查是一种定量的调研方式，常用于用户访谈之后，通常先通过用户访谈获取定性的需求信息，再通过问卷对各需求关键点进行定量验证。

全流程的问卷调查，执行过程中一般会涵盖问卷调查方案（问卷调查时间、地点、主题、投放数量、受访者构成等）、问卷设计、问卷回收、问卷分析（分析问卷调查数据，出具问卷调查获取的需求信息）几个方面。

为避免用户不愿意花时间去认真填写问卷，导致问卷调查结果失去其真实性，应事前规划好问卷调查的对象和人数，做好调查对象工作，确定问卷调查的内容，同时做好问卷设计，使问卷的填写简单化。为此问卷设计应遵循如下几个原则：①问题通俗化，忌专业术语；②以选择题、填空题为主，问题设置由浅入深，具有逻辑性；③选择题答案标准化。

4. 同行咨询

网络工程项目对应的行业不同，用户网络的需求就不相同，网络工程师不可能熟悉掌握所有行业的相关知识。为了做好自己不熟悉行业的网络需求分析，网络工程师可采取向同行咨询的方式快速了解行业特点，获取行业相关需求信息，提高需求分析效率。

2.2.3 需求调查的内容

结合计算机网络系统的层次模型，网络需求分析的内容应包含以下几个方面：网络业务应用平台需求、网络服务功能平台需求、网络传输平台需求、网络环境平台需求等。另外，还要考虑网络的性能、可靠性、扩展性、安全性、管理等方面的需求。因此，需求调查应结合需求分析的内容从以下几个方面开展。

1. 网络建设基本信息调查

基本信息包含网络建设单位的地理位置、所从事的行业、组织结构、人员分布、楼宇分布、投资规模，以及网络建设目标等。通过这些信息调查可以了解网络建设的目标、网络规模、投资规模等。网络建设的目标是利用网络开展业务应用，提高工作效率和核心竞争力，是网络建设的动力，需要首先调查清楚。网络规模通过组织结构、人员分布、楼宇分布、投资规模等来体现。投资规模虽然不涉及技术，但它是网络规模的体现，影响网络设计，特别是对网络设备、服务器设备选型的影响。

2. 网络业务应用需求调查

对用户需要利用网络开展哪些网络业务和互联网应用是非常重要的。搞清楚需要利用网络开展哪些业务以及相关业务在系统中的相对重要性等，哪些业务系统是随项目建设同时建设的，哪些是计划后期建设的。比如利用办公OA系统、财务管理系统、管理信息系统MIS、计算机辅助设计CAD、计算机辅助制造CAM、计算机辅助教育CAI等开展相关的业务活动。搞清楚需要哪些互联网应用，互联网应用在系统中相对重要性等。哪些互联网应用是随项目建设同时建设的，哪些是计划后期建设的。比如利用Web服务进行企业展示；利用DNS服务提供域名服务；利用电子邮件系统提供邮件服务；利用即时通信软件加强用户交流；利用电子商务系统开展电子商务活动；利用电子政务开展电子政务活动；利用数字娱乐系统提供网络音乐、视屏点播等。

3. 网络服务平台需求调查

网络服务平台主要为计算机网络系统提供网络服务功能和应用支撑，主要是网络系统自身的功能，包括网络服务相关的系统、支撑技术和各类服务器等。网络服务平台主要包含网络操作系统、数据库管理系统、网络管理系统、服务器管理系统等，支撑技术如数据库技术、网管技术、服务器群集技术、磁盘阵列技术等。调查的对象通常是项目单位网络管理人员，或网络系统项目负责人。通过需求调查，了解和确定采用哪些网络操作系统为内部业务和互联网服务提供支持，采用何种数据库管理，是否需要采用网络管理系统和服务器管理系统等。

4. 网络传输平台需求调查

网络传输平台往往不是普通用户所关心的，对传输平台的需求调查主要针对网络管理人员或网络系统项目负责人，可以通过与网络管理人员或项目负责人进行沟通交流，以便确定网络设备的选型、数量、安全、可靠性等方面的需求。

5. 网络环境平台需求调查

网络环境平台主要涉及结构化布线和网络中心机房系统。可以通过实地考察、用户访谈等形式了解单位楼宇分布、组织结构、人员分布、各部门各楼层的信息节点数据，形成网络环境平台方面的需求。

6. 网络性能、可靠性、安全、扩展性、管理需求等方面需求调查

用户对网络性能、可靠性、安全的需求是抽象的、不具体的。比如，用户要求网络反应要快速；不能够断网；不能发生影响单位开展业务的事件，等等。网络工程师需要采用引导方式与用户交流沟通获取有关网络性能、可靠性、安全、扩展性、管理需求等方面的信息，从中提炼出相关需求。

2.2.4 需求调查图表

需求调查的内容既有定性的内容，也有定量的内容，定性内容通过交流访谈，进行记载整理得到。定量内容通过交流访谈、问卷调查等方式，采用数据表格填写形式获取。为此，应提前做好相关数据图表。网络工程中常用的需求调查图表有很多，这里提供部分图表仅供参考。

1. 楼宇分布图

网络工程师通过现场考察，首先要了解的就是单位楼宇分布，并通过楼宇分布图体现出来。楼宇分布图可用于主干网光纤铺设路由设计。

2. 组织结构图

单位组织结构是单位的基本信息，是需求调查人员选择的依据，是后期网络设计中VLAN设置的依据考虑因数，是单位规模的体系，也是网络规模的体现。

3. 部门人员及信息点统计表

部门人员及信息点统计表主要用于统计各部门信息点数目，并最终确定网络工程项目整体信息点数量，是网络规模的一个具体体现。也是需求调查中，环境平台需求必须统计的一个重要信息。另外，便于施工管理，还可以以楼宇为单位以及以楼宇内部各个楼层和房间为单位进行具体信息点统计，以便网络结构化布线工程的实施。

4. 网络服务功能需求统计表

网络服务平台主要为计算机网络系统提供网络服务功能和应用支撑，是保障网络正常运行，提供网络运行平台和管理的需要，也对网络内部业务和互联网应用提供支持。调查的对象通常是项目单位网络管理人员，或网络系统项目负责人。

5. 业务应用需求统计表

单位利用网络开展内部业务和互联网应用，提高单位工作效率和提高核心竞争力，是单位建设网络的源动力。应根据网络建设目标、投资规模、用户需求，合理选择业务软件和互联网应用系统，以便利用网络开展内部业务和互联网应用。

2.2.5 需求调查工作

用户需求调查人员在需求调查之前确定好需求调查的用户对象、设计好需求调查的方法、规划好需求调查的内容、做好必要的需求数据统计表格等准备工作之后，就能够顺利开展需求调查工作，获取必要的网络需求信息。

2.3 网络工程需求分析

视 频

需求分析

从事计算机网络系统设计的专门人员，只有当他们对用户所在行业的业务、组织结构、现状、发展趋势等方面有较为深入的理解，才能够精准地把握一项网络工程的具体需求。而且，网络技术在不断进步，用户的网络需求在不断变化，且网络需求也会受到经费、业务类型的限制和约束。可以说，对于大中型网络，需求分析的内容是纷繁复杂的，如果不对需求分析内容进行归纳细化，而盲目地进行需求分析，会因为各种凌乱的网络需求信息导致需求调查和需求分析的失败。因此，计算机网络系统设计人员要设计一个好的网络，就必须做好需求分析内容的规划，必须结合用户单位的行业特点、业务类型、投资规模等做好详细的需求分析。

2.3.1 需求分析的内容

网络需求分析是通过对网络工程项目单位进行实地考察，与单位领导层、部门负责人、普通员工和网络管理人员交流访谈、问卷调查等方式获取需求信息，并对调查结果以及获取信息进行分析，得到详细需求信息，形成需求分析报告的过程。

总体来说，计算机网络系统总体需求分析可以从网络建设目标与网络规模、基本需求、高级需求、其他需求约束（投资约束和时间约束等）等多个方面进行分析。重点是基本需求和高级需求，如图2-1所示。

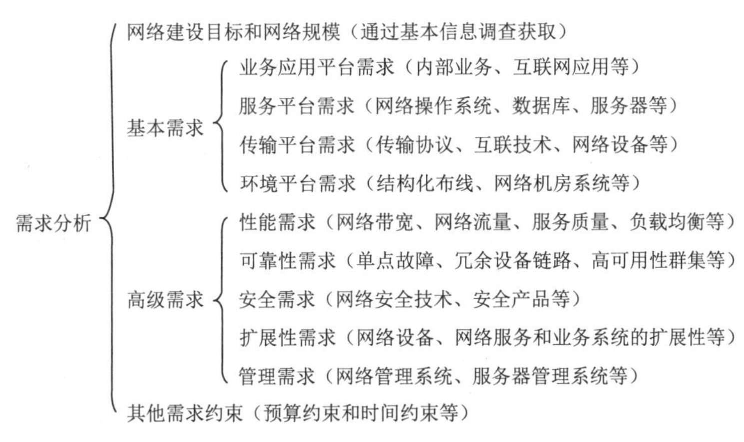

图 2-1 计算机网络系统需求分析的内容

基本需求可以结合计算机网络系统的层次模型给出，包括业务应用平台需求、服务功能平台需求、传输平台需求、环境平台需求等四个方面的需求；高级需求可以结合网络性能、可靠性、安全、扩展性、管理等五个方面进行需求分析。

2.3.2 网络建设目标和网络规模

1. 网络建设目标

前面说过，计算机网络系统设计人员要设计一个好的网络，必须结合用户单位的行业特点、业务类型、投资规模等做好详细的需求分析。做好需求分析，首先要明确用户网络建设的目标。典型的网络建设目标如下：

① 加强办公自动化，提高工作效率。

② 加强管理，增强核心竞争力。

③ 缩短产品研发周期，提高员工生产力。

④ 加强生产管理，提高产品质量。

⑤ 加强产品网络宣传，提高产品销售量。

⑥ 加强对分支机构的沟通交流和部门的调控能力。

⑦ 加强企业合作，共享数据资源。

⑧ 转变网络产业模式，扩展国际市场。

⑨ 降低单位通信成本，包括语音、数据、视频通信的成本。

⑩ 提供更好的用户支持和更好的用户服务。

计算机网络建设是一项投资，每个单位的计算机网络建设都是有目标的，因此，需求分析首先要确定网络建设的目标。可以说网络建设目标是单位决策者支持网络建设的动力和理由。可以结合以上提供的网络建设目标，在网络工程项目需求分析时确定计算机网络系统的建设目标。

2. 网络规模

网络规模是网络设计过程中进行网络拓扑设计、网络设备选型时的参考依据，因此需要在需求分析时确定网络规模。网络规模是通过单位的组织结构、人员数量及分布、楼宇分布、投资规模等来体现。而组织结构、人员数量及分布、楼宇分布、投资规模都属于项目建设单位的基本信息，是需求调查首先要获取的信息。通过这些信息，网络设计者可以初步确定网络建设的规模。

为了便于网络拓扑图设计和设备选型，依据网络规模可以把网络分为两大类五小类。两大类为中小型网络和大中型网络，中小型网络包括50节点左右的网络、100节点左右的网络、200节点左右的网络三种；大中型网络包括500节点左右的网络、1 000节点左右的网络两种。

（1）中小型网络分类

中小型网络的节点数往往在254个以内，可以直接采用一个C类网段地址，规模较小，它分为以下三种规模网络：

① 50节点左右的网络称为小型办公网络。这类网络结构简单，往往分布在一层楼甚至一个房间中。采用技术简单、应用较为单一。可以采用1～2台交换机组成平面结构（没有层次结构）的网络。互联设备可以采用普通的二层交换机即可，网络互联及网络安全往往不需要单独设备，利用软件实现相关功能。

② 100节点左右的网络称为小型企业网络。采用这类网络的单位非常多，往往分布在一层楼或几层楼中，这类网络往往需要高性能、低成本。一般采用两层结构网络（核心层和接入层），核心设备支持三层交换和VLAN划分，网络管理简单。网络互联可以利用三层交换设备或采用低档的边界路由器。

③ 200节点左右的网络称为中小型企业网络。这类网络一般分布在几层楼甚至一栋楼内，一般要求采用高性能网络设备。可以采用三层结构（核心层、汇聚层、接入层），网络结构较为复杂。网络安全性高，具备部分网络管理功能。网络互联设备要求支持多种广域网连接方式。

（2）大中型网络分类

大中型网络的节点数超过255个，需要多个C类网络地址，网络规模较大，它一般可以分为以下两种：

① 500节点左右的网络称为中型企业网络。这类网络非常普遍，网络结构复杂，网络用户分布较广，往往分布在一栋楼甚至多栋楼。一般采用三层结构甚至四层结构，核心层往往采用双核心设备。对网络的安全性、可靠性要求较高，网络应用较为复杂，需要采用统一网络管理。网络互联方式灵活多样，网络互联设备要求支持多种广域网连接方式。核心交换设备及互联设备都要求采用高性能的设备。

② 1 000节点左右的网络称为大中型企业网络。这类网络结构更加复杂，网络用户分布更广，往往在几栋楼甚至一个园区中，比如大型校园网络，一般采用三层结构甚至四层结构，核心层往往是双核心甚至多核心环状结构。对网络的安全性、可靠性要求更高。网络应用更加全面复杂。网络互联方式灵活多样，网络互联设备要求支持多种广域网连接方式。核心交换设备及互联设备都要求采用高性能的设备。

2.3.3 网络基本需求分析

基本需求分析的内容很多，结合计算机网络系统的层次模型给出基本需求，可以使基本需求分析内容条理化。基本需求可以从网络业务应用平台需求、网络服务平台需求、网络传输平台需求、网络环境平台需求等四个方面给出。

1. 网络业务应用平台需求分析

网络业务应用平台是网络建设目标的具体体现，网络建设目标是通过业务应用平台实现的，网络业务应用系统的选择对于计算机网络系统建设目标的实现至关重要。

网络业务应用需求主要分为两部分：一部分是网络内部业务，一部分是互联网应用。要发挥好计算机网络的作用，就需要明确用户现在的网络业务以及需要新增加的业务，以及网络需要提供的互联网应用。考虑到投资成本，网络业务应用平台可以采取分期建设方式，通过分析，确定哪些内部业务和互联网应用是必须随项目同期建设，哪些是后期分阶段建设。以便计算机网络系统建设完成后，能够为用户内部业务和互联网应用提供服务。

计算机网络系统内部业务和互联网应用系统具体需求，要结合用户所在行业、用户投资规模等方面的因素进行选择和确定，这里不做详细说明。

2. 网络服务平台需求分析

网络服务平台主要为计算机网络系统提供网络服务和应用支撑，是网络系统应该具备的自身功能。它为网络内部业务和互联网应用提供支持，并保障网络正常运行。这部分需求主要包括网络操作系统、数据库系统、网络管理系统和服务器管理系统的选择等。这里主要介绍网络操作系统和数据库系统。网络管理系统和服务器管理系统作为网络管理需求在高级需求分析部分介绍。

（1）网络操作系统

网络操作系统是网络上各计算机能有效地共享网络资源，为网络用户提供各种服务的软件和有关规程的集合。网络操作系统与通常的操作系统有所不同，它除了具有通常操作系统应具有的处理机管理、存储器管理、设备管理和文件管理外，还应具有以下两大功能：提供高效、可靠的网络通信能力；提供多种网络服务功能。

目前，局域网使用的网络操作系统主要有三类，Windows类、Linux类、UNIX类。Windows和Linux面向中小型网络服务器，UNIX主要面向大型网络高端服务器。

① Windows类。

微软公司的Windows系统不仅在个人操作系统中占有优势，在网络操作系统中也具有非常强劲的力量。这类操作系统配置在整个局域网配置中是最常见的，但由于Windows类操作系统对服务器的硬件要求较高，且稳定性能不是很高，所以微软的网络操作系统一般只应用在中低档服务器中。

② UNIX类。

自从1969年AT&T Bell实验室研究人员创造了UNIX，UNIX已发展成为主流操作系统之一。在UNIX的发展过程中，形成了BSD UNIX和UNIX System V两大主流UNIX。UNIX操作系统是一个强大的多用户、多任务操作系统。目前常用的UNIX操作系统主要是类UNIX。这类网络操作系统的稳定性和安全性能非常好，但由于它多数是以命令方式进行操作的，不容易掌握，特别是初级用户。正因如此，小型局域网基本不使用UNIX作为网络操作系统，UNIX一般用于大型的网站或大型的企事业单位局域网中。

③ Linux类。

Linux是一套免费使用和自由传播的类UNIX操作系统，是一个多用户、多任务、支持多线程和多CPU的操作系统。它能运行主要的UNIX工具软件、应用程序和网络协议。Linux继承了UNIX以网络为核心的设计思想，是一个性能稳定的多用户网络操作系统。Linux操作系统诞生于1991年10月5日（这是第一次正式向外公布的时间）。目前存在着许多不同的Linux版本，但它们都使用了Linux内核，如REDHAT（Fedora、CentOS）、Debian、ubuntu等。中文版本的Linux，如REDHAT Linux（红帽子）、Redflag Linux（红旗）、Turbo Linux（托林思）等，在国内得到了用户充分的肯定，主要体现在其安全性和稳定性方面。这类操作系统目前仍主要应用于中、高档服务器中。

总的来说，每个操作系统都有适合自己的工作场合，这就是系统对特定计算环境的支持。例如，Windows 7和Windows 10适用于桌面计算机，Windows Server适用于低中档服务器，Linux适用于中高档服务器，UNIX则适用于大型服务器应用程序。因此，对于不同的网络规模和网络应用服务器，需要用户结合实际合理选择网络操作系统。

同一个计算机网络系统中不需要采用同一种网络操作系统，选择中可结合Windows Server、Linux和UNIX的特点，在网络中混合使用。通常WWW、OA及管理信息系统服务器可采用Windows Server平台，E-mail、DNS、Proxy等Internet应用可使用Linux、UNIX，这样，既可以享受到Windows Server应用丰富、界面直观、使用方便的优点，又可以享受到Linux、UNIX稳定、高效的好处。

（2）数据库系统

数据库系统是为适应数据处理的需要而发展起来的一种较为理想的数据处理系统。计算机的高速处理能力和大容量存储器提供了实现数据管理自动化的条件。数据库系统一般由数据库、数据库管理系统（DBMS）、应用系统、数据库管理员和用户构成。其中数据库管理系统是数据库系统的基础和核心。数据库系统是各类管理信息系统的支持系统，比如，财务管理、人事管理、办公OA等都需要数据库系统支持。数据库系统是计算机网络系统必备的一个服务系统。数据库系统具备独立性、结构化、共享性、完整性约束、数据冗余度低等特点，是一个为可运行的应用系统提供数据的软件系统。

目前，数据库系统市场，国外产品是绝对的主流。根据数据库应用的范围大小可以把数据库系统分为两大类：大型数据库和中小型数据库。其中大型数据库系统有Oracle公司的Oracle数据库、Microsoft公司的SQL Server数据库、IBM公司的DB2数据库、Sybase公司的Sybase数据库等；中小型数据库系统有Microsoft的Access数据库、MySQL AB公司的MySQL数据库（目前属于Oracle旗下产品）。

Microsoft公司的SQL Server和Access数据库只能在Windows系列的操作系统上运行，其与Windows系列的操作系统有很好的兼容性。Oracle、DB2、Sybase、MySQL都可以运行在UNIX和Linux操作系统上。Oracle和DB2都比较复杂，是适合大型企业的数据库系统。Sybase在新版中提供了对Linux的较好支持，是采用Linux操作系统的中小企业可以选择的一种数据库系统。MySQL非常容易使用，同样适合作为中小企业数据库系统，而且MySQL是开源数据库软件。因此，在选择数据库时，要根据运行的操作系统和管理系统的情况来合理选择数据库。

数据库系统的价格通常都非常昂贵，大型数据库系统从几万到几十万甚至上百万。小型数据库系统少则也要几千元。因此数据库系统的选择要注意以下几点：

① 只选合适的数据库系统，而不是贵的数据库系统；

② 要结合操作系统选择数据库系统；

③ 要结合应用系统选择数据库，最好是支持各类应用软件的数据库，不要出现不同的应用系统需要不同的数据库平台，避免软件投资的浪费。

3. 网络传输平台需求

网络传输平台是为计算机网络系统提供可靠的网络信息传输，主要包括网络协议、网络互联技术、网络设备等。

（1）网络协议

利用计算机网络实现数据通信，首先需要建立一条通路，然后确认使用通路的规则，这些规则就是网络协议。在计算机网络中为实现数据交换而建立的规则、标准和约定统称为网络协议，实现这些规则的软件称为协议软件。

由于计算机网络比较复杂，计算机网络往往是分层的，不同网络层有不同的网络协议，各层协议和层间接口的集合称为网络的体系结构，主要的网络体系结构有OSI/RM、TCP/IP。OSI/RM是一种参考模型，并没有一个完全实现OSI/RM的实际网络。TCP/IP适用于连接各种不同网络，如局域网和广域网。因此，TCP/IP网络协议体系也是现在计算机网络系统使用的网络协议体系。

（2）网络互联技术

网络互联是指将不同的网络通过互联设备连接起来，以构成更大规模的网络系统，实现网络间的数据通信、资源共享和协同工作。网络互联技术是计算机网络系统互联相关的技术，包括局域网技术、城域网技术、广域网技术等。

① 局域网技术。

局域网（local area network，LAN）是指在某一区域内由多台计算机互联形成的计算机网络，一般是方圆几千米以内。局域网技术主要是以太网技术（ethernet）和无线局域网技术。对于当前建设计算机网络系统，以太网技术和无线局域网技术是必定采用的内部网络组网技术。

以太网指的是由Xerox公司创建并由Xerox、Intel和DEC公司联合开发的基带局域网规范，是当今现有局域网采用的最通用的通信协议标准。以太网络使用CSMA/CD（载波监听多路访问及冲突检测）技术，并以10/100/1 000 Mbit/s的速率运行在多种类型的电缆上，包括标准的以太网（10 Mbit/s）、快速以太网（100 Mbit/s）、千兆以太网（1 000 Mbit/s）和10 Gbit/s以太网等，支持同轴电缆、双绞线、光纤的传输介质。

无线局域网（wireless local area networks，WLAN）是便利的数据传输系统，它利用射频（radio frequency，RF）技术，使用电磁波取代双绞铜线（coaxial）构成的局域网络，在空中进行通信连接。基于IEEE802.11标准的无线局域网允许在局域网络环境中使用可以不必授权的ISM（industrial scientific medical）频段中的2.4 GHz或5 GHz射频波段进行无线连接。它被广泛应用，从家庭到企业再到Internet接入热点。接入设备有无线路由器和无线AP等。

② 城域网技术。

城域网（metropolitan area network）是在一个城市范围内所建立的计算机通信网，属宽带局域网。宽带城域网主要包括万兆以太网技术、光以太网RPR技术、基于EOS的MSTP技术、POS技术（IP over SDH，在SDH上承载IP数据包的技术）等。

宽带城域网的主流是采用万兆以太网直接在裸光纤或波分复用（WDM）光缆网上架构。最简单的情况是，当一根光纤只传输一路数据时，在裸光纤上直接运行万兆以太网。如果需要传输多路数据可采用波分复用系统，根据需要逐步增加波长通道。

光以太网RPR技术（optical ethernet RPR）是以太网和SDH技术结合的产物，它采用双环结构，外环顺时针内环逆时针同时双向数据传输。RPR环上的设备共享环上的所有或部分带宽。RPR既可以应用在SDH环物理层上，也可以应用在以太网物理层上，也可以直接应用在裸光纤上作为路由器的线路接口板。RPR既简化了数据包处理过程，又能确保电路交换业务和专线业务的服务质量，特别是50 ms的保护切换时间。RPR具有以太网的低成本、SDH的可靠性和ATM的多业务及服务质量的优点，缺点是RPR是基于MAC层协议，其应用仅限于单环，无法完成跨环业务。

电信城域网支持IP业务，可以在SDH网上采用POS（IP over SDH）技术或基于EOS（ethernet over SDH）的MSTP（基于SDH的多业务传送平台）技术。在以EOS技术为特征的MSTP设备出来以前，通常采用POS技术。POS技术通常在数据设备上实现，即路由器或交换机的WAN侧接口采用STM-1或STM-4的POS光口。也就是说，从IP数据包或以太网数据帧到SDH的虚容器（virtual container，VC）的处理过程在数据设备中实现。如果采用MSTP设备提供的EOS接入模式，路由器或交换机直接采用以太网的接口，如RJ-45的接口和MSTP设备相连，而从IP/Ethernet到VC的映射和封装由MSTP设备中的多业务板卡实现。该板卡具有全功能的二层能力，从接口考虑，由于MSTP也是采用普通的RJ-45接口实现互联，大大节省了POS的光口互联成本，而且可以通过MSTP的统一网管实现端到端的业务管理。

对于传统的电信行业用户，为提供对TMD业务、ATM业务、IP业务等多业务支持，组成城域网可以采用POS技术或MSTP（EOS）技术。对于非电信行业用户或新兴的电信行业用户，组成城域网可以采用万兆以太网技术和光以太网RPR技术。

③ 广域网技术。

广域网（wide area network，WAN）通常跨接很大的物理范围，覆盖的范围比局域网和城域网都广，从几十千米到几千千米，它能连接多个城市或国家，形成国际性的远程网络。广域网的通信子网主要使用分组交换技术。广域网的通信子网可以利用公用分组交换网、卫星通信网和无线分组交换网，将分布在不同地区的局域网或计算机系统互联起来，达到资源共享的目的。如因特网是世界范围内最大的广域网。

广域网的通信子网一般都是由公共数据通信网承担。通常，公共数据通信网是由政府的电信部门建立和管理的，这也是区别于局域网的重要标志之一。常用的公共数据通信网有X.25网络、DDN网络、FR网络、ATM网络等。其中，X.25网络、DDN网络、FR网络，连接速率都比较低，带宽不超过2 Mbit/s，目前仍支持网络连接。ATM网络是一种宽带网，带宽达到2.5 Gbit/s，同时支持语音、视频和数据等多种业务的通信，是一种为多业务设计面向连接的传输模式，也适用于局域网和广域网，ATM网络用来传输IP数据业务的技术称为IP over ATM技术。但随着ATM国际标准化的主要组织ITU向IP标准的全面转向，目前ATM运营商基本停止了ATM网络的发展而维持现状。主要原因，一是没能制定出全球通用的技术标准，各厂家的设备互通性不好；二是实现技术过于复杂，设备昂贵，以至2.5 Gbit/s的端口造价太高，10 Gbit/s的端口根本无法生产。

我国的公共数据通信网主要由电信部门建设和管理，可支持多种业务。从20世纪80年代末开始，我国分别建立了中国公用分组交换数据网（ChinaPAC）、中国公用数字数据网（ChinaDDN）、中国公用帧中继网（ChinaFRN）、中国公用宽带网（CHINAATM）。

目前广域网互联主要采用光纤传输介质，底层采用SDH和WDM技术，用于支持IP业务技术主要采用IP over SDH和IP over WDM技术。

SDH（synchronous digital hierarchy，同步数字体系）是一种将复接、线路传输及交换功能融为一体、并由统一网管系统操作的综合信息传送网络，是美国贝尔通信技术研究所提出的同步光网络（SONET）。国际电话电报咨询委员会（CCITT）（现ITU-T）于1988年接受了SONET概念并重新命名为SDH，使其成为不仅适用于光纤也适用于微波和卫星传输的通用技术体制。它可实现网络有效管理、实时业务监控、动态网络维护、不同厂商设备间的互通等多项功能，能大大提高网络资源利用率、降低管理及维护费用、实现灵活。SDH技术自从20世纪90年代引入至今，以其明显的优越性成为传输网发展的主流。SDH技术可以与一些先进技术相结合，如ATM技术、IP技术等，实现对多种业务的支持。

IP over SDH技术是以SDH网络作为IP数据的物理传输网络，它使用链路适配及成帧协议对IP数据包进行封装，然后按字节同步的方式把封装后的IP数据包映射到SDH的同步净负荷包中。IP over SDH包括IP/ATM/SDH、IP/FR/SDH、IP/PPP/SDH、IP/LAPS/SDH等实现方式。其中广泛使用的是IP/PPP/SDH方式，数据链路层采用PPP协议对IP数据包进行封装。

PPP协议封装格式是在HDLC帧格式的基础上增加了一个2字节的协议类型（Protocol）字段，PPP的封装方式又称类HDLC封装。通过增加协议字段提供多协议封装、差错控制和链路初始化控制等功能，而类HDLC帧格式负责对同步传输链路上IP数据帧的定界。典型的IP over SDH网络采用IP/PPP/SDH实现方式。它的体系结构由物理层、数据链路层和网络层组成。物理层遵守SDH传输网标准，数据链路层采用PPP/HDLC封装格式，网络层采用IP协议。IP over SDH 网络体系结构如图2-2所示。

IP封装	网络层
PPP/HDLC	数据链路层
SDH封装	物理层
光纤	

图 2-2　IP over SDH 网络体系结构

WDM（wavelength division multiplexing，波分复用）是利用多个激光器在单条光纤上同时发送多束不同波长激光的技术。可用来在现有的光纤主干网上通过WDM技术增加现有光纤基础设施带宽。波分复用WDM分为密集波分复用DWDM和粗波分复用CWDM，DWDM主要用于广域网，CWDM在城域网中得到应用。

IP over WDM技术是光纤扩容的最佳技术。IP over WDM去掉ATM和SDH层，简化了层次，省去了SDH和ATM设备，IP over WDM网络体系结构如图2-3所示。光适配层负责WDM信道的建立和拆除，提供光层的保护/恢复等。IP over WDM使得SDH时分复用网络被光学的波分复用网络取代，SDH网络复杂昂贵的复用和交叉互联设备被线速路由交换机取代，网络层次结构简明、清晰。不仅可降低网络建设投资，大大提高传输效率，而且可降低网络运营成本。

IP封装	网络层
SDH帧封装或Ethernet帧格式封装	光适配层
光纤	物理层

图 2-3　IP over WDM 网络体系结构

（3）网络设备

网络设备是指组成通信子网过程中需要使用的设备，主要涉及交换机、路由器等设备。组成局域网互联设备，如二层交换机、三层交换机、无线路由器和无线AP等。组成IP城域网的设备，如路由器、交换机、MSTP设备、光线路终端（OLT）、数字用户线接入复用器（DSLAM）等。组成广域网的设备，如接入服务器、广域网交换机、路由器、SDH网络设备、WDM网络设备等。设备的实际需求根据具体网络确定。

4. 网络环境平台需求

网络环境平台是指网络通信的基础设施，包括网络中心机房系统、结构化布线系统等。结合网络环境平台需求调查获取的楼宇分布、组织结构、人员分布、各部门各楼层节点信息，形成有关网络中心机房系统、结构化布线系统等有关的需求分析。

① 网络中心既用于部署业务平台和服务平台，又作为网络核心层设备部署点和与互联网连接的网络出口接入点，还是整个网络信息系统平台的管理部门。因此，要合理设置网络中心的物理位置，并对网络中心需要进行适当规划，既要满足设备运行的需要，也要满足管理的需要。为此，要考虑网络中心面积、空间分布、结构化布线，以及一些辅助系统和设施。结合华为模块化数据中心机房系统解决方案，网络中心机房系统的需求包括机柜系统、配供电系统、空调系统、接地防雷系统、监控管理系统、网络布线系统，以及机房装修等方面。对于具体项目的网络中心，要根据需求调查提供的信息，通过分析给出网络中心机房系统的需求分析结果。

② 结构化布线系统需求分析往往与项目单位的地理环境、建筑结构等密切相关，包括主干网光纤路由与铺设规划、楼宇设备间和楼层配线间选择、楼宇干线子系统和配线子系统线缆选择与铺设路由规划、工作区信息点数量统计和信息点位置确定等。结构化布线需求分析通过对需求调查的各类图表进行分析，以表格和图表的形式形成需求分析结果。

2.3.4 网络高级需求分析

在网络工程中，用户针对网络性能、可靠性、安全、扩展性、管理等方面提出的需求，往往都是不直接的、不具体的，较为抽象，需要网络工程师与用户沟通，从获取的信息中析取出这类需求。比如用户可能会突出这类要求，要求网络反应速度快，看视频不能经常停顿、延迟等；要保证网络业务的流畅，不能断网；要提供安全保障，不能因病毒、网络攻击导致网络瘫痪；采用的网络技术要有先进性，应该保证网络5～10年不落后，能适应单位规模的扩大而不至于投资浪费；单位网络管理人员为非专业的网络管理人员，希望网络管理方便等。这一类交流获取信息中，包含着网络高级需求信息。

这里，把网络高级需求分析分为五类：网络性能需求、可靠性需求、扩展性需求、安全需求和管理需求。

1. 网络性能需求分析

（1）网络性能的范围

网络性能是一个比较宽泛的概念，广义的网络性能包含网络服务质量（QoS）、网络带宽、网络可靠性、网络扩展性等，甚至包含网络安全、网络管理等。这种理解可以认为网络性能需求就是网络高级需求。正因如此，很多教程就把这部分内容表述为网络性能需求。狭义的网络性能主要是指网络带宽、吞吐量、响应时间、时延抖动、丢包率、并发数等指标涉及的内容，其核心是网络带宽和服务质量。这里采用狭义的网络性能概念。

（2）网络性能需求的内容

网络性能需求主要体现在网络带宽和网络服务质量上，提高网络性能可以通过网络带宽设计以及流量控制技术、负载均衡技术来实现。因此，网络性能需求可以从网络服务质量、网络带宽、流量控制、负载均衡四个方面进行分析。定量分析网络性能主要考察服务质量、网络带宽相关的参数需求。

① 网络服务质量。

网络服务质量涉及响应时间、时延抖动、丢包率、并发数等。

- 响应时间：发出服务请求到接收到响应所花费的时间。用户往往关心这个网络性能指标。当用户发出服务请求后，服务不能得到立即响应，有停顿感时，说明网络响应时间过长，一般超过3 s的响应时间会严重影响工作效率。计算机用户是最不喜欢等待的，他们会认为自己在等待网络传输。影响响应时间的因素有网络连接速率、网络设备及配置、服务器繁忙程度、服务器性能及配置等。
- 时延抖动：信息在网络传输时必定有时延，而时延抖动是指信息从发送源到目标地的连续分组的到达在时间上的波动。时延抖动主要是业务流中的分组由于排队等候时间不同而引起的。在语音和视频等实时业务中，抖动会造成语音或视频的断续现象。可以采用缓存技术克服过量抖动问题，不过这将增加网络时间。
- 丢包率：发送数据包中丢失数据包与实际发送数据包的比率。在实时业务中，丢包对语音和视频的影响较小。在数据业务中，丢包会要求重传，影响网络效率。丢包可能由于网络拥塞引起，随机丢包的拥塞控制机制也有意丢包，目的是减少拥塞发生。总之，丢包率不能过高，在高可用网络中，丢包率不应超过1%。
- 并发数：针对具体服务器和应用系统，如Web服务、FTP服务、MIS管理系统、ERP系统等，并发数支持的多少决定了系统的性能和可用性。所支持并发数的多少，可以通过一些专门软件进行测试确定。并发性能测试是一个负载测试和压力测试的过程，即逐渐增加负载直到系统瓶颈或不能处理的性能点，通过分析确定系统并发性能的过程。

② 网络带宽。

在频带（模拟）传输网络中，带宽是指频带宽度及频率的上下边界之差，以Hz（赫兹）为单位。在基带（数字）传输网络中，带宽是用来表示数据的传输速率，一般以每秒比特数（bit/s）为基本单位。网络带宽主要考察局域网带宽、互联网接入带宽、网络吞吐量等。网络带宽是一个固定值。局域网内部带宽主要由局域网设备、链路决定。互联网接入带宽由网络互联设备接口和链路决定，可以由网络工程师根据用户需求分配，具有很强的规律性。用户带宽需求需要结合业务和服务带宽需求，以及投入经费来确定，网络带宽是否满足需求，是否达到预期性能要求，通过网络吞吐量进行反应，网络吞吐量越接近带宽越好。

- 局域网带宽：主要与局域网设备、链路相关。在交换型局域网中，采用二层交换机和三层交换机通过双绞线和光纤互联组成，由于网络流量从接入层流向核心层时，流量将汇聚在汇聚层链路和核心层链路上，流量从核心层流向接入层时，流量被发散到接入层。因此可以考虑，接入层采用相对低速的接口和链路，汇聚层和核心层采用相对高速的接口和链路。
- 互联网接入带宽：由网络互联设备接口和链路带宽决定，同时网络管理者可以根据用户需求通过网络配置对互联网接入带宽进行控制。
- 网络吞吐量：单位时间内网络信息的流量，有时也用数据传输速率进行表示，一般吞吐量越大越好，吞吐量理论上是指在没有帧丢失的情况下，设备能够接收和转发的最大速率。对于一个计算机网络系统，它的吞吐量是对网络带宽的一个最直接的反映，网络吞吐量越接近带宽越好。可以通过吞吐量测试确定网络带宽是否满足需求。通过网络吞吐量测试，还可以在一定程度上评估网络设备的性能、链路质量。

③ 流量控制。

网络流量就是网络上传输的数据量。网络流量具有四种情况：偶尔少量流量、突发性流量、固定带宽流式流量、不定带宽数据传输流量。其中网络流量的最大特性就是流量突发性，突发流量可能会造成网络的拥塞，从而产生丢包、延时和抖动，导致网络服务质量下降；不仅如此，突发流量还可能存在安全风险，例如：DoS攻击、蠕虫、窃密等，会对网络和业务系统造成更大的危害。

网络流量控制是一种利用软件或硬件方式来实现对网络流量控制的方法，可以有效防止由于网络中瞬间的大量数据对网络带来的冲击，保证用户网络高效而稳定地运行。流量控制可以采用CAR（约定访问速率）技术，通过流量整形和速率控制实现，通过流量控制可以避免时延抖动、网络拥塞，缩短响应时间。

④ 负载均衡。

网络负载均衡是在网络结构上，采用一组设备和多条通信链路，将通信量和其他工作智能地分配到整个设备组中不同的网络设备和服务器上，扩展网络设备和服务器的带宽、增加吞吐量、加强网络数据处理能力、提高网络的性能和可用性。负载均衡技术分硬件负载均衡和软件负载均衡技术，通过负载均衡可以提高网络吞吐量，缩短响应时间，以及增加服务器最大并发连接数。

用户对网络性能的需求，往往是要求各方面性能好，比如网络带宽高、吞吐量大、响应时间少、丢包率低、服务并发数大等。但实际网络的设计，需要综合考虑各方面因素，包括结合投资经费考虑，性能指标的高要求应是相对的。用户对带宽的需求会随着网络通信能力的增强而无限增加，理想状态是“带宽无极限”。

2. 网络可靠性需求

（1）网络可靠性的范围

对于大型计算机网络系统，系统包含各种应用和服务，需要采取措施避免因网络设备故障和链路故障导致应用和服务中断，也要避免服务器故障而导致应用和服务中断。因此在关键链路、关键网络设备、关键服务器提供冗余备份，避免单点故障而引起全网瘫痪。

对于大型计算机网络系统中各种应用系统中包含大量的采集数据，数据的丢失会导致用户不可估量的损失。因此对应用系统数据往往需要提供网络存储系统、网络备份系统，以便在出现问题后，快速恢复。

网络的可靠性包括网络冗余、服务器集群、网络存储等方面的要求，提高网络的可靠性可以从这三方面考虑。网络系统的可靠性是以各种投入为代价实现的，并不是越高越好。在网络可靠性设计时，要结合用户需求、投入成本等来实现要求。在可靠性需求方面，用户可能只是要求网络具有可靠性，但往往提出网络可靠性的需求参数。

（2）网络可靠性需求的内容

① 网络冗余。

网络冗余需求主要通过重复网络链路、网络设备、设备部件来提高网络的可靠性，包括链路冗余和设备冗余、设备部件冗余等。

链路冗余：局域网内部，网络的核心层和汇聚层采用双链路和多链路连接。用户主机采取双网卡双链路，同时使用网卡容错冗余技术（adapter fault tolerance，AFT）。广域网连接，通过多条链路与外部互联，同时使用策略路由技术（PBR）。

设备冗余：局域网采用多台核心交换机，通过汇聚链路互联，多台核心交换机并行工作，互为备份。局域网使用虚拟路由冗余技术（VRRP），提供默认路由备份；服务器采用双机热备系统等。

设备部件冗余：包括设备端口的冗余、主控板卡冗余（交换机、路由器中提供两块主控板卡，互为备份）、冗余电源等。设备部件冗余还可以采用支持热插拔的硬盘、板卡、电源等。

② 服务器集群。

服务器集群是将两台以上的服务器，通过软件和网络将设备连接在一起，组成一个高可用性的计算机群组，协同完成任务。服务器集群主要有三个方面的应用：一是用于提供不间断服务，具有容错和备份机制，比如双机热备系统；二是用于高负载业务，通过负载均衡技术，保证提供良好的服务响应：三是用于科学计算，通过在服务器上运行专门软件，把一个问题计算工作分布到多台计算机共同完成。计算机网络系统中，服务器集群主要作用是提供不间断服务和负载均衡。

③ 网络存储。

对于大型计算机网络系统，各种应用系统包含大量数据，因此网络存储是必要的系统，关键是根据数据的重要性和投资选择相关技术和设备对数据进行存储备份。网络存储介质主要有硬盘等。网络存储设备主要有磁盘阵列机，并通过RAID技术提高磁盘阵列机的读取速度。目前的存储技术主要有三种，分别是直接附加存储（DAS）、存储区域网络（SAN）、网络附加存储（NAS）。

- 直接附加存储（direct attached storage，DAS）：DAS是直接连接在服务器上的存储设备，直连式存储与服务器主机之间的连接通道通常采用SCSI连接，采用数据块协议（block protocol）方式读/写数据。所有操作都是由CPU的I/O操作指令完成，存储设备与主机系统紧密相连。
- 存储区域网络（storage area network，SAN）：SAN是在服务器和存储设备之间利用专用技术连接的网络存储系统。目前常见的SAN有FC-SAN和IP-SAN，其中FC-SAN为通过光纤通道协议（FCP）转发SCSI协议数据，IP-SAN通过TCP协议转发SCSI协议数据。对用户操作系统来说，访问SAN存储系统与本地硬盘完全相同。SAN的关键应用有数据库系统、数据备份等。
- 网络附加存储（network attached storage，NAS）：NAS是连接在网络上的专用存储设备。NAS以文件传输为主，提供跨平台的海量数据存储能力。NAS的典型应用是专用磁盘阵列机。NAS直接运行文件协议读/写数据，如NFS（网络文件系统）、CIFS（通用Internet文件系统）等。客户机可以通过磁盘映射与NAS建立虚拟连接。主要用于文件共享、数据备份等。

④ 网络可用性计算。

定量分析可靠性可以使用系统的可用性来反映，如使用平均失效间隔时间、平均修复时间、平均无故障工作时间来衡量。目前，使用最为广泛的衡量可靠性的参数是平均无故障工作时间。

- 平均失效间隔时间（mean time between failure，MTBF）就是从系统在规定的工作环境条件下开始工作到出现第一个故障的时间的平均值。MTBF越长，表示可靠性越高，正确工作时间越长。
- 平均修复时间（mean time to repair，MTTR）是指系统出故障后的平均修复时间，就是从出现故障到修复的这段时间。MTTR越短表示易恢复性越好。
- 平均无故障工作时间（mean time to failure，MTTF）指系统平均能够正常运行多长时间才发生一次故障。系统的可靠性越高，平均无故障工作时间越长。

从图2-4中可以看出：

$\text{MTTF} = \sum [T_1/ N]$

$\text{MTTR} = \sum [(T_2+T_3)/ N]$

$\text{MTBF} = \sum [(T_2+ T_3+ T_1)/ N]$

MTBF= MTTF+ MTTR

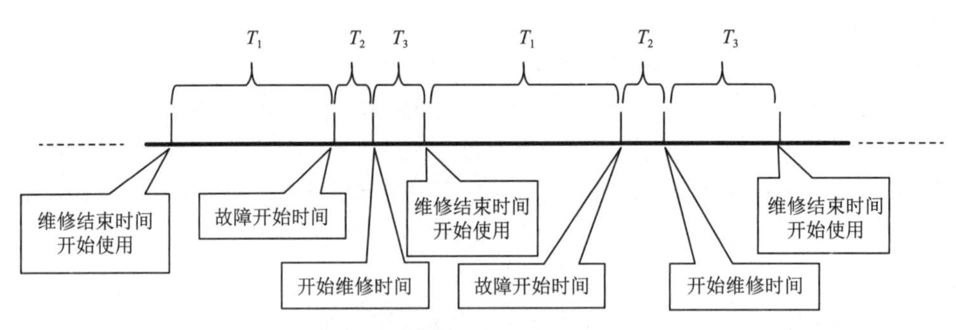

图 2-4　图解 MTTR/MTTF/MTBF

MTBF是一个统计值，它通过取样、测试、计算后得到，它与真实测试值有一定的差异。系统可用性计算方法如下：

$$\text{系统可用性}=\frac{\text{平均无故障工作时间}}{\text{平均无故障工作时间}+\text{平均修复时间}}\times 100\%$$

即：

$$\text{系统可用性}=\frac{\text{MTTF}}{\text{MTTF}+\text{MTTR}}\times 100\%$$

系统可用性计算可以简写为

系统可用性=MTTF/MTBF

这里的系统可以是单个网络设备、单个服务器、整个网络、某个软件系统等。

3. 网络扩展性需求

（1）网络扩展性的范围

网络的扩展性决定了新设计的网络系统适应用户企业未来发展的能力，也决定了网络系统对用户投资的保护能力。网络系统的扩展性需求主要是保证网络用户的增加、网络应用功能的增加或改变、网络性能的提高等方面。

（2）网络扩展性需求的内容

网络系统的可扩展性最终体现在网络拓扑结构、连接链路、网络设备，以及网络服务系统和业务系统等方面。

网络拓扑结构方面，所选择的拓扑结构应方便扩展，能满足用户网络规模的发展需求。一般的网络规模扩展主要是关键节点和终端节点的增加，如服务器、各层交换机和终端用户的增加。

连接链路，包括光纤链路、双绞线链路等，如光纤链路的备用扩展铺设、双绞线链路的链路聚合提高带宽等。

网络设备包括交换机、路由器、服务器等设备。接入层交换机要考虑端口冗余，汇聚层、核心层交换机还要考虑带宽冗余。路由器要考虑数据包转发速率、网络接口类型及数量、WAN连接方式等的扩展性。服务器的可扩展性主要体现在支持的CPU数、内存容量、磁盘架数、I/O接口数和服务器有群集能力等几个方面。

在网络服务系统和业务系统功能配置上一方面要全面满足当前及可预见的未来一段时间内的应用需求，另一方面要能方便地进行功能扩展，可灵活地增减功能模块。

4. 网络安全需求

（1）网络安全的范围

网络安全是指计算机网络系统的硬件、软件及其系统中的数据受到保护，不因偶然的或者恶意的原因而遭受到破坏、更改、泄露，系统连续可靠正常地运行，网络服务不中断。网络安全包括系统软硬件安全、系统信息安全、信息传播安全等。系统软硬件安全包括计算机系统机房环境的保护，法律政策的保护，设备的软件系统和应用软件的安全，数据库系统的安全，电磁信息泄露的防护等。系统信息安全是保护计算机系统中信息的安全，包括用户口令鉴别、用户存取权限控制、数据存取权限、安全审计、数据加密、计算机病毒防护等。信息传播安全即保护网络中传输信息的保密性、完整性、可用性、不可否认性、真实性，避免攻击者通过网络，利用系统的安全漏洞进行截获、篡改、伪造、拒绝服务、非授权访问等有损合法用户利益的网络攻击行为，保护合法用户的利益和隐私。

网络安全漏洞是指存在于计算机网络系统中的、可能对系统中的组成和数据造成损害的一切因素。网络安全漏洞是在硬件、软件、协议的具体实现或系统安全策略上存在的缺陷，从而可以使攻击者能够在未授权的情况下访问或破坏系统。安全漏洞分为：网络协议的安全漏洞、操作系统的安全漏洞、应用程序的安全漏洞。主要网络攻击手段有端口扫描、网络窃听、口令入侵、DDoS攻击、特洛伊木马、IP欺骗、病毒攻击等。

（2）网络安全需求的内容

网络安全需求可以从网络安全技术、网络安全设备方面进行需求分析。通过网络安全需求分析，以便形成合理的网络安全解决方案，为计算机网络系统提供安全防护。

① 网络安全技术。

网络安全技术主要包括数据加密技术（encryption）、身份认证技术（authentication）、资源授权（authorization）、包过滤技术（packet filtering）、入侵检测/入侵防御技术（intrusion detection/intrusion prevention）、防病毒（anti-virus）技术、VPN（virtual private network，虚拟专用网）技术等。

数据加密：主要用于数据的保密性、完整性、不可否认性，以及身份认证，包括对称密钥加密技术、非对称密钥加密技术、哈希（Hash）算法、数字签名、数字证书等技术。数据加密技术常用在SSL安全套接层协议和IPSec安全协议中。

身份认证：可以采用基于用户名和密码进行的身份鉴别、基于对称密钥密码体制的身份鉴别、基于证书的身份鉴别等技术实现。

资源授权：是当用户登录系统后，用户的各项操作受访问权限控制，避免非授权访问，可以通过访问控制列表实现资源使用授权。

包过滤：是指在网络的适当位置对数据包有选择地通过，通过的依据是系统内设置的过滤规则。只有满足条件的数据包才能被转发到相应的网络接口。包过滤技术是防火墙产品最常用的技术。

入侵检测：是通过对计算机网络或计算机系统中若干关键点收集信息，并采用签名分析法、统计分析法、数据完整性分析法等技术对其进行分析，从中发现网络或系统中是否有违反安全策略的行为和被攻击的迹象。入侵检测技术是入侵检测设备使用的技术。

防病毒：计算机病毒是指一段具有自我复制和传播功能的计算机代码，这段代码通常影响计算机的正常运行，甚至破坏计算机功能和毁坏数据。利用网络协议及网络的体系结构作为传播的途径或传播机制，并对网络或联网计算机造成破坏的计算机病毒称为网络病毒。目前的计算机病毒主要是网络病毒，通常采用软件产品实现病毒防护。

VPN技术：是指在公共网络中建立专用网络，数据通过安全的“加密管道”在公共网络中传播。

② 网络安全设备。

网络安全设备主要有防火墙，入侵检测/入侵防御系统、VPN网关、上网行为管理器、防病毒软件、漏洞扫描器等。

防火墙（firewall），是一种高级访问控制设备，是置于不同网络安全域之间的一系列部件的组合，是不同网络安全域间通信流的唯一通道，能根据企业有关安全政策控制（允许、拒绝、监视、记录）进出网络的访问行为。

入侵检测/入侵防御系统（IDS/IPS），用于监控网络和计算机系统被入侵或滥用的征兆，以后台进程的形式运行，对网络入侵行为进行实时报警和主动响应，是监控和识别攻击的标准解决方案，是安防体系的重要组成部分。入侵检测系统的发展方向是入侵防御技术。IPS技术可以深度感知并检测流经的数据流量，对恶意报文进行丢弃以阻断攻击，对滥用报文进行限流以保护网络带宽资源。

VPN网关，可通过互联网实现多种方式的网络互联，包括实现公司总部和分支机构的网络互联、远程用户访问公司总部网络资源、公司与合作伙伴的网络互联等。VPN是通过加密技术在互联网上建立“加密管道”实现通信的，这种方式既节省投资，又能实现数据的安全传输。在跨区域和跨城市的大型公司中经常使用。

上网行为管理器，上网行为管理是指帮助互联网用户控制和管理互联网的使用。其包括对网页访问过滤、网络应用控制、带宽流量管理、信息收发审计、用户行为分析等功能。随着计算机、宽带技术的迅速发展，网络办公日益流行，互联网已经成为人们工作、生活、学习过程中不可或缺、便捷高效的工具。但是，在享受着计算机办公和互联网带来的便捷同时，员工非工作上网现象越来越突出，企业普遍存在着计算机和互联网络滥用的严重问题。上网行为管理器是专用于防止非法信息恶意传播，避免国家机密、商业信息、科研成果泄露的产品，并可实时监控、管理网络资源使用情况，提高整体工作效率。上网行为管理器适用于需实施内容审计与行为监控、行为管理的网络环境，尤其是按等级进行计算机信息系统安全保护的相关单位或部门。

防病毒软件，目前病毒的发展主要呈现以下几个趋势：病毒与黑客程序相结合、蠕虫病毒泛滥、病毒破坏性大、病毒传播速度更快、病毒的实时检测困难。因此，对待病毒应以预防为主，如果发生了病毒感染，往往就已经造成了不可挽回的损失。因此，对于大型计算机网络系统，防病毒必须立足于系统全网的角度，除了在终端部署防病毒产品控制病毒对终端的破坏，更应该在网络中部署网络版防病毒软件，控制病毒的传播。

漏洞扫描器，通过使用漏洞扫描器，能够发现所维护的服务器的各种端口的分配、提供的服务、服务软件版本，以及这些服务软件呈现的安全漏洞，以便及时修补漏洞，提供安全保护。漏洞扫描器可以分为两种类型：主机漏洞扫描器（host scanner）和网络漏洞扫描器（network scanner）。主机漏洞扫描器是在系统本地运行检测系统漏洞的程序，比如tripewire自由软件。网络漏洞扫描器是指对企业网络系统或者网站进行扫描的硬件设备。比如Qualys漏洞扫描器基于它的运作模式，可以同时胜任对主机、企业网络系统及网站应用的扫描。

管理设计者应结合用户计算机网络系统行业特点，以及用户对网络安全的需求，结合网络安全技术和网络安全产品，对用户网络安全需求进行分析，给出网络安全需求规划和网络安全解决方案。

5. 网络管理需求

（1）网络管理的范围

网络管理，是指网络管理员通过网络管理程序对网络上的资源进行集中化管理的操作，是监视和控制网络通信服务以及信息处理所必需的各种活动的总称。其目标是确保计算机网络的持续正常运行，并在计算机网络运行出现异常时能及时响应和排除故障。网络管理目的很明确，就是使网络中的资源得到更加有效的利用，当网络出现故障时能及时报告和处理，并协调、保持网络系统的高效运行等。

网络管理系统是辅助网络管理员对网络进行管理的计算机应用系统，具有自动获取被管设备的管理信息以实现故障管理、配置管理、安全管理、性能管理以及记账等功能。

服务器管理系统是一套对网络服务器进行管理控制的计算机应用系统。具有控制服务器运行，处理服务器操作系统、应用软件等不同层级的软件管理与升级和服务器系统的资源管理、性能维护和监控等功能。

在大型计算机网络系统中，配置专业的网络管理系统和服务器管理系统是非常必要的。否则网络管理效率会非常低，可能有些网络故障是难以发现的，如果因为一些未能及时发现和排除的故障给企业带来巨大的损失，将得不偿失。要正确选择网络管理系统和服务器管理系统，一方面要考虑用户的投资可能，另一方面还要对各种主流网络管理系统和服务器管理系统有一个较全面的了解。

（2）网络管理需求的内容

网络管理需求可以从网络管理系统需求和服务器管理系统需求进行分析。结合网络规模、网络管理功能和服务器管理的功能需求，以及资金投入，通过分析形成合理的网络管理需求，为网络管理设计提供指导。

① 网络管理系统。

配置网络管理系统能够提高网络管理效率，及时发现网络故障，避免不必要的损失。根据网络管理系统的发展历史，可以将网络管理系统划分为三代。第一代网络管理系统是最常用的命令行方式，并结合一些简单的网络监测工具；第二代网络管理系统有着良好的图形化界面，用户无须过多了解设备的配置方法，就能图形化地对多台设备同时进行配置和监控；第三代网络管理系统相对来说比较智能，是真正将网络和管理进行有机结合的软件系统，具有“自动配置”和“自动调整”功能。通常采用基于B/S（浏览器/服务器）架构。

按照管理对象分类，目前常用的网络管理软件可分为两大类，通用网络管理软件（NMS）和网元管理软件（EMS）两大类。网元管理软件管理单独的网络设备，通用网络管理软件的管理目标则是整个网络。

- 网元管理软件：一般由设备厂商随设备提供，各厂商采用专有的管理MIB库，以实现对厂商设备本身的管理，包括可以显示出厂商设备图形化的面板等。另外，网络设备厂商一般也提供网元管理功能，比如思科公司早期的Ciscoworks和现在的Cisco Prime Infrastructure，华为网络公司早期的Quidview和现在的eSight Network网络管理等，都包含网元管理功能。

- 通用网络管理软件：主要用于掌握全网的状况，既包括网元管理功能，也包括整体网络管理功能，支持对所有SNMP设备的发现和监控，可集成厂商设备的私有MIB库，实现对全网（多厂商）设备的识别和统一管理。这类产品有惠普公司的HP OpenView、CA公司的Unicenter、IBM公司的Tivoli NetView、安奈特公司的SNMPc、北京游龙科技的SiteView、网强信息技术（上海）有限公司的网强NetMaster等。

② 服务器管理系统。

服务器管理系统是一套对网络服务器进行管理控制的计算机应用系统。网络管理人员可以通过服务器管理系统观察远程系统硬件配置的细节，并监控关键部件，如处理器、硬盘驱动器、内存的使用情况和性能表现。通过可选择的附加产品扩展服务器管理、部署和软件分发。提供兼容的服务以及单点管理功能，同时发挥管理软件的监控、日程安排、告警、事件管理和群组管理功能。

服务器管理系统通常是针对具体的应用服务器开发的，用于对具体应用服务器功能进行全面的管理。服务器管理系统通常随服务器购买一起提供。例如，戴尔的OpenManage、IBM Tivoli、HP OpenView、浪潮猎鹰服务器管理软件（LCSMS）、华为eSight服务器管理、网强网络管理系统（NetMaster包含服务器管理）等。

当网络规模较小，服务器数量较少时，服务器管理工作相对简单，可能不需要服务器管理系统，但对于大中型网络系统，可能有许多不同类型的服务器，这时采用专门的服务器管理系统，可以提高管理水平和效率。

2.4 网络建设约束因素

计算机网络系统的建设，除了需要满足用户需求外，还要考虑网络建设的约束因素。网络建设约束因素对网络设计也有较大影响。因此，需要对各种约束因素认真分析，并作为需求分析报告的内容。

网络建设的约束因素不同于网络建设的目标，是网络设计工作必须遵循的一些附加条件，一个网络设计，即使可以达到建设的目标，但是由于不满足约束条件，将导致该网络设计无法实施。所以，在需求分析阶段，在确定用户需求的同时，也应对这些附加条件进行明确。一般来说，网络建设的约束因素主要来自于政策、预算、时间等。

1. 政策约束

了解政策约束的目的是发现隐藏在项目背后的可能导致项目失败的事务安排、利益关系等因素。政策约束包括：国家政策法规、行业标准规范、单位内部规定等的约束。比如《中国互联网行业自律公约》《互联网文化管理暂行规定》《互联网上网服务营业场所管理条例》《专用网与公用网联网的暂行规定》《教育网站和网校暂行管理办法》《互联网信息服务管理办法》等。

2. 预算约束

网络建设必须符合项目预算。如果不受预算约束，人们都希望建设一个满足所有需求，高性能、高可靠性、安全的计算机网络系统。网络建设的一个目标就是，要根据网络工程项目预算进行需求分析和网络设计，建设一个符合网络工程项目预算，又尽可能满足用户需求的计算机网络系统。

3. 时间约束

网络工程项目的建设应该是有计划的，是有时间约束的。项目建设过程包括：需求分析、网络设计、项目实施部署、项目测试、试运行、竣工验收等。整个过程要有一个进度安排，项目进度表要规定项目建设各阶段的时间节点和项目完成的最终期限。要有专人负责项目建设的进度管理。

网络设计方案的制定是在一定约束条件下制定的。在需求分析阶段，要搞清楚项目设计的政策约束、预算约束、时间约束等约束条件，特别是预算约束，它对网络规模、设备选型、提供的网络服务和开展业务都有一定的制约。

2.5 需求分析报告

通过需求调查规划，确定好需求调查的内容，制作好需求调查相关图表，通过采取实地考察、用户访谈、问卷调查、同行咨询等方式，获取相关单位计算机网络系统需求信息和约束条件。然后从网络工程师的角度，结合网络工程相关技术，撰写需求分析报告。需求分析的最终结果就是形成网络工程需求分析报告。需求分析报告是网络设计的基础，是网络工程项目竣工验收的依据。

需求分析报告是需求分析结果的最终体现，要做到最终的需求分析报告结构清晰合理，又全面反映用户需求，重点突出。需求分析报告虽然没有统一的格式和内容要求，但通过本章内容讲述，这里给出一个需求分析报告格式文档作为参考。

2.5.1 网络工程需求分析报告提纲示例

网络工程需求分析报告格式文档撰写提纲如下。

网络工程需求分析报告提纲

1.网络工程项目概述

1.1 项目单位概况（地址、组织结构、人员组织、业务范围等）

1.2 项目背景（项目建设的必要性、项目建设目标等）

1.3 项目建设内容（项目内容、支持的公共服务和内部业务等）

2.网络需求分析

2.1 需求信息获取规划（调查方法、计划人员、调查内容、统计表格）

2.2 需求分析（重点）

2.2.1 网络基本需求（业务、服务、传输、环境平台）

2.2.2 网络高级需求（性能、可靠性、安全、扩展性、管理）

3.其他需求及约束条件

下面对网络工程需求分析报告格式文档作简要说明。

第一部分，网络工程项目概述。通过对单位概况、项目建设背景和项目建设内容的描述，让网络工程项目设计者对单位网络建设的目标和网络规模以及开展的网络业务有一个充分了解。项目概述的作用：明确网络建设的目标；初步了解单位利用网络开展的业务；根据公司概况初步确定网络规模。

第二部分，网络需求分析。需求信息获取规划，用于对需求调查进行规划，做到需求调查目标明确、有的放矢。需求调查工作情况说明，用于对需求调查工作过程的陈述，描述事实（可以忽略）。需求分析包括基本需求和高级需求，基本需求结合计算机网络系统平台模型的四个方面进行分析，高级需求结合性能、可靠性、安全、扩展性、管理等五个方面进行描述，是需求分析报告的重点内容。

第三部分，约束条件，主要用于描述项目的投资预算和时间约束。它对网络规模、设备选型、提供的网络服务和开展业务都有一定的制约。

2.5.2 需求分析报告示例

通过需求调查，结合某公司楼宇分布图、单位组织结构、单位人员数量及分布，以及需求调查得到的信息，通过需求分析，最终形成需求分析报告。下面给出某公司网络工程需求分析报告，以供参考。

网络工程需求分析报告

1.网络工程项目概述

公司主要从事信息通信产品的研发、生产、销售工作，因为业务发展需要，为提高企业核心竞争力，促进企业管理高效、生产和经营的高效迅速，计划建立一个便捷安全的计算机网络系统，为企业的研发、生产、销售提供服务。

1.1 项目单位概况

公司主要从事信息通信产品的研发、生产、销售工作，包括一个总部和三个分部。总部位于工业园北部大楼，包括行政部门、财务部门、后勤部门、人力资源等管理服务部门等。分部A为研发部门，位于工业园西部大楼，主要负责产品的研发；分部B是生产部门，位于工业园东部大楼，主要负责产品的生产；分部C为销售部门，位于工业园南部大楼，负责公司产品销售。

公司各部门位置分布及人员情况：公司共有540人，其中总部的行政部有30人、财务部有20人、后勤部有40人、人力资源部有20人。研发分部A包括管理人员10人、研发部150人。生产分部B包括管理人员10人、生产人员200人。销售分部C包括管理人员10人、营销人员50人。

1.2 项目背景

（1）项目名称

公司计算机网络系统。

（2）项目背景

公司是一家集信息通信产品研发、生产、销售于一体的综合性大型企业。多年来，在从事研发、生产、销售的过程中，发现企业管理水平、公司宣传、生产效率、销售渠道等各方面存在一定的问题。随着企业的发展和互联网经济的发展。企业管理人员越来越认识到计算机网络系统有着至关重要的作用，能够激发企业活力，提高企业的核心竞争力。（网络工程项目建设的必要性）

通过网络信息系统的构建，能够做到：缩短企业产品研发周期；加强对分支机构的有效管理和调控能力；共享企业数据资源，加强交流合作，与其他企业建立伙伴关系；降低电信及网络成本，包括语音、数据、视频等与网络有关的开销；促进企业管理高效，激发企业活力，提高企业核心竞争力。（网络工程项目建设的目标）

1.3 项目建设内容

为提高企业核心竞争力，企业领导层决定建立“公司计算机网络系统”，以提高企业的工作效率和核心竞争力。公司计算机网络系统平台项目，计划分两个部分：一部分为网络服务平台建设，包括网络环境平台和网络传输平台建设，以及网络公共服务系统构建；一部分为公司业务平台建设，包括支持公司管理、生产、研发等的多个信息系统。各种业务平台计划在网络服务平台完成后，根据业务发展需要逐步建设。先期完成网络服务平台建设，计划投资200万元。

公司计算机系统平台，要求连接研发、生产、销售、后勤、人力资源等各个部门（网络规模）；能够提供各部门无阻塞信息、资源交互；信息平台要保证网络的不间断运行，提供稳定可靠的运行环境；为保证公司的后续发展，平台要求具有一定的先进性，能够保证后续公司扩展的需要；要保证各部门子系统的运行安全和稳定，网络平台管理方便。

2.网络工程需求分析

需求分析内容包括需求调查和具体需求分析。需求调查包括需求调查对象、方法、内容等；需求分析的具体内容一般包括基本需求和高级需求。

2.1 需求信息获取

（1）需求获取方法

为了充分获取企业需求，计划采用三种方式获取用户需求。

① 开展实地考察，了解企业的环境条件、楼宇分布、楼层分布，初步了解网络规模，确定核心线路的走向，初步确定核心层、汇聚层设备部署位置。

② 用户调查，分别调查公司管理层、公司技术人员、公司职员，从不同层面获取用户需求信息。

③ 问卷调查，制定各类表格，如企业人员组成表、管理结构表、业务需求表、节点信息表，通过填写相关信息表格确定需求信息。

（2）需求调查对象（各层次人员若干）

调查对象：计划调查和咨询的公司人员包括公司管理层2人、公司技术人员2人、公司职员若干（每个部门至少一人）。

（3）需求调查内容

① 向公司管理层调查的内容

- 网络建设目标；
- 企业利用网络开展的业务；
- 网络建设的规模；
- 网络性能方面的要求；
- 计划投入的经费等。

② 向公司技术人员调查的内容

- 企业利用网络开展的业务；
- 网络需要提供的公共服务；
- 网络性能需求、安全性需求、可靠性需求、扩展性需求、管理需求；
- 总体的布线、信息点概要统计信息等。

③ 向公司职员调查的内容

- 部门人员数量；
- 信息点布点位置及数量；
- 对网络性能要求、网络安全的要求等；
- 希望网络能够提供的公共服务。

（4）各类信息统计表格

为了收集需求信息，在调查用户需求的同时，还应制作好各类数据表格，让相关人员填写相关数据表格，为具体需求信息提供支撑。主要包括绘制公司楼宇分布图，如图2-5所示，公司组织结构图如图2-6所示。调查并填写部门人员及节点信息表、服务功能需求统计表以及业务应用需求统计表等，见表2-1～表2-5。

① 公司楼宇分布图。

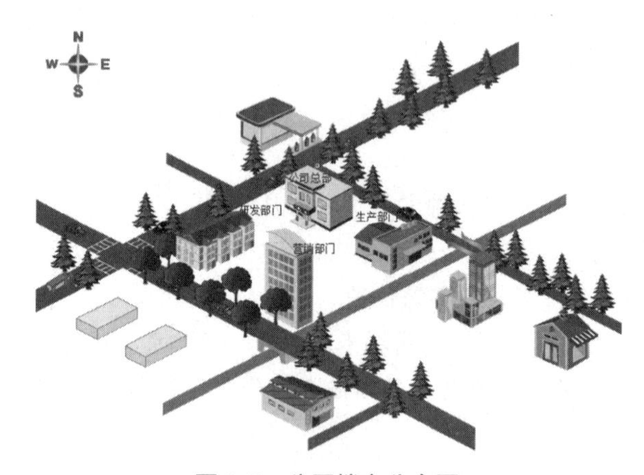

图 2-5 公司楼宇分布图

② 公司组织结构图。

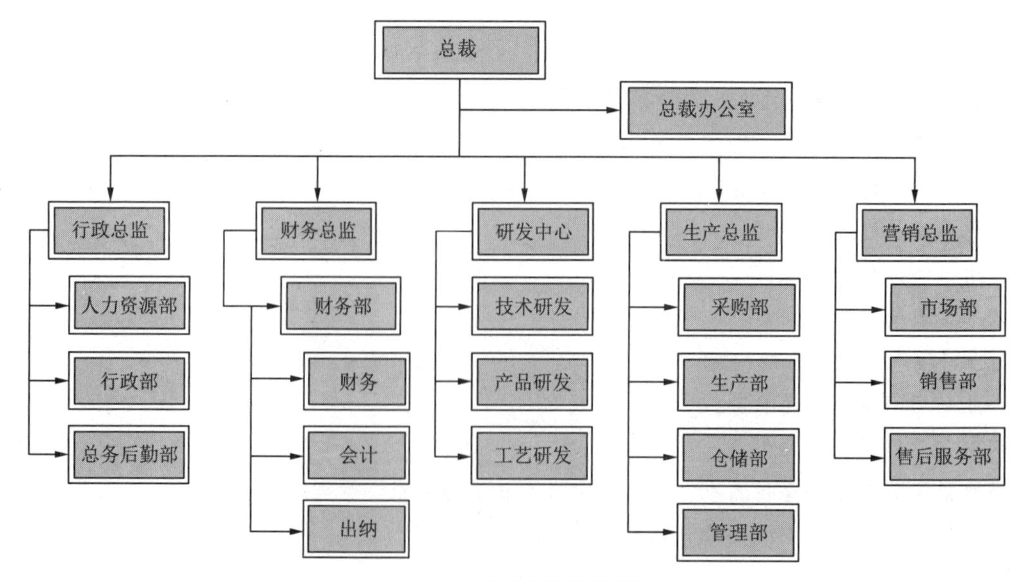

图 2-6 公司组织结构图

③ 部门人员及信息点统计表。

表 2-1 部门分布及信息点统计表

部门名称	人员数量	楼宇名称及编号	楼　层	信息点数	签　名

表 2-2 楼宇信息点统计表

楼宇名称及编号	层　数	信息点数	配线间位置	配线间与网络中心的距离

表 2-3 楼宇内部信息点统计表

楼宇名称及编号	楼　层	房　号	信息点数	所属部门

④ 网络服务功能需求统计表。

表 2-4 网络服务功能需求统计表

服务平台	服务功能需求	重 要 性	是否同期建设	调查人员签名
Windows操作系统				
Linux操作系统				
数据库系统				
网络管理系统				
服务器管理系统				
其他服务需求				

⑤ 业务应用需求统计表。

表 2-5 业务应用需求统计表

业务应用	业务应用需求	重 要 性	是否同期建设	调查人员签名
办公OA系统				
财务管理系统				
管理信息系统				
Web服务				
DNS服务				
电子邮件				
电子商务				
视频点播				
其他应用需求				

2.2 需求分析

根据需求调查计划采取调查方法、调查内容、调查人员以及计划统计的图表数据等。通过对项目单位进行实地考察，与管理层和职员交流等方式获取需求信息，包括单位组织结构、楼宇信息及节点信息等，并对获取信息进行分析，可以得到需求分析结果。

2.2.1 网络基本需求

（1）用户业务平台需求

业务平台需求主要涉及企业开展业务相关的业务软件、互联网应用系统需求。公司是一家集研发、生产、销售于一体的综合性大型企业，主要从事信息通信产品的研发、生产、销售。因此，构建网络信息系统，需要提供与研发、生产、销售、管理相关的业务软件，要求提供MIS系统、CAD系统、ERP（enterprise resource planning）系统等业务平台，以提高研发、生产、管理效率。

公司构建网络系统，既要提供有利于企业研发、生产、销售等，又要服务于企业员工，方便企业员工的信息交流，丰富企业员工网络文化生活。因此企业网络系统同时要提供一系列互联网应用，需要建立Web服务、E-mail服务、DNS服务、电子商务等。

（2）服务功能平台需求

网络服务平台主要为计算机网络系统提供网络服务功能和应用支撑，是保障网络正常运行，提供网络运行平台和管理的需要，也对网络内部业务和互联网应用提供支持。根据需求调查，服务功能平台计划部分服务器采用Windows操作系统，部分服务器采用Linux系统，同时配置网络管理软件。

在服务器产品的选择上，用户业务采用企业级服务器；企业虽然提供公共服务，但实际用户较少，流量较少，采用部门级服务。

（3）网络传输平台需求

网络传输平台需求包括网络拓扑结构、网络设备需求等。

根据企业物理环境，网络采用TCP/IP体系结构，总部建立网络中心，企业业务和公共服务分别采用多台服务器提供业务支持和公共服务，并放置于网络中心。总部采用交换式三层结构网络，并通过路由器与互联网相连。由于总部与分部都在一个工业园内，因此各分部通过光纤与企业总部互联，并通过总部访问外网。

网络设备包括传输设备和安全设备，网络设备在数量、性能、可靠性、安全等方面能满足网络平台稳定可靠运行的需要，并适当预留扩展空间。

（4）网络环境平台需求

网络环境平台需求主要包括网络综合布线需求、网络中心系统需求。

根据公司楼宇分布情况，初步计划网络中心位于总部大楼5楼。总部和分部各设置一个设备间。设备间位于楼层中间。各楼宇根据信息点数量合理设置配线间。

① 网络结构化布线需求。

根据公司规模、组织机构和楼宇分布，公司网络计划采用三层结构。核心层与汇聚层之间采用光纤互联；汇聚层与接入层一部分采用光纤连接、一部分采用双绞线连接；终端接入采用双绞线。

a. 总体需求：

- 满足主干1 000 Mbit/s，水平100 Mbit/s交换到桌面，部分关键节点1 000 Mbit/s交换到桌面的网络传输要求；
- 主干光纤的配置冗余备份，满足将来扩展的需要；

- 兼容不同厂家、不同品牌的网络设备。

b. 信息节点需求：

项目信息点统计见表2-6和表2-7。

表2-6 项目信息点统计表

楼宇名称及编号	层数	信息点数	设备间位置	设备间与网络中心的距离/m
总部大楼	5	110	3楼	20
西部大楼（A）	6	160	2楼	150
东部大楼（B）	6	210	2楼	150
南部大楼（C）	6	60	2楼	300
合计		540		

表2-7 各楼宇内部信息点统计表

楼宇名称及编号	楼层	房号	信息点数	所属部门
总部大楼	1	101、102、103、104	40	后勤部门
	2	201、202、203、204	20	财务部门
	3	301、302、303、304	30	人力部门
	4	401、402、403、403	20	管理资源
	5	管理空间、设备空间	30（单独计算）	网络中心

② 网络机房系统需求。

网络中心选择在总部大楼五楼。网络中心既用于部署业务平台和服务平台，又作为网络核心层设备部署点和与互联网连接的网络出口接入点，还是整个网络信息系统平台的管理部门。为此，要考虑对运行空间和管理空间的装修工程，以及网络布线工程、供电系统、接地防雷系统、空调系统、监控管理系统以及机柜系统等。建议采用华为模块化数据中心机房系统解决方案。

a. 要能够满足业务和服务运行的环境需要，并有适当扩展空间。

b. 要能够满足网络运行和平台管理的环境需要，并有适当扩展空间。

2.2.2 网络高级需求

（1）网络性能需求

公司计算机网络系统平台的性能有如下要求：

① 在内部网络访问中，要求能够同时满足企业员工无阻塞开展网络业务，支持300人同时并发访问业务系统；

② 在访问外部网络时，要求响应时间短，网络时延小；

③ 对于网络语音视频业务，要尽量减少时延抖动（突发业务会引起时延抖动，时延抖动会导致视频中断），而且能够满足50%用户同时无阻塞访问。

（2）网络可靠性需求

企业网络信息系统正式启用以后，需要保证全天24小时无故障运行，因此必须有较高的网络可靠性和可用性。

① 需要企业的业务服务具有高可用性，采用服务器集群技术，考虑服务器和应用的可用性、并发数；

② 核心设备、核心链路要避免单点故障。

③ 要对关键数据、系统进行备份冗余，一旦出现故障，系统要具有快速恢复能力。

（3）网络安全需求

企业网络信息系统正式启用以后，需要提供网络安全保证。

① 要配备用户认证系统，对于企业用户进行认证授权，分级别管理，避免企业信息系统被分发访问；

② 要开启防火墙功能，避免企业网络受到外部攻击，导致信息泄露、网络瘫痪或无法提供服务；

③ 对关键信息和数据要开启入侵检查和入侵防护，避免非授权用户非法访问或越级访问，窃取信息。

（4）网络扩展性需求

公司是一个不断发展壮大的企业，目前企业人数是500多人，未来5～10年内计划发展到800～1 000人，组织结构、业务规模和范围也会进行适当扩展。因此，计算机网络系统平台的设计要考虑网络扩展性需求，要适应企业未来5～10年的发展需要，包括网络设备增加、节点数量扩展、应用业务拓展等。

（5）网络管理需求

公司没有专门的网络管理人员，系统建设完成后，需要配置网络管理人员。为保障网络信息平台可靠运行，要求配置网络管理系统，具备配置管理、故障管理、性能管理、安全管理功能，重点是故障管理。要求管理简单方便，且能够对多厂商设备进行统一管理。

3.其他需求和约束

项目计划投资200万元左右，要求在项目启动后两个月内实施部署完成，进入试运行阶段。试运行三个月后，进行项目验收。为避免公司原有资源的浪费，新建网络要与原有网络进行连接，并保持网络的兼容性、资源的可用性。

内外网访问，对于内部用户，要求能够控制用户的非业务访问外网；外网的连接要采用双出口，互为备份，保证外网访问不中断。

小结

本章主要介绍网络工程需求分析的相关知识。需求分析主要包括需求调查和调查结果分析两部分工作。需求调查就是通过实地考察、用户访谈、问卷调查、同行咨询等需求调查方式，了解用户的实际网络需求的过程；调查结果分析是对需求调查所取得的信息和数据进行分析，以确定网络工程项目的建设目标和所需要的网络环境、传输技术、网络服务功能、用户业务和互联网应用等方面的基本需求，以及网络性能、可靠性、扩展性、安全、管理等方面的高级需求。

网络需求分析在整个计算机网络系统建设过程中非常重要，在一定程度上决定了网络工程项目设计实施的成败。网络需求分析涉及的内容非常广泛，总的来说，用户需求可以分为两大类：网络基本需求和网络高级需求。

网络工程设计师通过需求调查获取需求信息，通过需求分析形成项目对应的网络工程需求分析报告。

本章还结合需求分析的过程，对网络规模、操作系统、数据库系统相关知识进行了介绍；对局域网互联技术、城域网互联技术、广域网互联技术进行简要说明；对网络性能、可靠性等相关技术指标进行了说明，包括网络带宽、吞吐量、网络流量、响应时间、时延抖动、丢包率、服务并发数、系统可用性等；对网络安全技术及产品、网络管理工具和服务器管理工具进行了介绍。

习题

1. 需求分析的目的、过程是什么？
2. 用户需求获取有哪些方法？需求调查的内容有哪些？
3. 依据网络规模，计算机网络分为哪些类型？
4. 简述网络工程需求分析的具体内容。
5. 简述网络工程需求分析报告格式。
6. （实践）结合某校园网拓扑图，根据本章提供的需求分析报告样例，参考完成需求分析报告。
7. （实践）学习采用亿图图示软件（或 Microsoft Visio 软件）绘制楼宇分布图、组织结构图、网络拓扑图等。

第 3 章

网络工程逻辑设计

网络规划设计是在一定的方法和原则指导下，对网络进行总体规划、网络设计的过程。网络规划位于高层，从宏观和整体上对网络进行规划，把握网络设计方向，结合网络需求分析，明确网络建设的目标，明确计算机网络系统应具备的服务支撑功能和业务应用功能，明确需要建设的网络工程项目的网络规模及网络层次结构，以及明确网络工程项目建设的工期以及项目资金预算。

网络设计则是在网络规划的指导下，进行具体的逻辑设计和物理设计，逻辑设计在网络拓扑、传输技术、IP 地址、路由选择、网络管理和网络安全等方面给出具体的设计方案；物理设计在结构化布线设计、网络机房系统设计、网络设备选型、服务器设备选型和服务器部署规划，以及互联网接入等方面给出具体的方案。注意，很多时候，网络规划与网络设计在一起完成，简称网络设计。

网络规划设计的内容较多，为此这里将网络规划设计分为三章，分别为第 3 章网络工程逻辑设计、第 4 章网络工程物理设计、第 5 章网络工程拓展设计。这里，拓展设计是针对逻辑设计和物理设计内容的拓展，包括网络可靠性、网络性能、网络安全、网络扩展性和网络管理设计等方面的内容。

3.1 网络设计概述

3.1.1 网络设计遵循的标准

视频

网络工程逻辑设计

计算机网络是一个结构复杂的系统，所使用的硬件设计和软件系统种类繁多。如果没有统一的标准和规范，可能会导致设备与设备之间无法兼容、软件与软件之间无法交换数据。不利于设备生产者、软件开发者以及系统集成商降低成本，也不利于用户对计算机网络系统的维护和扩展。

计算机网络标准的制定主要有国际电气电子工程师协会（IEEE）、国际电信联盟远程通信标准化组（ITU-T）、因特网工程任务组（IETF）。下面简要介绍相关标准。

（1）IEEE802系列标准

IEEE是最大的专业性协会之一。20世纪80年代开始制定以太网标准。由于以太网技术不断发展，10 M/100 M/1 000 M/10 G/100 G以太网技术不断推出。目前10 G以太网与光纤技术相结合，出现的光以太网（IEEE802.3ae）的传输距离可达10 km以上，使得以太网技术应用到城域网技术中。IEEE802标准是由IEEE制定的有关LAN和MAN的标准，这些标准集中在TCP/IP系统链路层和物理层，包括IEEE802.1～IEEE802.22等。其中IEEE802.3为以太网系列标准、IEEE802.11为无线局域网标准、IEEE802.15是无线个人区域网标准（BlueTooth技术、ZigBee技术）等。

IEEE802.3系列标准是以太网系列标准，是组建计算机网络系统中局域网技术使用标准。这里对IEEE802.3系列标准进行说明。

IEEE802.3系列标准分为10M标准、100M标准、1000M标准、10G标准和100G标准。

① 10M标准。

10M以太网标准包括：IEEE802.3、IEEE802.3a、IEEE802.3i、IEEE802.3j等，分别用来描述以太网物理传输媒体类型。

- IEEE802.3、10Base-5：采用粗同轴电缆作为传输介质（1983），目前已淘汰。
- IEEE802.3a、10Base-2：采用细同轴电缆作为传输介质（1985），目前已淘汰。
- IEEE802.3i、10Base-T：采用双绞线作为传输介质（1990）。
- IEEE802.3j、10Base-F：采用光缆作为传输介质（1993）。

② 100M标准。

100M以太网标准是IEEE802.3u（1995），包括三种传输介质标准：100Base-T4、100Base-TX和100Base-FX。它采用4B/5B编码方式。

- 100Base-T4：采用三类以上双绞线，利用4对线进行传输。目前已淘汰。
- 100Base-TX：采用五类以上双绞线，利用其中2对线进行传输。支持全双工。
- 100Base-FX：采用光纤作为传输介质。支持全双工。在全双工情况下，单模光纤的最大传输距离是40 km，多模光纤的最大传输距离是2 km。

③ 1000M标准。

千兆以太网技术有两个标准：IEEE802.3z（1998）和IEEE802.3ab（1999）。IEEE802.3z制定了光纤和短程铜线连接方案的标准，具有三种传输介质标准：1000BASE-SX、1000BASE-LX、1000BASE-CX。它采用8B/10B编码方式。IEEE802.3ab制定了五类双绞线上较长距离连接方案的标准，即1000Base-T。支持现有的5类铜线提供1 000 Mbit/s的速度，1000Base-T是100Base-T的自然扩展，与10Base-T、100Base-T完全兼容。

- 1000Base-SX，工作波长为770～860 nm（850 nm），短波长，支持多模光纤，可以采用直径为62.5 μm或50 μm的多模光纤，传输距离为220～550 m。
- 1000Base-LX，可以采用直径为62.5 μm或50 μm的多模光纤，工作波长范围为1 270～1 355 nm（1 310 nm），传输距离为550 m；1000Base-LX也可以采用直径为9 μm或10 μm的单模光纤，工作波长范围为1 270～1 355 nm，传输距离为5 km左右。
- 1000Base-CX：采用150 Ω欧屏蔽双绞线（STP），传输距离为25 m。

- 1000BASE-T：使用五类以上非屏蔽双绞线作为传输介质，利用4对线传输数据。传输的最长距离是100 m。1000BASE-T不支持8B/10B编码方式，而是采用更加复杂的编码方式。

④ 10G标准。

在万兆以太网标准化过程中，IEEE和10GEA（万兆以太网联盟）是两个最重要的组织。万兆以太网标准和规范都比较繁多，比较典型的有：IEEE802.3ae（2002）、IEEE802.3an（2006），IEEE802.3bz（2016）等。

- IEEE802.3ae：要求采用光纤作为传输介质，传输距离从300 m到40 km，包括10GBase-R、10GBase-W、10GBase-LX4、10GBase-LRM等模式。
- IEEE802.3an，10GBase-T：要求采用七类双绞线作为传输介质，传输距离达到100 m。
- IEEE802.3bz，为兼容已有的大量的五类和六类双绞线，2016年推出的基于五类和六类双绞线的标准，支持最高2.5 Gbit/s和5 Gbit/s的网络速度。

⑤ 100G标准。

100G以太网标准首先是2010年6月通过的IEEE802.3ba（2010）标准。之后又通过IEEE802.3bg（2011）标准、IEEE802.3bj（2014）标准和IEEE802.3bm（2015）标准等。IEEE802.3ba是IEEE标准组织为40 Gbit/s和100 Gbit/s的以太网制定的物理接口规范，该标准于2010年6月完成并发布，为新一代更高速的以太网服务器连通性和核心交换产品铺平发展之路。

（2）ITU-T标准

国际电信联盟的标准化组织为国际电信联盟远程通信标准化组（ITU-T），它是国际电信联盟管理下的专门制定远程通信相关国际标准的组织。

与计算机网络系统相关的ITU-T标准，主要集中在广域网物理层。在广域网连接和远程访问设计时需要注意。如专线DDN，窄带ISDN、X.25、FR，宽带ADSL、EPON，传输SDH、DWDH、RPR，无线通信LMDS、GRPS等技术。主要与IP相关的标准有：G系列建议、H系列建议、V系列建议、X系列建议、Y系列建议等。

（3）IETF互联网标准

IETF（互联网工程任务组）创立于1986年，它是一个开放性国际组织，由网络设计师、网络运营者、服务提供商和研究人员组成。IETF主要工作是研究互联网技术，制定互联网标准。IETF发布文件分为两种：一种是互联网草案（internet draft），一种是意见征求书（RFC）。互联网草案可以作为技术文档和技术方案。互联网草案审查通过后成为意见征求书。RFC是标准型文件，一共发布了50 000多份，而且新的RFC文档还在不断增加。FRC技术文档主要涉及TCP/IP的网络层、传输层和应用层。常用标准分为基础类、地址类、路由类、安全类、服务质量类、管理类等。注意：一个Internet功能往往有多个RFC文档说明。

基础类包括：RFC768（UDP）、RFC791（IP）、RFC793（TCP）、RFC821（SMTP）、RFC959（FTP）、RFC1081（POP3）、RFC1945（HTTP）。

地址类包括：RFC932（IPv4地址）、RFC1860（VLSM）、RFC2373（IPv6）、RFC3022（NAT）。

路由类包括：RFC1131（OSPF）、RFC1388（RIP2）、RFC1771（BGP4）、RFC1517（SIDR）。

安全类包括：RFC2401（安全体系结构）、RFC2764（VPN）、RFC3093（FEP）。

管理类包括：RFC1157（SNMP）、RFC2866（RADIUS）、RFC2906（AAA）。

服务质量类包括：RFC1633（IntServ）、RFC2475（DiffServ）。

3.1.2 网络设计原则

计算机网络系统建设关系到几年内用户网络信息化水平和网上业务应用系统的成败。在网络设计前对主要设计原则进行选择和平衡，并排定其在方案设计中的优先级，对网络设计和实施将具有指导意义。

1. 实用够用性原则

计算机、网络设备、服务器等设备的技术性能在逐步提升的同时，其价格却是在逐步下降的，对计算机网络系统中涉及的各类设备不可能也没必要实现一步到位。所以，计算机网络系统方案设计中，应采用成熟可靠的技术和设备，适当考虑设备的先进性，充分体现计算机网络系统中实用够用的网络建设原则，切不可用为了所谓的计算机网络系统的先进性和超前性，购买超过实际性能需求的高档设备，避免投资浪费。

2. 开放性原则

计算机网络系统采用开放的标准和技术，比如采用国际通用标准的TCP/IP网络协议体系，采用标准的动态路由协议等。环境平台、资源系统建设要采用国家标准，有些还要遵循国际标准。其目的包括两个方面：第一，有利于计算机网络系统的后期扩充；第二，有利于与外部网络的互联互通。

3. 先进性原则

计算机网络系统应采用国际先进、主流、成熟的技术。比如，计算机网络系统中内部网络可采用千兆以太网或万兆以太网交换技术，选用支持多层交换技术，支持多层干道传输、生成树等协议的交换设备。

4. 可靠性原则

网络的可靠性是网络设计中需要考虑的一个主要原则。计算机网络系统的可靠性往往是一个网络工程项目成功与否的关键所在。特别是政府、教育、企业、税务、证券、金融、铁路、民航等行业网络系统中的关键设备和应用系统，如果出现故障，可能产生的是灾难性的事故。所以在计算机网络系统设计过程中，要选择高可用性网络产品，关键链路、关键设备要提供冗余备份和采用容错技术。另外，还要考虑是否提供网络存储系统，提高系统数据可靠性，确保计算机网络系统具有很高的系统可用性。

5. 安全性原则

网络的安全主要是指计算机网络系统防病毒、防黑客等破坏系统、窃取数据等。破坏数据的机密性、完整性、不可否认性、可用性、真实性等的安全问题。为了网络系统安全，在方案设计时，应考虑用户方在网络安全方面可投入的资金，建议用户方选用网络防火墙、网络防杀毒系统等网络安全设施；网络信息中心对外的服务器要与对内的服务器隔离。

6. 可扩展性原则

网络设计不仅要考虑到近期目标，也要为网络的进一步发展留有扩展的余地，因此要选用主流产品和技术。若有可能，最好选用同一品牌的产品，或兼容性好的产品。比如，对于多层交换网络，若要选用两种品牌交换机，一定要注意VLAN干道传输、生成树等协议是否兼容，是否可无缝连接。另外，网络建设要能满足用户当前需求以及将来一段时间网络扩展的需要。要能够保证用户数增加，以及用户设备和网络业务应用的增加，而不影响原有的网络投资和网络功能。

7. 可管理维护性

计算机网络系统的设备和系统应易于安装、管理和维护，避免设备和系统故障，影响计算机网络系统的运行。应配备先进的网络管理平台和服务器管理平台，对各种主要设备比如核心交换机、汇聚交换机、接入交换机、服务器、大功率长延时UPS等设备进行集中监测和管理。

3.1.3 网络设计的内容

一般情况下，对网络设计要进行总体规划，分步实施。网络设计包括网络工程逻辑设计和物理设计，逻辑设计包括网络拓扑结构设计、VLAN规划、IP地址设计、路由设计等；物理设计包括结构化布线设计、网络中心系统设计、网络设备选型（通信子网设计）；网络服务器和操作系统选型、服务器部署规划（资源子网设计）、互联网接入设计等。

逻辑设计和物理设计同时体现了计算机网络系统层次模型中对环境平台、传输平台、服务功能平台，以及业务应用平台的设计。具体来说，结构化布线和网络机房系统体现了环境平台，逻辑设计的内容及网络设备选型等体现了传输平台，服务器设备选型和服务器部署规划体现了服务功能平台和业务应用平台。（对于业务应用平台，与具体企业、用户行业相关，本书不做详细说明）

在网络的设计过程中，网络的扩展性需求、性能需求、可靠性需求、安全需求、管理需求体现在网络拓扑图设计、局域网链路、互联网接入、网络设备和服务器的选型设计过程中。但网络的性能、可靠性、扩展性、安全、管理的实现往往有单独的设备、软件、系统和技术支持。所以针对网络的高级需求，通过单独一章对性能设计、可靠性设计、扩展性设计、安全设计、管理设计进行详细论述。网络设计的内容结构如图3-1所示。

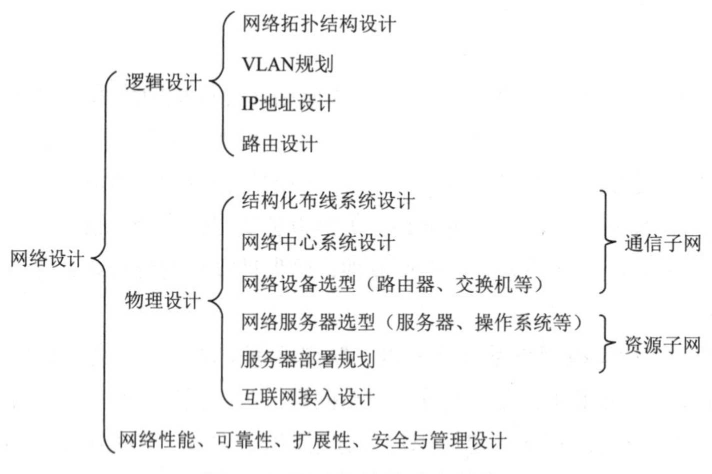

图 3-1 网络设计的内容结构

3.2 网络分层设计思想

3.2.1 网络层次化设计思想

对于小型网络，由于网络中设备数量不多，采用简单的拓扑结构即可满足网络设计要求。但随着网络规模的扩大，简单的网络拓扑结构无法满足网络要求。对于大型网络拓扑结构设计，思科公司提出了网络层次化设计思想。

1. 网络层次模型

网络层次模型将网络分三层，分别是核心层（core layer）、汇聚层（distribution layer）和接入层（access layer）三层。核心层为网络提供主干组件或高速交换组件，数据包高速传输是核心层的目标。汇聚层是核心层和终端用户接入层的分界面，汇聚层完成链路汇聚、流量汇聚、路由汇聚、网络访问的策略控制、广播域的定义、VLAN间的路由、数据包处理及其他数据处理的任务。接入层向本地网段提供用户接入、提供网络分段、广播能力、多播能力、介质访问安全性、MAC地址过滤等任务。

（1）核心层设计

核心层主要实现数据包的高速交换。根据网络规模，核心层可以采取多种形式，包括单中心拓扑结构、双中心拓扑结构、多中心拓扑结构等。

单中心拓扑结构：对于小规模网络，可以采用单中心形式。单中心形式结构简单，适用于网络流量不大，可靠性要求不高的局域网。缺点是核心层负载过重，可靠性差，当核心层出现故障，整个网络瘫痪。

双中心拓扑结构：双中心的核心层拓扑结构比较常见。它提供的设备冗余和链路冗余，提高了局域网可靠性，并可以实现负载均衡。

多中心拓扑结构：多中心的核心层可以采用环状结构或网状结构，主要用于大型网络的拓扑图设计，也可用于城域网设计中，具有极好的可靠性，网络建设的成本较高。

（2）汇聚层设计

汇聚层主要是汇聚接入层网络流量，分散核心层流量。汇聚层设计主要涉及汇聚层交换设备的选择。根据网络规模和网络工程投资情况，可以采用三层交换机，也可采用二层交换机。根据传输距离的远近和成本估算，可以选择电口交换机，也可以选择全光口交换机。

对于规模较大的网络，建议采用三层交换机，可以减轻核心层交换机的路由压力，有效地进行分流。对于没有特殊要求的子网络，对汇聚层设备要求不高的情况，为节省成本，可以选择中等性能的二层交换机。

对于网络用户分布比较集中的网络，汇聚层与接入层距离较近（<100 m）的情况下，可以选择电口交换机，并通过端口汇聚进行连接。对于网络流量大、传出距离较远的情况，可以选择光口交换机作为汇聚层交换。

（3）接入层设计

接入层主要为用户提供访问网络的能力。接入层设计一般采用星状拓扑结构，不采用冗余链路。接入层交换机一般采用二层交换机，且支持10/100/1 000 Mbit/s自适应，半/全双工自适应。上联端口可以选择光口，也可选择电口，采用电口一般支持链路汇聚。

2. 网络层次化设计优缺点

（1）网络层次化设计优点

将一个较大规模的网络系统分成几个较小的层次，降低了网络的整体复杂性。层次之间既相对独立又相互关联。层次化网络设计具有较好的网络扩展性，可以灵活地增加新节点。方便进行设备冗余和链路冗余，避免单点故障。便于用户根据用户业务需要和管理需要，部署相关网络应用和服务系统，应用和服务系统部署的方式有集中式部署和分散式部署。

（2）网络层次化设计缺点

网络层次化设计不适合结构简单的小型局域网。核心层设备或核心链路出现故障，会导致整个网络出现通信受阻问题。

特别强调的是，思科提出的网络层次模型是一种分层思想，将网络分成三层。实际网络建设中，比如小型网络，可能采用平面结构网络拓扑；对于中小网络，可能采用二层结构网络拓扑；对于大型网络，可能采用三层结构网络拓扑，甚至四层结构网络拓扑。

目前，局域网、城域网、广域网都可以按照层次模型进行设计，网络层次模型如图3-2所示。

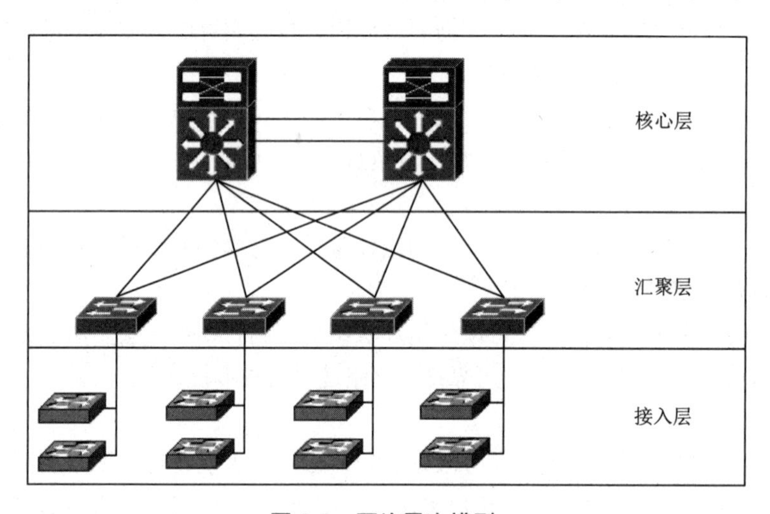

图 3-2　网络层次模型

3.2.2　网络层次结构类型

计算机网络层次模型适合局域网、城域网、广域网的设计。根据具体网络使用设备和数据传输方式的不同，可把网络层次结构分为两类：交换式层次结构和路由式层次结构。

1. 交换式层次结构

对于用户比较集中的局域网，一般采用交换式层次结构。基于交换式基础的层次模型主要由二层和三层交换机组成。近年来，由于交换机性能的提高和价格的下降，目前主要的网络设计，特别是局域网设计，采用交换式层次结构。

2. 路由式层次结构

对于用户比较分散的跨多个区域的大型网络、部门行业网络、城域网、广域网可以采用路由式层次结构，路由式层次结构网络中，核心层、汇聚层、接入层都采用路由器。

3.3　网络拓扑结构设计

在网络中，拓扑结构（topology）形象地描述了网络的结构和配置，包括各种节点的相互关系和位置。网络中各种设备通过图表示，并通过连线把设备之间的关系表示出来。这种设备图及连线表示的设备关系，就是网络拓扑结构。

网络拓扑结构的设计是整个网络设计工作的核心。在网络拓扑结构设计过程中需要结合网络基本需求特别是网络规模、网络技术、用户分布等进行设计，同时要考虑网络高级需求。总之，网络拓扑结构要与这些需求相适应。下面首先介绍网络拓扑结构基础知识。

根据信号传输方式的不同，可以把网络分为两类：点到点通信网络和广播通信网络。

① 点到点通信网络拓扑结构。点到点通信网络将网络中设备以点到点方式连接起来。网络中设备通过点到点链路进行点到点数据传输。点到点通信网络的拓扑结构有点对点、环状、网状等。点到点通信网络主要用于城域网或广域网中。

② 广播通信网络拓扑结构。广播通信网络利用传输介质把多个设备连接起来，一点发送，多点接收。利用传输介质的共享性消除网络线路重复建设，降低网络工程费用，广播网络广泛应用于局域网通信中。广播网络采用拓扑结构有总线、星状、无线蜂窝状等。例如：同轴电缆连接的总线网络，双绞线连接的星状网络，以微波方式进行传输的无线蜂窝状网络等。

3.3.1 网络拓扑结构基础

1. 基本网络拓扑结构

（1）点对点拓扑结构

点对点拓扑网络采用点到点通信方式进行信号传输，点对点网络拓扑结构简单，易于布线，并且节省传输介质（一般采用光缆），往往用于主干传输链路。支持点对点拓扑结构的网络有SDH（同步数字系列）、DWDM（密集波分复用）等。在城域网或广域网中，经常采用点对点拓扑结构，如图3-3所示。

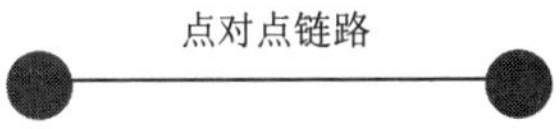

点对点链路

图 3-3 点对点链路

点对点拓扑结构网络的优点是，每条点对点链路都是独立的，链路两端设备独占链路。只要两端设备协商一致的包格式和控制机制，通信就可以顺利进行。缺点是，利用点对点链路组网，需要的连接链路多。对于中间有多个节点的两点之间通信，需要通过多跳才能到达，网络时延较大。

（2）环状拓扑结构

在环状拓扑结构网络中，各个节点通过环接口，连接在一条首尾相接的闭合环状通信线路中。在环状拓扑结构中，节点之间的信号沿着环路顺时针或逆时针方向传输。支持环状结构的网络早期有令牌环网、FDDI网络，这两种网络都已经淘汰。现在主要的环状拓扑结构网络有SDH（同步数字系列）、WDM（波分复用）、RPR（以太光网弹性分组环）、DPT（动态分组传输）等。环状拓扑结构主要用于城域网，如图3-4所示。

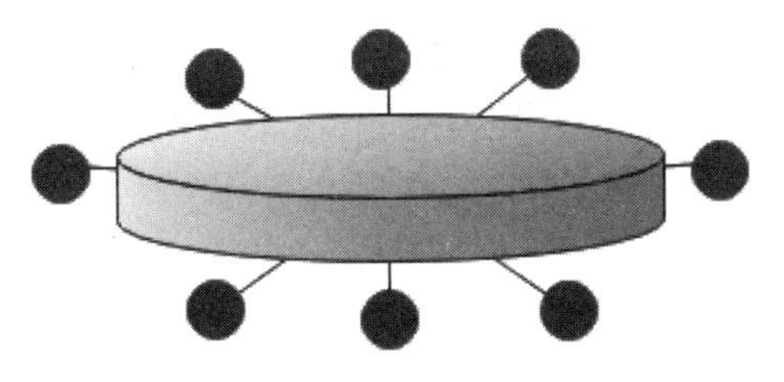

图 3-4 环状拓扑结构

环状拓扑结构网络的铺设可以采用多芯光缆，同时在光纤两端通过阻抗匹配器实现环的封闭，形成环状拓扑结构。环状网络中任何信息都必须通过所有节点，如果环中某个节点中断，环上所有节点的通信就会终止。为了避免这个缺点，一般采用双环结构。双环结构网络工作时，外环传输数据，内环作为备用环路。当环路发生故障时，信号自动从外环切换到内环，这是双环网络的自愈合功能。

环形网络一般采用光纤组网，优点是，适合于主干网络长距离传输，相对于星状拓扑结构网络而言，组建环网所需的光缆较少，且双环网络具有自愈合功能，增加了网络的可靠性。缺点是，环状网络不适合多节点的接入，增加节点会导致跳数增加，加大传输延时。环网出现故障时，故障点较难确定。

（3）总线拓扑结构

总线拓扑结构采用一条链路作为公共传输信道，网络上所有节点都通过接口连接到链路上，如图3-5所示。总线拓扑结构采用广播方式发送信息，一个节点发送，其他节点都能够收到信息。节点通过目标地址判断是否是发送给自己的数据来选择接收或丢弃。节点发送数据可以采用令牌机制或碰撞检测机制。

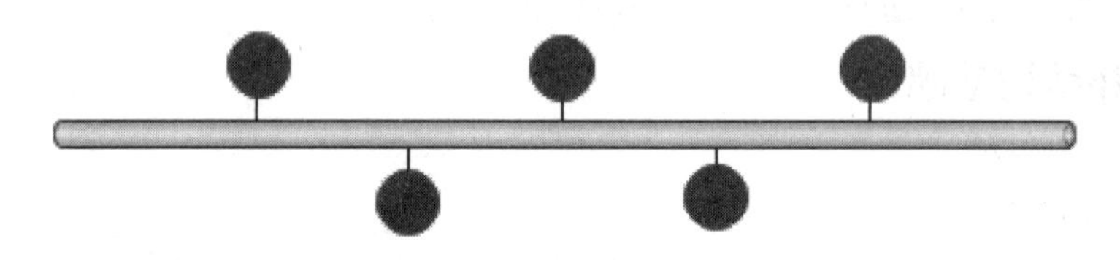

图 3-5　总线拓扑结构

总线网络的主要优点是，结构简单灵活，设备投入量少，成本低，安装使用方便。主要缺点是对通信线路敏感。任何通信线路故障都会使得整个网络不能正常运行。

局域网中，采用同轴电缆的以太网支持总线拓扑结构。但由于传输速率低，网络可靠性差。同轴电缆以太网已淘汰。

（4）星状拓扑结构

在星状拓扑结构中，网络中的各节点通过单独一条链路连接到一个中央节点上，由该中央节点向目的节点传送信息。中央节点执行集中式通信控制策略，因此中央节点相对复杂，负担比各节点重得多。在星状网络中，任何两个节点进行通信都必须经过中央节点，如图3-6所示。

星状拓扑结构网络的中央节点要与多机连接，线路较多，为便于集中连线，一般采用交换设备的硬件作为中央节点。星状拓扑结构是首选的局域网的网络拓扑结构。

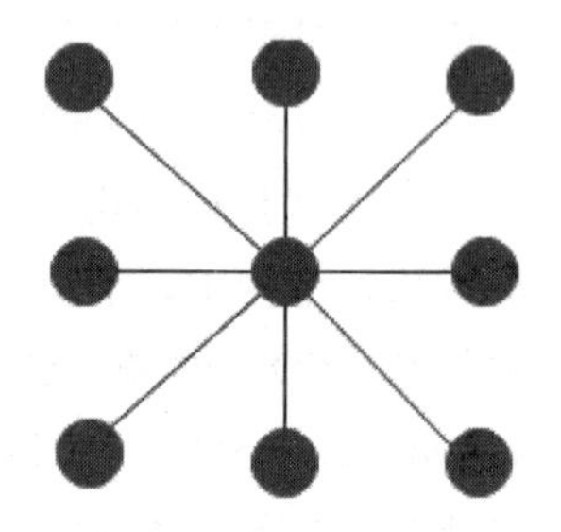

图 3-6　星状拓扑结构

星状拓扑结构的优点是，局域网一般采用双绞线作为传输介质，传输速率高，网络扩展性好，而且网络结构简单，容易维护。缺点是，需要耗费大量的电缆，安装、维护的工作量也大；中央节点负担重，一旦发生故障，与之相连的设备无法工作。

（5）蜂窝状网络拓扑结构

蜂窝状网络用于无线通信网络。它将一块大的区域划分为多个小的蜂窝，每个蜂窝使用一个小功率发射器（接收基站BS或无线接入点AP），蜂窝的大小与发生器的频率相关，一般使用正六边形来描述蜂窝形状。每个蜂窝使用一组频道，如果两个蜂窝相隔足够远，则可以使用同一组频道，如图3-7所示。

蜂窝状网络结构的优点是，用户使用网络方便，组建无线网络容易。蜂窝状网络结构的缺点是，信号在一个蜂窝内无处不在，信号容易受到干扰，存在安全隐患。蜂窝状网络传输距离有限。

蜂窝状拓扑结构早期用于移动通信，随着无线通信技术的发展，这种技术也广泛用于计算机网络，如WLAN。WLAN的实现协议有很多，其中最为著名也是应用最为广泛的当属无线保真技术Wi-Fi，它提供了一种能够将各种使用无线的终端都进行互联的技术，屏蔽了各种终端之间的差异性。具体的无线网络拓扑结构有两种，Ad-Hoc结构和infrastructure结构。

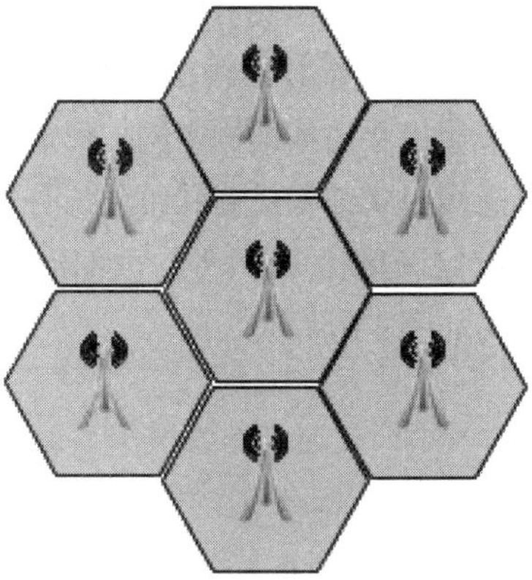

图 3-7　蜂窝状网络拓扑结构

2. 组合拓扑结构

大型网络都是由基本网络拓扑结构组成。随着网络规模的扩展，网络的拓扑结构变得更加复杂，可由基本的网络拓扑结构组合成更加复杂的网络拓扑结构。这种组合而成的网络拓扑结构有网状拓扑结构、树状拓扑结构、混合型拓扑结构等。

（1）网状拓扑结构

网状拓扑结构是点对点拓扑结构的扩展，采用点对点通信方式。网状拓扑结构有半网状拓扑结构和全网状拓扑结构。全网状拓扑结构中任何两个点之间都有直达链路连接。网状拓扑结构如图3-8所示。网状拓扑结构一般用于城域网、广域网，或大型网络中的局域网核心层，且核心层节点较少的情况。

网状拓扑结构的优点是，网络冗余链路多，网络可靠性高。对于全网状拓扑结构，任何一条链路发生故障，都可以通过其他链路到达，网络延时少。缺点是，网络线路多，线路利用率低，网络基建和维护费用高。对于全互联网络结构，每增加一个节点，会增加很多与该节点连接的链路。

实际网络建设中，一般不会采用网状拓扑结构，对于采用核心层点对点链路互联的网络，为了提高核心层可靠性，可能会采用网状拓扑结构，这种情况，核心层设备往往较少。

（2）树状拓扑结构

树状拓扑结构也称层次型拓扑结构，它是星状拓扑结构的扩展（星状+星状），目前主要用于大型局域网。树状拓扑结构采用分层思想，针对不同网络规模，可以采用不同的树状结构，基本可以分为核心层、汇聚层、接入层。树状结构具有星状结构的优点和缺点。采用多个星状组成树状拓扑结构，如图3-9所示。

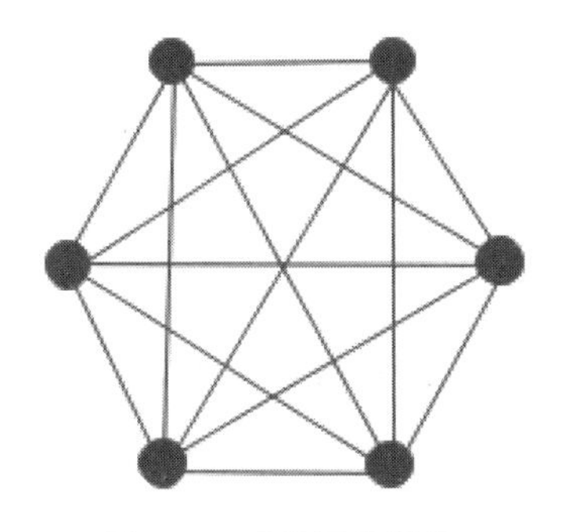

图 3-8　网状拓扑结构

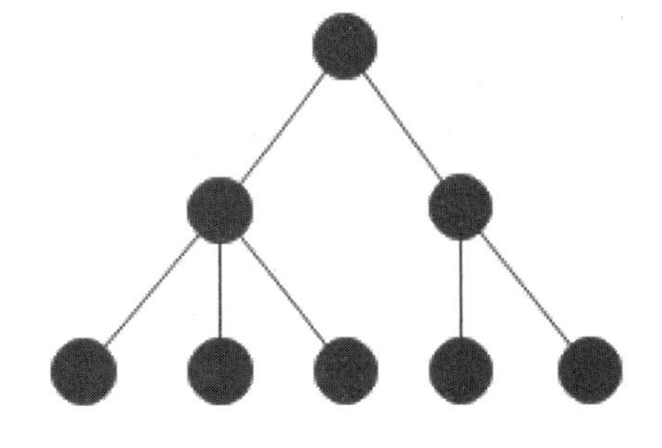

图 3-9　树状拓扑结构

（3）混合型拓扑结构

混合型拓扑结构由多种拓扑结构组成，大型网络中，在核心层采用环状拓扑结构，汇聚层和接入层采用星状拓扑结构组网，形成的混合型拓扑结构网络（环状+星状），还有对于多分部的单位，每个分部采用星状结构或树状结构，分部之间互联采用路由器通过点对点链路连接形成的混合型图谱结构网络（点对点+星状）。另外，内部网络还可能部署无线局域网，组成更加复杂的网络拓扑结构。混合型拓扑结构如图3-10所示。

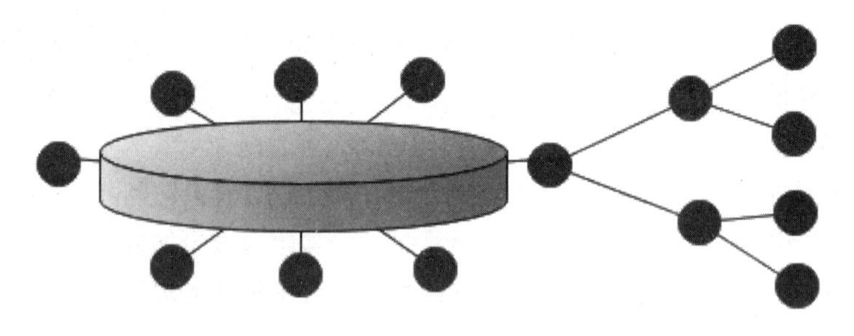

图 3-10　混合型拓扑结构

3.3.2　网络拓扑结构设计

网络拓扑结构的设计是整个网络设计工作的核心。网络拓扑结构的选择主要取决于网络技术、网络规模、用户分布等。需要首先选择网络层次结构类型，然后进行拓扑结构设计，并绘制网络拓扑图。

1. 网络层次结构类型选择

一般来说，交换式网络主要用于局域网，路由式网络往往用于城域网或广域网。也就是说，路由式网络往往用于连接交换式网络，形成一个大型网络。因此，一般单位组建网络，主要采用交换式层次结构，通过交换机组建规模不等的局域网，并通过路由器与外部网络互联。这里，主要以交换式层次结构网络设计为主。

2. 拓扑结构分层设计

网络需求分析中，根据网络规模把网络分为两大类五小类。五种网络分别称为小型办公网络、小型企业网络、中小企业网络、中型企业网络、大中型企业网络。

实际的计算机网络建设过程中，需要根据网络规模，合理选择分层结构。下面结合需求分析中给出的五种网络，分别设计对应的网络拓扑图，为用户拓扑图设计提供参考。

（1）小型办公网络

网络特点：这类网络结构简单，往往分布在一层楼甚至一个房间中。软件类设备较多，考虑网络建设成本，对于互联网接入通常采用软件实现。

网络结构：对于50节点网络，可以采用2～3个二层交换机，采用平面结构或分层结构。采用分层结构，可以分为两层，核心层交换机一台和接入层交换机1～2两台。

互联网接入：小型办公网络对外连接，往往没有太多要求，只要能共享上网即可，所以一般连接外网采用FTTX、ADSL、Cable Modem等方式。与Internet的连接通常采用代理服务器（CCProxy、wingate）或廉价宽带路由器。

网络拓扑图如图3-11所示。

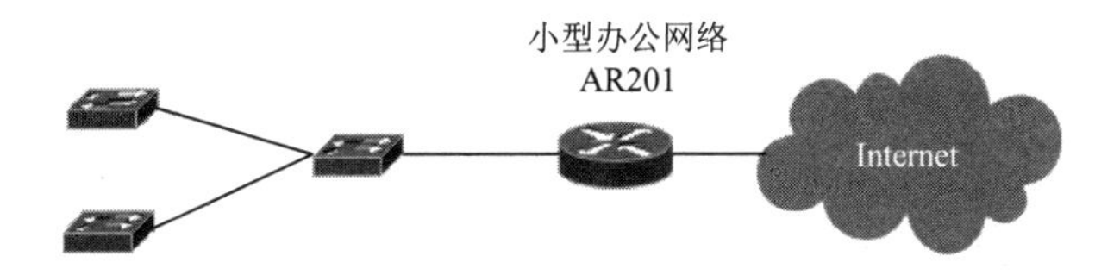

图 3-11　小型办公网络

（2）小型企业网络

网络特点：100节点的企业非常多，往往分布在一层楼或几层楼中。这类网络往往要求高性能、低成本。千兆位核心，百兆桌面，要求提供网络安全，具有简单的网络管理。企业往往包含多个部门，网络需求支持三层交换功能，不同部门属于不同VLAN。

网络结构：这类网络需要采用两层结构，核心层和接入层。核心层交换机一台，并要求支持三层交换。接入层交换机3～4台，支持VLAN划分。

互联网接入：与Internet连接可以采用网关服务器、宽带路由器，但一般采用边界路由器，在安全方面，采用硬件防火墙。

网络拓扑图如图3-12所示。

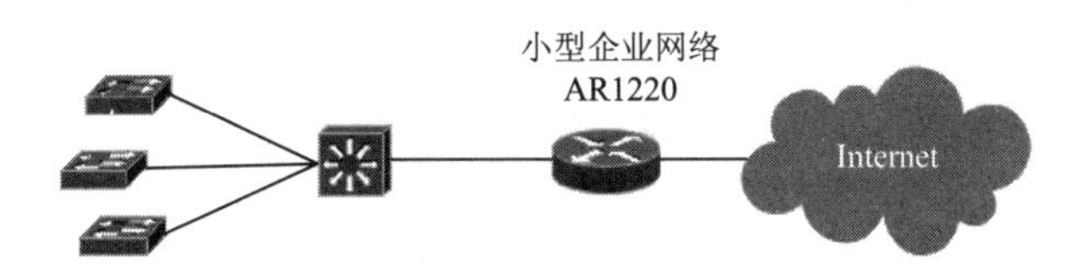

图 3-12　小型企业网络

（3）中小企业网络

网络特点：这类网络一般分布在几层楼甚至一栋楼内，一般要求采用高性能网络设备。需要采用三层结构，网络结构较为复杂。网络安全性高，具备部分网络管理功能。

网络结构：采用三层结构，核心层、汇聚层（不需要支持三层交换）、接入层。核心层可以采用双核心，核心层与汇聚层有冗余连接，提供汇聚链路可靠性支持。

互联网络接入：互联网接入使用适合中小企业的路由器。

网络拓扑图如图3-13所示。

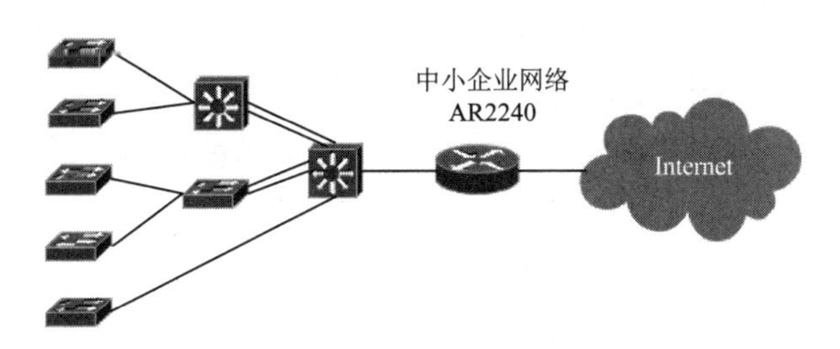

图 3-13　中小企业网络

（4）中型企业网络

网络特点：这类网络非常普遍，网络结构复杂，网络用户分布较广，往往分布在一栋楼甚至多栋楼。一般采用三层结构，核心层往往采用双核心设备。对网络的安全、可靠性要求较高，网络应用较为复杂，需要采用统一网络管理。

网络结构：采用三层结构，核心层、汇聚层（核心层和汇聚层都支持三层交换，核心层采用双核心）、接入层。核心层要求采用高性能三层交换机。

广域网接入：广域网接入要求采用多出口，适合中等网络的路由器。

网络拓扑图如图3-14所示。

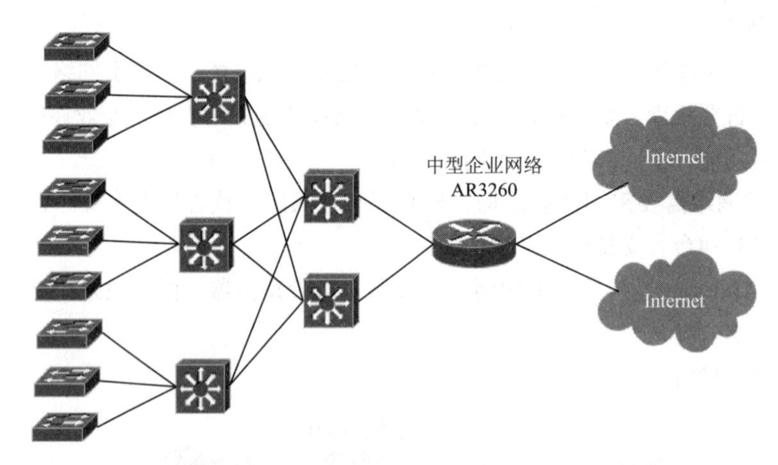

图 3-14　中型企业网络

（5）大中型企业网络

网络特点：这类网络结构更加复杂，网络用户分布更广，往往在几栋楼甚至一个园区，比如大型校园网络，对网络的安全、可靠性要求较高，网络应用复杂，需要支持全面统一的网络管理。

网络结构：一般采用三层结构甚至四层结构，核心层（主干层和汇聚层）、接入层。核心层采用两台核心交换机，甚至多台核心交换机组成环状结构。主干层和汇聚层部署在多区域的某个区域或大型园区的某一片区域。核心层和主干层都采用高档三层设备，且采用光纤冗余链路。

广域网接入：广域网接入方式灵活多样，路由器要求支持多种广域网连接方式，适合大型网络的高性能路由器。网络拓扑图如图3-15所示。

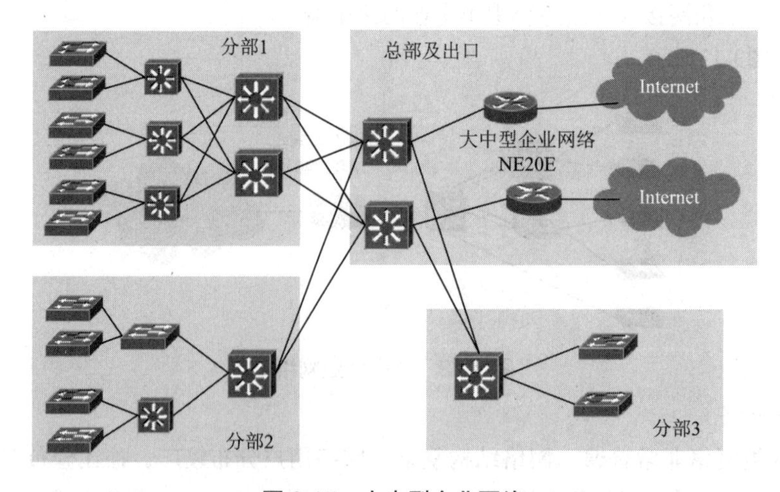

图 3-15　大中型企业网络

3.3.3　网络拓扑结构影响因素

网络拓扑图设计，需要结合需求分析，满足网络的基本需求和高级需求。特别是网络高级需求，对网络拓扑结构有较大影响，甚至需要专门针对高级需求进行设计。

下面针对网络高级需求在网络拓扑结构设计中的体现进行简要说明。

① 网络可靠性：网络可靠性主要涉及链路冗余、设备冗余、服务器集群、网络存储等方面。在拓扑结构设计中最直接的体现包括网络核心层设备的冗余、网络汇聚层与核心层链路的冗余、业务系统和互联网应用系统使用服务的集群、应用系统数据备份存储系统等。

② 网络性能：网络性能主要涉及网络带宽、服务质量、流量控制、负载均衡等四个方面。在拓扑结构设计中最直接的体现包括局域网链路选择、广域网接入链路选择和带宽分配，还有网络拓扑结构中备份链路、备份设备的负载均衡的实现。

③ 网络安全：网络安全主要是避免攻击者通过网络，利用系统的安全漏洞进行截获、篡改、伪造、拒绝服务、非授权访问等有损合法用户利益的网络攻击行为，保护合法用户的利益和隐私。在网络拓扑结构设计中网络安全的体现就是网络安全设备的选择和设备在拓扑结构中的定位。

④ 网络管理：网络管理是保障网络系统正常运行的手段，在网络拓扑结构中的体现是网络管理系统的配置。

⑤ 网络扩展性：网络系统的可扩展性决定了新设计的网络系统适应用户企业未来发展的能力，也决定了网络系统对用户投资保护能力。主要考虑网络设备（包括服务器）技术的先进性、数量的多少，以适应未来5～10年网络规模的扩大，业务、服务的拓展的需要。在网络拓扑结构设计中直接的体现是网络设备的数量，网络连接采用的链路等。

在实际的网络拓扑设计中，对于小型网络系统，在拓扑设计时，可以对可靠性、性能、安全、扩展性、管理等影响拓扑图设计的因素进行简要说明。而对于大型计算机网络系统，可能需要采用单独的章节对可靠性、性能、安全、管理、扩展性设计进行详细说明。

3.3.4　绘制网络拓扑图

绘制网络拓扑图，可以采用PowerPoint、Microsoft Visio、EDraw Max软件。

Microsoft Visio是Windows操作系统下运行的流程图和矢量绘图软件，它是Microsoft Office软件的一个部分。Visio虽然是Microsoft Office软件的一个部分，但通常以单独形式出售，并不捆绑于Microsoft Office套装中。

EDraw Max是一款功能强大的专业制作各种应用图形的设计软件，通过这款软件用户可以轻松制作出流程图、组织结构图、业务流程、UML图、工作流程、程序结构、网络图、图表和图形、心智图、定向地图以及数据库图表。亿图图示完全基于矢量图形，与微软Office软件良好兼容。它拥有Office 2007界面风格，使用户快速熟练，完美兼容Visio，包含大量高质量图形及模板，适用广泛，支持几乎所有图形格式及提供所见即所得输出。

建议采用亿图图示软件绘制网络拓扑图。网络拓扑图绘制示例可以参考网络设计相关的网络设计方案，其中包含大中小网络拓扑图。

3.4 VLAN设计

对于计算机网络系统，其内部网络一般采用以太网技术，并通过交换机采用星状拓扑结构连接网络设备组成交换网络。由于交换机不隔离广播，因此整个交换网络都是一个广播域，并且网络越大广播域的范围也越大。当广播域的范围足够大时，会使得网络中广播包过多，导致网络拥塞。为了保留交换网络的优点并解决广播域过大的问题，局域网一般采用VLAN（virtual local area network，虚拟局域网）技术。在网络中使用VLAN技术后，一个VLAN就是一个广播域。

VLAN的划分是通过支持VLAN技术的二层和三层交换机实现的。在介绍VLAN设计之前，首先介绍交换机相关知识和VLAN相关知识，然后进行VLAN的设计。

3.4.1 交换机相关知识

在局域网的设计过程中，为了满足网络覆盖范围、网络性能和性价比方面的不同要求，研制了中继器、集线器、网桥、交换机等网络互联设备，目前，中继器、集线器、网桥已淘汰。交换机成为局域网使用的主要互联设备。

1. 交换机基本功能

交换机基本功能包括学习功能、数据过滤/转发、阻断环路三个功能。

学习功能：交换机中有一个MAC地址表，交换机通过学习，了解每一端口相连设备的MAC地址，并将MAC地址同相应的端口映射起来存放在交换机的MAC地址表中。

数据过滤/转发：当一个数据帧的目的地址在MAC地址表中有映射时，它被转发到连接目的节点的端口而不是所有端口（如该数据帧为广播/组播帧则转发至所有端口）。通过学习功能，然后采用数据过滤/转发功能，提高数据转发效率。

阻断环路：当交换机包括冗余环路时，会产生广播风暴、MAC地址抖动、重复帧发送等问题，交换机通过生成树协议避免环路的产生，同时允许存在备份路径。

2. 交换机数据转发方式

交换机数据转发有三种方式：直通转发、存储转发、无碎片直通转发。不同的交换机往往支持不同的转发方式。

直通转发：直通转发方式的交换机在输入端口检测到一个数据包时，检查该包的包头，获取包的目的地址，启动内部的动态查找表转换成相应的输出端口，在输入与输出交叉处接通，把数据包直通到相应的端口，实现交换功能。由于不需要存储，因此延迟非常小、交换非常快，这是它的优点。它的缺点是，因为数据包内容并没有被以太网交换机保存下来，所以无法检查所传送的数据包是否有误，不能提供错误检测能力。

存储转发：存储转发方式是计算机网络领域应用最为广泛的方式。它把输入端口的数据包先存储起来，然后进行CRC（循环冗余码校验）检查，在对错误包处理后才取出数据包的目的地址，通过查找表转换成输出端口送出包。存储转发方式在数据处理时延时大，这是它的不足，但是它可以对进入交换机的数据包进行错误检测，有效地改善网络性能。尤其重要的是它可以支持不同速度端口间的转换，保持高速端口与低速端口间的协同工作。

无碎片直通转发：这是介于前两者之间的一种解决方案。它检查数据包的长度是否达到64字节，如果小于64字节，说明是假包，则丢弃该包；如果大于64字节，则发送该包。这种方式也不提供数据校验。它的数据处理速度比存储转发方式快，但比直通式慢。

3. 交换机及其技术的发展

集线器：交换机的前身是集线器，集线器（Hub）工作于OSI（开放系统互联参考模型）网络标准模型第一层，即“物理层”，其主要功能是对接收到的信号进行再生整形放大，以扩大网络的传输距离，同时把所有节点集中在以它为中心的节点上。以集线器为核心构建的网络是共享式以太网的典型代表。严格来说，集线器不属于交换机范畴，但由于集线器在网络发展初期具有举足轻重的作用，在很长时间内占据着目前接入交换机的应用位置，因此往往也被看成是（第）一层交换机。

网桥：是早期的两个端口二层网络设备，用来连接不同网段。网桥的两个端口分别有一条独立的交换信道，不是共享一条背板总线，可隔离冲突域。网桥比集线器性能更好，集线器上各端口都是共享同一条背板总线。

交换机：交换机是在多端口网桥的基础上逐步发展起来的。最初的交换机可以理解为多端口的网桥，是完全符合OSI定义的层次模型的，也就是说工作在OSI网络标准模型的第二层（数据链路层），因此也被称为二层交换机。

从1989年第一台以太网交换机面世至今，经过多年的快速发展，交换机的转发技术从当年的二层转发，发展到支持三层硬件转发，甚至还出现了工作在四层及更高层的交换机，转发性能上有了极大提升，端口速率从10 Mbit/s发展到了100 Gbit/s，单台设备的交换容量也由几十兆比特每秒提升到了几十太比特每秒。凭借着“高性能、低成本”等优势，交换机如今已经成为应用最广泛的网络设备。

在交换机的产生和交换机技术的发展过程中，还催生了全双工技术、VLAN技术、三层交换技术等交换机的关键技术。

全双工技术：全双工是指交换机在发送数据的同时也能够接收数据，两者同步进行。标准的以太网采用CSMA/CD机制，任何时候只能一台设备成功发送，是半双工传输方式。采用交换机后，交换机每个端口采用独占方式工作，因此能够支持全双工通信。注意，只有采用全双工网卡和交换机才能支持全双工通信方式。随着技术的不断进步，半双工会逐渐退出历史舞台。目前，几乎所有的网卡和交换机都支持全双工通信方式。

VLAN技术：IEEE组织于1999年颁布用于标准化VLAN的实现方案802.1Q标准草案，VLAN技术产生。VLAN是对连接到的第二层交换机端口的网络用户的逻辑分组，不受网络用户的物理位置限制而根据用户需求进行网络分组。一个VLAN可以在一个交换机或者跨交换机实现。基于交换机的VLAN技术的产生，使网络设计人员可以灵活根据网络用户的位置、作用和部门进行逻辑网络分组。

三层交换技术：三层交换是相对于传统交换概念而提出的。传统的交换技术是在OSI网络标准模型中的第二层（数据链路层）进行操作的，而三层交换技术是在网络模型的第三层（网际网络层）实现的数据包的高速转发。简单地说，三层交换技术就是：二层交换技术+三层转发技术。三层交换技术的出现，解决了局域网中网段划分之后，网段中子网必须依赖路由器进行管理的问题，解决了传统路由器低速、复杂造成的网络瓶颈问题。

3.4.2 VLAN 基本概念

VLAN是建立在交换机中的逻辑网络，VLAN可以在交换机中对端口进行逻辑分组，逻辑分组不受物理位置限制，它们可以连接在同一物理交换机上，也可以连接在不同的交换机上，这些交换机互联即可。一个节点从一个逻辑分组转移到另一个逻辑分组只需要通过软件设计即可，不需要改变设备的物理位置。这个逻辑分组就是一个VLAN。同一VLAN之间的设备可以自由通信，不同VLAN之间的设备需要通过路由器或三层交换机进行信号转发。目前，大部分交换机都支持VLAN技术。

1. VLAN 优点

交换网络一般都支持VLAN的划分，划分VLAN有以下好处：

① 隔离广播域。划分VLAN最大的好处是可以隔离广播域，如果一个局域网内有上百台主机，如果一旦产生广播风暴，网络就会彻底瘫痪。

② 增加安全性。不同VLAN之间的成员在没有三层路由的前提下是不能互访的，这是一种安全的考虑。

③ 方便人员变动管理。另外一个好处就是用户人员变动管理灵活方便，当一个用户需要切换到另外一个网络时，只需要更改交换机的VLAN划分即可，而不用换端口和连线。

2. VLAN 划分原则

尽管一个网络划分VLAN有许多好处，并且大部分局域网建设都需要划分VLAN。但要注意，划分VLAN要遵循以下原则：

① 应尽量避免在同一交换机中配置太多的VLAN。

② 应尽量避免VLAN跨越核心交换机和网络拓扑结构的不同分层。

计算机网络工程项目中划分VLAN往往结合组织结构或楼宇分布进行。

3.4.3 VLAN 的划分方法

VLAN的划分有多种方法，常用的划分方法有以下四种：

1. 基于端口划分的 VLAN

这是最常应用的一种VLAN划分方法，目前绝大多数VLAN协议的交换机都提供这种VLAN配置方法。基于端口划分VLAN的方法是根据以太网交换机的交换端口来划分的，它是将VLAN交换机上的物理端口分成若干个组，每个组构成一个虚拟网，相当于一个独立的VLAN交换机。基于端口划分方法的优点是定义VLAN成员时非常简单，只要将相应的交换机端口定义为相应的VLAN组即可，适合于任何大小的网络。它的缺点是如果某用户离开了原来的端口，到了一个新的交换机的某个端口，必须重新定义。

2. 基于 MAC 地址划分 VLAN

这种划分VLAN的方法是根据每个主机的MAC地址来划分，即根据每个主机MAC地址的主机来配置属于哪个组，它实现的机制是每块网卡都对应唯一的MAC地址，VLAN交换机跟踪属于VLAN 对应的MAC地址。这种方式的VLAN允许网络用户从一个物理位置移动到另一个物理位置时，自动保留其所属VLAN的成员身份。基于MAC地址划分方法的最大优点是当用户物理位置移动时，即从一个交换机换到其他交换机时，VLAN不用重新配置，因为它是基于用户，而不是基于交换机的端口。这种方法的缺点是，初始化时所有的用户都必须进行配置，如果用户非常多时，配置是烦琐的，所以基于MAC地址划分方法通常适用于小型局域网。这种方法也导致了交换机执行效率的降低，因为在每一个交换机的端口都可能存在很多个VLAN组的成员，保存了许多用户的MAC地址，查询起来不容易。

3. 基于网络层协议划分 VLAN

VLAN按网络层协议来划分，可分为IP、IPX、AppleTalk等VLAN网络。按网络层协议组成的VLAN，可使广播域跨越多个VLAN交换机。对于希望针对具体应用和服务来组织用户的网络管理员来说是非常具有吸引力的。而且，用户可以在网络内部自由移动，但其VLAN成员身份仍然保留不变。基于网络层协议划分的优点是，用户的物理位置改变了，不需要重新配置所属的VLAN，而且可以根据协议类型来划分VLAN，这对网络管理者来说很重要，基于网络层协议划分方法不需要附加的帧标签来识别VLAN，这样可以减少网络的通信量。基于网络层协议划分的缺点是，数据转发效率相对较低，因为检查每一个数据包的网络层地址是需要消耗处理时间的。一般的交换机芯片都可以自动检查网络上数据包的以太网帧头，但要让芯片能检查IP帧头需要更高的技术，同时也更费时。

4. 根据 IP 组播划分 VLAN

IP组播实际上也是一种VLAN的定义，即认为一个IP组播组就是一个VLAN。这种划分方法将VLAN扩大到了广域网，因此这种方法具有更大的灵活性，而且也很容易通过路由器进行扩展，主要适合于不在同一地理范围的局域网用户组成一个VLAN，不适合局域网，效率不高。

实际使用VLAN划分方法主要是基于端口进行的VLAN划分。采用的协议标准是IEEE802.1Q。IEEE802.1Q给出了专用VLAN的统一标准、统一的VLAN格式和VLAN实现方法等。IEEE802.1Q标准可以用于不同厂商交换机产品的互联。

3.4.4 VLAN 设计

一般情况下，稍具规模的计算机网络系统都需要划分VLAN。因此需要进行VLAN的设计。为避免VLAN分配混乱，在VLAN配置前要做好规划，并适当预留VLAN编号。

比如，网络中心需要管理设备（设备管理VLAN）、安装内部服务器（服务VLAN）、用于维护运行的设备（维护VLAN），需要使用三个VLAN编号，同时为保障网络中心扩展性需要，预留部分VLAN编号。因此，可以将VLAN 编号1～9提供给网络中心使用。其他部门类似设计。既保证VLAN编号分配的连续性和规律性，还提供了一定的扩展性。

为了便于管理，一般需要对VLAN进行命名，通过VLAN名称应该知道VLAN对应的部门和对应的网段地址等信息。命名应尽量简洁、有意义、无二义性并易于辨认。可以采用一定规则进行命名，如VLAN_Department。

VLAN设计一般结合组织结构进行划分，可以采用表格进行设计，见表3-1。

表 3-1 VLAN 设计表

部 门	VLAN	VLAN 命名	设备数	备 注
设备管理VLAN	VLAN 1	VLAN_SBGL		

3.5 网络 IP 地址设计

在网络规划中，IP地址方案的设计至关重要，好的IP地址方案不仅可以减少网络负荷，还能为以后的网络扩展打下良好的基础。要做好IP地址规划，需要掌握基本IP地址常规知识。

3.5.1 IP 地址基础知识

1. IP 地址基本概念

IP地址是指互联网协议地址（internet protocol address，网际协议地址），是IP Address的缩写。IP地址是IP协议提供的一种统一的地址格式，它为网络上的每一个路由器和主机接口分配一个逻辑地址，用来标识网络接口，以此来屏蔽物理地址的差异。

IP地址是一个32位的二进制数，分为4段，每段8位，用十进制数字表示，每段数字范围为0～255，段与段之间用句点隔开。IP地址这种表示方法通常称为“点分十进制”表示。例如，IP地址：192.168.10.10。

2. IP 地址技术的发展阶段

IP地址技术发展经历了四个阶段，分别是：标准分类IP地址、划分子网IP地址、无分类域间路由（CIDR）技术、网络地址转换（NAT）技术。

（1）标准分类IP地址

标准IP地址由两部分组成：网络号net-ID和主机号host-ID。不同类型的网络地址，网络号和主机号长度不一致。

标准IP地址将IP地址分为A、B、C、D、E类，其中A、B、C类地址为主机类IP地址，D类地址为组播地址，E类地址保留给将来使用。

A类地址网络号8位，主机号24位，第一个字节首位必须为0，首个点分十进制的取值为1～126。IP地址的范围：1.0.0.0~126.255.255.255。

B类地址网络号16位，主机号16位，第一个字节前两位必须为10，首个点分十进制的取值为128～191。IP地址的范围：128.0.0.0~191.255.255.255。

C类地址网络号24位，主机号8位，第一个字节前三位必须为110，首个点分十进制的取值为192～223。IP地址的范围：192.0.0.0~223.255.255.255。

（2）划分子网的IP地址及可变长子网掩码

标准IP地址存在两个主要问题：一是IP地址的有效利用率不高，存在大量IP地址的浪费；二是路由器的数据转发效率不高。为了解决这两个问题，1991年，研究人员提出了子网（subnet）的概念。就是在A、B、C类地址中借用主机号的一部分作为子网的子网号，利用子网号在内部进行网络划分，减少一个标准网络中主机数量，提高IP地址的利用率。IP地址变成三级地址结构：网络号net-ID，子网号sub-ID，主机号host-ID。也可以理解为两部分：网段号（net-ID + sub-ID）和主机号（host-ID）。

为了从IP地址中识别网段号，人们提出了子网掩码（mask）的概念。子网掩码规定，子网掩码中网络号和子网号用全1表示，主机号用全0表示。通过子网掩码可以提取网段号。

当借用主机号作为子网号，子网号的长可以变化，为此，人们提出可变长子网掩码（VLSM）的概念。利用可变长子网掩码可以划分子网，识别子网号。同时保持了对标准的IP地址的兼容。

（3）无分类域间路由技术

在可变长子网掩码的基础上，人们提出了CIDR的概念。无分类域间路由技术不再采用传统的标准IP地址的分类方法，取消A、B、C类地址分类，IP地址采用可变长的网络号和主机号组成，极大地减少IP地址分配时的浪费现象。

采用CIDR技术的IP地址，无法从地址本身来判断网络号的长度。因此，CIDR地址利用“斜线记法”表示网段地址：<网络前缀/网段长度>。表示IP地址：<IP地址/网段长度>。无分类域间路由将IP地址分成两部分：网络号net-id，主机号host-id。不过，网络号、主机号的长度是可以变化的。

采用“斜线记法”表示IP地址，即给出IP地址，也提供网络地址的长度。这种表示与用子网掩码表示网络地址具有相同的效果。所以，无分类域间路由也可采用子网掩码来表示网络地址。不过这里不存在子网，应该称为掩码，但习惯还是称为子网掩码。

（4）网络地址转换技术

由于IPv4地址的严重不足，为了有效缓解IP地址短缺的问题，1999年，网络地址转换（NAT）技术提出。采用NAT技术，可以通过少量公网IP地址，使大量分配私有IP地址的主机通过地址转换访问互联网。极大地缓解了IPv4地址不足的问题。采用NAT技术还能够屏蔽外部主机对内部主机的访问，提供网络安全的功能。正是因此这两点，目前大量的单位网络都是通过NAT技术上网，同时也极大地延缓IPv6替代IPv4网络的进度。

3. 私有 IP 地址

RFC1918标准规定了两种类型的IP地址：一种是允许在互联网上使用的IP地址，称为公有地址，这类地址不允许重复使用，且需要向NIC申请；另一种为私有地址，这类地址在内部网使用，无须向NIC申请。

A类私有地址：10.0.0.0～10.255.255.255。

B类私有地址：172.16.0.0～172.31.255.255。

C类私有地址：192.168.0.0～192.168.255.255。

4. 特殊 IP 地址

网络号与主机号为全0和全1的地址有特殊含义，不能分配给主机。127.0.0.0网段的所有地址是回环地址。

① 0.0.0.0：严格说来，0.0.0.0已经不是一个真正意义上的IP地址。它表示的是这样一个集合：所有不清楚的主机和目的网络。如果在计算机网络设置中设置了默认网关，那么Windows系统会自动产生一个目的地址为0.0.0.0的默认路由。

② 255.255.255.255：限制广播地址。对本机来说，这个地址指本网段内的所有主机。这个地址不能被路由器转发。

③ 127.0.0.1：本机地址，也称环回地址，主要用于测试。在Windows系统中，这个地址有一个别名Localhost。

④ 224.0.0.1：组播地址。从224.0.0.0到239.255.255.255都是这样的地址。224.0.0.1特指所有主机，224.0.0.2特指所有路由器，这样的地址多用于一些特定的程序以及多媒体程序。

⑤ 169.254.x.x：如果主机使用了DHCP功能自动获得一个IP地址，那么当DHCP服务器发生故障，或响应时间太长而超出了一个系统规定的时间，Windows系统会分配这样一个地址。如果发现主机IP地址是一个诸如此类的地址，那么网络不能正常运行。

5. 动态分配 IP 地址技术

DHCP（dynamic host configuration protocol，动态主机配置协议）通常被应用在大型的局域网络环境中，主要作用是集中管理、分配IP地址，使网络环境中的主机动态地获得IP地址、Gateway地址、DNS服务器地址等信息，并能够提升地址的使用率。DHCP的前身是BOOTP协议（bootstrap protocol），BOOTP用于无盘工作站的局域网中，可以让无盘工作站从一个中心服务器上获得IP地址。

网络工程师可以通过在服务器中配置DHCP服务，实现主机IP地址的动态分配。一般网络设备接口（如路由器）和网络服务器需要使用固定IP地址。

3.5.2 IP 地址分配原则

根据IP地址技术以及IP地址技术的变化过程，网络工程师在网络设计过程中，对整个网络IP地址进行分配时需要合理规划设计，以提高IP地址的利用效率。IP地址分配遵循以下原则：

① 按需分配，避免地址浪费；

② 利用CIDR和VLSM技术高效分配地址；

③ 尽量保持地址的连续性；

④ 合理预留IP地址；

⑤ 结合NAT技术，内部网络使用私有地址；

⑥ 动静结合分配IP地址。

3.5.3 IP 地址设计

在网络设计过程中，IP地址分配方案的设计至关重要，好的IP地址分配方案不仅可以减少网络负荷，还能为以后的网络扩展打下良好的基础。

IP地址设计总体来说包含两部分：系统网络地址整体规划；网络设备接口固定IP地址设计。

1. 系统网络地址整体规划

网络IP地址整体规划要结合网络拓扑结构、VLAN设计、单位组织结构进行，同时考虑建筑楼宇物理位置，尽量保持IP地址分配的连续性。另外，由于公有IP地址（IPv4地址）资源的不足，单位内部网络应采用私有IP地址，通过网络地址转换技术上网。

网络IP地址整体规划可以采取两种方式：一是结合IP地址分配表格进行规划；二是利用网络拓扑图进行规划。表格可以作为文档保存，以便查阅。拓扑图便于展示，以利于快速了解IP地址整体分配情况。

（1）网络IP地址整体规划表

表3-2可用于网络IP地址分配，利用此IP地址分配表可以进行IP地址的整体规划。

表 3-2 IP 地址分配表

部 门	VLAN	VLAN 命名	网络地址	网关地址	子网掩码
设备管理	VLAN 1	VLAN_SBGL	192.168.1.0	192.168.1.1	255.255.255.0

（2）拓扑图

在网络IP地址规划的过程中，绘制一幅准确的网络拓扑图是不可缺少的。好的网络拓扑图应包含连接不同网段的各种网络设备的信息，比如路由器、网桥、网关的位置、IP地址，并用相应的网络地址标注各网段。

2. 网络设备接口固定 IP 地址设计

为了便于区分设备和对网络设备进行管理，在对设备进行配置时，需要对设备进行命名。由于大型计算机网络系统中设备数量多，为避免混淆，需要对设备命名做好前期规划，并用表格的方式做好各设备名称设计。

网络设备包括多个接口，许多设备的接口需要使用固定的IP地址，也需要在配置前做好接口地址的设计工作。接口固定IP地址包括：网络设备互联端口的IP地址；网络设备管理地址；交换机VLAN接口地址；网络服务器地址；用户主机地址；网络出口地址等。

（1）网络设备命名规划

① 网络设备命名：网络设备命名要首先做好规划，避免随意命名。用户要能够根据设备命名准确定位设备、确定设备类型。根据这一原则，网络设备命名可以采用以下方式：设备类型_部门名称_楼栋编号_楼层编号_设备编号。

② 服务器命名：服务器往往集中存放在网络中心。通过合理的服务器命名，让用户通过命名了解服务器所在机架位置和服务器类型等。服务器命名可以采用以下方式：系统类型_机柜编号_设备编号。

（2）设备接口IP地址设计

遵循IP地址的分配原则，做到合理分配IP地址，也为便于对IP地址分配情况进行查阅，利用表格进行IP地址规划也是不可缺少的。好的IP地址规划表将有利于管理和维护。下面给出IP地址设计表格，以供参考。

① 网络设备管理地址分配表，见表3-3。

表 3-3 网络设备管理地址分配表

部 门	设备名称	设备型号	设备命名	管理地址	子网掩码
网络中心	核心交换机1	HUAWEI	MSW_WLZX_L6-1	192.168.1.1	255.255.255.0

② 网络中心服务器地址分配表，见表3-4。

表 3-4　网络中心服务器地址分配表

服务器名称	服务器型号	OS 类型	IP 地址	子网掩码	备　注
WSV_C11_1	浪潮服务器	Windows	192.168.2.11	255.255.255.0	MIS

③ 用户主机固定地址分配表，见表3-5。

表 3-5　用户主机固定地址分配表

部　门	设备名	IP 地址	子网掩码	网关地址
网络中心	Computer_1	192.168.3.11	255.255.255.0	192.168.3.1

3.6 网络路由设计

路由是信息通过一条路径从源地址转移到目标地址的路径。路由器是负责网络与网络互联的设备，路由器具有两大功能，路由选择和数据转发。路由选择过程即路由器寻找数据转发的最佳路径的过程，是路由器的关键功能。寻找最佳路径的算法称为路由算法。根据路由算法实现寻找最佳路径的标准和规范即路由协议。

网络路由设计就是根据网络规模、网络互联设备，合理选择路由协议的过程。路由设计主要涉及静态路由、动态路由的选择。尽管路由协议的工作原理非常复杂，但对于路由协议的选择却是一件比较简单的工作。一般不同的自治系统之间采用外部路由协议BGP路由协议；而互联网服务提供商内部核心网络往往采用内部路由协议IS-IS路由协议；对于拓扑结构极少变化的小型接入网络或末节网络（stub network），可以使用静态路由或RIP路由协议；对于大型较复杂的接入网络应选择动态路由中的OSPF协议。

要进行网络路由设计，需要了解路由器相关知识和路由协议相关知识。下面对这些相关知识进行介绍，然后结合实际项目给出网络路由设计。

3.6.1　路由器相关知识

路由器是网络层设备，有多种网络接口，用来将异构的通信网络连接起来，通过处理IP地址来转发IP分组，形成一个虚拟的IP通信网络。路由器是真正的网络与网络的互联设备，通过它可以将不同的网络连接起来，使网络具有可扩展性。

1. 路由器功能

路由器工作在网络层，实现网际互联，主要完成网络层的功能。路由器负责将数据分组从源端主机经过最佳路径传送到目的主机。路由器必须具备两种功能：路由选择和数据转发。其主要作用就是确定到达目的网络的最佳路径，并完成分组信息的转发。

路由器和交换机都能完成数据的转发，但路由和交换的不同在于，交换发生在OSI网络标准参考模型的第二层（数据链路层），而路由发生在第三层（网络层）。这一区别决定了路由器和交换机在实现各自功能的方式是截然不同的。

另外，由于应用需求对网络技术的推动和路由器在网络中的特殊位置。路由器已不再局限于它的基本功能，它还提供许多其他功能，包过滤功能、组播功能、服务质量（QoS）功能、安全功能，以及流量控制、拥塞控制等功能。

（1）路由选择

路由选择就是路由器依据目的IP地址的网络地址部分，通过路由选择算法确定一条从源节点到达目的节点的最佳路由。在实际的互联网络环境中，任意两个主机之间的传输链路上可能会经过多个路由器，它们之间也可以有多条传输路由。因而，经过的每一个路由器都必须知道应该往哪儿转发数据才能把数据传送到目的主机。为此，每个经过的路由器需要确定它的下一跳路由器的IP地址，即选择到达下一个路由器的路由。然后再按照选定的下一跳路由器的IP地址，将数据包转发给下一跳路由器。通过这样一跳一跳地沿着选好的路由转发数据分组，最终把分组传送到目的主机。由此可见，路由选择的核心就是确定下一跳路由器的IP地址。

路由器路由选择功能的实现，关键在于建立和维护一个正确、稳定的路由表，路由表是路由选择的核心。路由表的内容主要包括：目的网络地址、下一跳路由器地址和目的端口等信息。另外，每一台路由器的路由表中还包含默认路由的信息。

（2）数据转发

数据转发主要完成按照路由选择指出的路由将数据分组从源节点到目的节点。对于某一台路由器而言，数据转发需要完成的工作仅仅是根据路由表给出的最佳路由信息，将从源端口接收的数据分组转发到目的端口，再从目的端口输出，把数据分组转发给下一跳路由器。

路由器在接收到一个数据分组时，首先查看数据分组头中的目的IP地址字段，根据目的IP地址的网络地址部分去查询路由表。如果表中给出的是到达目的网络地址的下一跳路由器。由下一跳路由器继续转发，这样一跳一跳地转发下去，最终将数据分组转发到目的端。如果目的网络与路由器的一个端口直接相连，则在对应于目的网络地址的路由表表项中，给出的是目的端口。在这种情况下，路由器就将数据分组直接发往目的端口。但如果在路由表中既没有找到下一跳路由器地址，也没有找到目的端口时，路由器则将数据分组转发给默认路由，由默认路由所连的路由器继续转发，最终将数据分组转发到目的端。假如最终还是没有找到到达该目的网络的路由信息时，就将该分组丢弃。

默认路由又称默认网关，它是配置在一台主机上的TCP/IP属性的一个参数。默认网关是与主机在同一个子网的路由器端口的IP地址。路由器也有其默认网关。如果目标网络没有直接显示在路由表中时，那么就将数据分组传送给默认网关。一般路由器的默认网关都是指向连往Internet的出口路由器。

在路由选择和分组转发中，默认路由是不可缺少的一种应用。如在一个园区网内的网络站点要访问Internet时，一般都需要通过默认路由的应用完成端到端的数据转发。

2. 路由器内部结构

路由器内部结构主要包括两个部分，路由选择部分和分组转发部分，如图3-16所示。

路由选择部分也是控制部分，其核心部件是路由选择处理机。路由选择处理机根据路由选择协议计算形成路由表，路由表是选路的依据。路由处理机还与相邻路由器交换路由信息，更新和维护路由表。

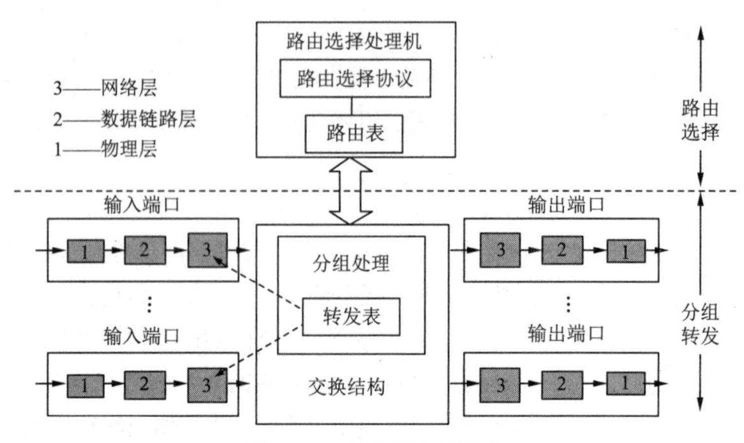

图 3-16　路由器内部结构

分组转发部分由输入端口、交换结构、输出端口组成。交换结构的作用是根据转发表对分组进行处理，即将某个输入端口进入的分组从另一个合适的输出端口转发出去。路由器中转发表根据路由表形成，是分组在设备内部转发的依据。

注意：路由表描述的是链路状态信息，包括目的地址、子网掩码、下一跳地址等信息。表达的是将数据包从一个设备转发到另一设备。而转发表描述的主机内部信息，表达的是主机内部将数据包从设备一个输入端口导向另一个输出端口。

3．数据转发方式

路由器中交换结构是路由器内部的关键部件，正是这个交换结构负责将分组从一个输入端口转移到另一个合适的输出端口，实现数据的转发功能。

高性能的路由器交换结构的设计需要考虑的因素包括：吞吐量，报文丢失率，报文延时，缓冲空间和实现的复杂性等。常用交换结构的实现有三种方式，即共享总线交换、共享内存交换、交叉矩阵（crossbar）交换。

共享总线交换：路由器在某个输入端口接收到一个分组并缓存，然后通过路由器选路处理，再通过共享总线把分组从输入端口直接传送到输出端口。由于总线是共享，一次只能一个分组通过，所以路由器交换带宽受总线速率的限制。早期的路由器主要采用共享总线交换结构。基于共享总线的路由器有许多产品，如Cisco 1900路由器，3COM的CoreBuilder 5000路由器，华为的R3600系列路由器。

共享内存交换：当路由器在某个输入端口收到一个分组，就将分组复制到内存中，通过路由器选路处理，再将数据从内存中复制到某个合适的输出端口进行分组转发。一部分路由器也通过共享内存转发分组。如Bay Network Accelar 1200系列路由器等。

交叉矩阵交换：交叉矩阵交换可以同时提供多个数据通路，一个交叉矩阵往往有n个输入和n个输出，但路由器在x输入端接收到一个分组，通过路由器选路处理，需要从y输出端输出，则交叉点（x,y）闭合，数据从x输入端输出到y输出端。交叉点的打开与闭合由调度器控制。交叉矩阵交换路由器的速度取决于调度器的速度。采用这种方式转发分组的路由器有Juniper M40/160系列路由器、华为NetEngine40/80系列路由器等。

3.6.2 路由协议分类

路由选择是由路由协议实现的。互联网采用的路由协议主要是动态的路由选择协议。为了减少路由的复杂度，互联网采用分层的路由选择协议。

人们把互联网划分成许多小的自治系统（autonomous system，AS）。自治系统是一个单一技术管理下的一组路由器。在目前的互联网中，一个大的ISP就是一个自治系统。互联网把路由选择协议划分为两类，即内部网关路由协议（interior gateway protocol，IGP）和外部网关路由协议（external gateway protocol，EGP）。自治系统之间的路由选择称为域间路由选择，而自治系统内部路由选择称为域内路由选择。

路由协议是实现路由选择算法的协议，有静态路由协议和动态路由协议之分。动态路由协议又分为内部网关路由协议和外部网关路由协议两种。

1. 静态路由

静态路由是指路由器不是通过彼此之间动态交换路由信息建立和更新路由表，而是指由网络管理员根据网络拓扑结构手动配置的路由信息。

静态路由是最简单的路由形式。它无须路由器的CPU来计算路由，并且需要较少的内存。但如网络发生问题或拓扑结构发生变化时，网络管理员就必须手动调整路由，以适应这些改变。因此，静态路由适用于小型网络。

2. 动态路由

动态路由是指通过网络中路由器之间相互通信来传递路由信息，利用接收到的路由信息自动更新路由表。

动态路由协议是网络设备学习网络中路由信息的方法之一，动态路由协议可以动态地随着网络拓扑结构的变化，并在较短时间内自动更新路由表，使网络达到收敛状态。

（1）动态路由协议按照区域划分

① 内部网关路由协议是自治系统内部的路由协议，内部网关路由协议包含多个路由协议。如RIP（routing information protocol，路由信息协议）、OSPF（open shortest path first，开放式最短路径优先协议）、IS-IS（intermediate system-to-intermediate system，中间系统–中间系统路由协议）等。

② 外部网关路由协议是自治系统之间路由协议，主要包括BGP4协议（border gateway protocol，边界网关协议）。

（2）按照执行的算法分类

① 距离向量（distance vector）路由协议。距离向量路由算法让每个路由器建立并维护一张路由表，表中的内容主要包括路由器到达每个目的地已知的距离和路径。距离和向量是距离向量算法的基本要素。RIP路由协议就是距离向量路由协议，BGP是通路向量路由协议，可以认为是一种特殊距离向量路由协议。

② 链路状态（link state）路由协议。链路状态路由协议核心及其工作基础是路由器利用收集到的链路状态信息建立和维护一张网络拓扑结构图。根据拓扑结构图，计算出到达目的地的最短路径。OSPF路由协议就是链路状态路由协议，IS-IS也是链路状态路由协议。

3.6.3 路由协议选择

路由设计主要涉及静态路由、动态路由协议的选择。尽管路由协议的工作原理非常复杂，但对于路由协议的选择却是一件相对比较简单的工作。下面先分别介绍常用的路由协议：RIP、OSPF、IS-IS、BGP协议，然后给出路由选择建议。

1. RIP 路由协议

RIP采用距离向量算法，是一种距离向量路由协议。RIP使用跳数作为度量依据。所谓跳数，是指数据包从源网络发送至目的网络所途经的路由器台数。如跳数为2，即数据包的目的网络与源网络之间有两台路由器。RIP规定，一个路由器到其直接相连的网络的跳数为1，跳数为16表示目的不可达，跳数16被定义为无穷大，即RIP规定，一条有效路径最多包含15台路由器。

RIP在RFC1058文档中定义，RIP使用UDP报文交换路由信息，UDP端口号为520。通常情况下，RIPv1报文为广播报文，RIPv2报文为组播报文，组播地址为224.0.0.9。RIP每隔30 s向外发送一次更新报文。如果设备经过180 s没有收到来自对端的路由更新报文，则将所有来自此设备的路由信息标志为不可达，若在240 s内仍未收到更新报文就将这些路由从路由表中删除。

RIP是适合于小型以及同介质网络的一种路由协议。目前，在实际网络中已较少使用。

2. OSPF 路由协议

OSPF是一个内部网关协议，是对链路状态路由协议的一种实现，并通过Dijkstra算法（迪杰斯特拉算法）计算最短路径树。OSPF分为OSPFv2和OSPFv3两个版本，其中OSPFv2用在IPv4网络，OSPFv3用在IPv6网络。OSPFv2是由RFC2328定义的，OSPFv3是由RFC340定义的。

OSPF路由协议是一种典型的链路状态（link-state）的路由协议，一般用于一个路由域内。这里路由域是指一组通过统一的路由政策或路由协议互相交换路由信息的网络，可以是一个自治系统。在这个路由域中，所有的OSPF路由器都维护一个相同的描述这个自治系统结构的链路状态数据库（LSDB），该数据库中存放的是路由域中相应链路的状态信息，OSPF路由器正是通过这个链路状态数据库计算出OSPF路由表。为了确保链路状态数据库与全网的状态保持一致，OSPF还规定，在链路状态收敛一致后，每隔一段时间（如30 min）就要刷新一次数据中的链路状态。

因为OSPF路由器之间会将所有的链路状态（LSA）相互交换，当网络规模达到一定程度时，LSA将形成一个庞大的链路状态数据库，势必会给OSPF计算带来巨大的压力。为了能够降低OSPF计算的复杂程度，缓存计算压力，OSPF采用分区域计算，将网络中所有OSPF路由器划分成不同的区域，每个区域负责各自区域精确的LSA传递与路由计算，然后再将一个区域的LSA简化和汇总之后转发到另外一个区域。这样一来，在区域内部，拥有网络精确的LSA，而在不同区域，则传递简化的LSA。区域的划分为了能够尽量设计成无环网络，所以采用了Hub-Spoke的拓扑架构，也就是采用核心与分支的拓扑结构。

区域的命名可以采用整数数字，如1、2，也可以采用IP地址的形式，如0.0.0.1、0.0.0.2，因为采用了Hub-Spoke的架构，所以必须定义出一个核心，其他部分都与核心相连，OSPF的area 0就是所有区域的核心，称为BackBone 区域（主干区域），其他区域称为Normal区域（常规区域）。在理论上，所有的常规区域应该直接和主干区域相连，常规区域只能和主干区域交换LSA，常规区域与常规区域之间即使直连也无法互换LSA。

OSPF区域是基于路由器的接口划分的，而不是基于整台路由器划分的，一台路由器可以属于单个区域，也可以属于多个区域。如果一台OSPF路由器属于单个区域，即该路由器所有接口都属于同一个区域，那么这台路由器称为内部路由器（internal router，IR）；如果一台OSPF路由器属于多个区域，即该路由器的接口不都属于一个区域，那么这台路由器称为区域边界路由器（area border router，ABR）；如果一台OSPF路由器将外部路由协议重分布进OSPF，那么这台路由器称为自治系统边界路由器（autonomous system boundary router，ASBR）。

OSPF路由协议是适合于大型网络的一种路由协议，是目前在实际网络中应用最多的内部动态路由协议。

3. IS-IS 路由协议

IS-IS路由协议最初是国际标准化组织ISO为CLNP（connection less network protocol，无连接网络协议）设计的一种动态路由协议。为了提供对IP路由的支持，通过对IS-IS进行扩充和修改，使IS-IS能够同时应用在TCP/IP和OSI环境中，形成了集成化IS-IS。现在提到的IS-IS协议都是指集成化的IS-IS协议。IS-IS属于内部网关路由协议，也是一种链路状态路由协议，与OSPF路由协议非常相似，使用最短路径优先算法进行路由计算。

开放系统互联OSI网络和IP网络的网络层地址的编址方式不同。IP网络的地址是IPv4地址或IPv6地址，而IS-IS协议将OSI网络层地址称为NSAP（network service access point，网络服务接入点）地址，用来描述OSI模型的网络地址结构。NASP地址代表一个节点，而不是一个接口。IS-IS路由协议的NSAP地址由IDP（initial domain part，初始域部分）和DSP（domain specific part，域内特定部分）组成，地址总长度为8～20个字节，可以细分为三个部分：Area Address，System ID，NET_SEL，如图3-17所示。

IDP		DSP		
AFI	IDI	High-Order DSP	System ID	NET_SEL
← Variable-Length Area Address →			← 6 Byte →	←1 Byte→

图 3-17　NASP 地址结构

① Area Address：1～13字节，例如，49.0001。类似IP地址的网络号。

② System ID：6字节，例如，0000.0000.0001。类似IP地址中主机号。

③ NET_SEL：1字节，NASP选择符。类似TCP/IP协议体系中的端口，用于识别设备上的进程和服务，在NET（network entity title）中端口号为00。

一个完整的NASP地址（network-entity）示例：49.0001.0000.0000.0001.00。

IS-IS路由协议定义的网络包含了终端系统（end system）、中间系统（intermediate system）、区域（area）和路由域（routing domain）。一个路由器是intermediate system（IS），一个主机就是end system（ES）。主机和路由器之间运行的协议称为ES-IS，路由器与路由器之间运行的协议称为IS-IS。区域是路由域的细分单元，IS-IS允许将整个路由域分为多个区域，IS-IS就是用来提供路由域内或一个区域内的路由。

为了支持大规模的路由网络，IS-IS在路由域内采用两级的分层结构。一个大的路由域被分成一个或多个区域，并定义了路由器的三种角色：Level-1、Level-2、Level-1-2。区域内的路由通过Level-1路由器管理，区域间的路由通过Level-2路由器管理。

Level-1路由器负责区域内的路由，它只与属于同一区域的Level-1和Level-1-2路由器形成邻居关系，维护一个Level-1的链路状态数据库，该链路状态数据库包含本区域的路由信息，到区域外的报文转发给最近的Level-1-2路由器。

Level-2路由器负责区域间的路由，可以与同一区域或者其他区域的Level-2和Level-1-2路由器形成邻居关系，维护一个Level-2的链路状态数据库，该链路状态数据库包含区域间的路由信息。所有Level-2路由器和Level-1-2路由器组成路由域的主干网，负责在不同区域间通信，路由域中的Level-2路由器必须是物理连续的，以保证主干网的连续性。

同时属于Level-1和Level-2的路由器称为Level-1-2路由器，可以与同一区域的Level-1和Level-1-2路由器形成Level-1邻居关系，也可以与同一区域或者其他区域的Level-2和Level-1-2路由器形成Level-2的邻居关系。Level-1路由器必须通过Level-1-2路由器才能连接至其他区域。Level-1-2路由器维护两个链路状态数据库，Level-1的链路状态数据库用于区域内路由，Level-2的链路状态数据库用于区域间路由。

与OSPF不同，IS-IS路由协议定义的网络中，每台路由器只能属于一个区域，区域边界在链路上，而不是路由器接口上。

IS-IS路由协议和OSPF路由协议一样适用于大型网络，目前主要用于城域网和承载网中。如中国公用计算机互联网CHINANET的骨干网络内部路由协议采用的就是IS-IS路由协议。

4. BGP 路由协议

BGP路由协议运行在TCP协议之上，是在不同的自治系统之间交换路由信息。传递自治系统之间的可达性信息以及所通过的自治系统列表。两个自治系统中利用BGP交换信息的路由器也被称为边界网关（border gateway）或边界路由器（border router）。由于可能与不同的自治系统相连，在一个自治系统内部可能存在多个运行BGP的边界路由器。同一个自治系统中的两个或多个对等实体之间运行的BGP被称为IBGP（internal BGP）。不同自治系统的对等实体之间运行的BGP称为EBGP（external BGP）。

BGP属于外部网关路由协议，可以实现自治系统间无环路的域间路由。BGP是沟通Internet广域网的主要路由协议，例如不同省份、不同国家之间的路由大多要依靠BGP协议。BGP的邻居关系（或称对等实体）是通过人工配置实现的，对等实体之间通过TCP（端口179）会话交互数据。BGP路由器会周期地发送保持存活消息来维护连接（默认周期为30 s）。在路由协议中，只有BGP使用TCP作为传输层协议。

自治系统：自治系统是在单一技术管理体系下的多个路由器的集合，在自治系统内部使用内部网关协议来路由数据包，在自治系统间则使用外部网关路由协议来路由数据包。这是自治系统的一个经典定义。

在一个自治系统内是可以使用多种IGP协议和参数。不过，对其余的自治系统来说，某一自治系统的管理都具有统一的内部路由方案，并且通过该自治系统要传输到的目的地始终是一致的。

自治系统号码（ASN）：自治系统号码由16位组成，一共具有65 536个可能取值。号码0和号码65 535保留。64 512～65 534之间的号码块被指定为专用，称为私有自治系统号。自治系统号23 456被保留作为16位ASN和32位ASN的转换标识。除此之外，从1～64 511（除去23 456）之间的号码能够用于互联网路由。ASN号码是非结构性的，因为在ASN号码结构中没有内部字段，ASN也不具备汇总或总结功能。

域间路由：域间路由由两部分构成，地址前缀和AS路径（AS PATH），每个前缀都有一个起源域，该域称为源AS，从源AS开始向整个域空间传播地址前缀的可达信息。当一个地址前缀广播传输经过某一域时，该域会将其ASN加到这个地址前缀相关的AS路径中。AS路径描述了一个互联域的ASN序列，该序列组成了一条从当前点到起源域的路径。AS路径的作用有两点：路径长度衡量和路由环路检测。

下面通过图3-18，说明域间路由的形成和选择。

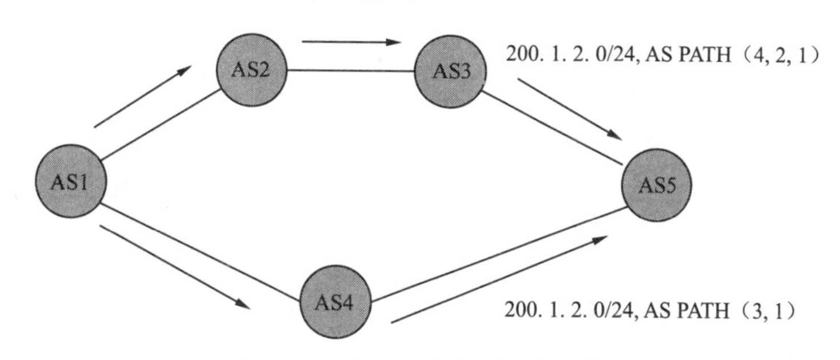

图 3-18　域间路由的形成与选择

假定AS1的地址前缀为200.1.2.0/24，起始域间路由为200.1.2.0/24，AS-PATH（1），AS1通过BGP向其他AS广播域间路由，最终到达AS5，AS5获得的到达AS1的域间路由为200.1.2.0/24，AS-PATH（4，2，1）和200.1.2.0/24，AS-PATH（3，1）。

在BGP路径选择算法中，AS路径被用来进行路径长度衡量。当某个域接收到关于同一地址前缀的两条不同的BGP广播时，默认的BGP选择方法是将路径中的每个AS作为一个单一的长度计算单位来计算路径长度，并选取其中最短的AS路径广播。在图3-18中，AS5会选择通过AS3到达源AS1的路径，而不是选择先通过AS4然后再到AS2这样一条更长的路径。

BGP路由协议通过广播域间路由，并在域间路由中形成AS路径。通过检测AS路径中是否包含自身的ASN，从而拒绝或接受广播信息，避免路由环路。

在BGP协议中，ASN以及AS路径向量的使用有效地解决了路由环路检测问题，并且还提供了一种简单且有效的路径选择方法。并不是每个网络都需要有自己的ASN号，使用ASN的指导原则是，该网络是否需要描述特别的路由策略。注意，并不是每一个网络都有描述其独特路由策略集的需求。

5. 路由协议选择建议

尽管路由协议的工作原理是非常复杂的，但对于路由协议的选择却是一件相对比较简单的工作。一般，自治系统之间路由协议采用BGP路由协议，一般每个ISP是一个自治系统；自治系统内部的路由协议可以选择RIP、IS-IS、OSPF路由协议。对于拓扑结构极少变化的小型网络或末节网络，可以使用静态路由或RIP路由协议；对于大型较复杂的网络可以选择OSPF协议和IS-IS协议。注意，一般城域网或行业网络采用的是IS-IS，大型企业网络可以采用OSPF协议。

小结

本章主要介绍网络工程逻辑设计相关的知识。网络工程逻辑设计主要介绍了网络设计基础知识、网络分层设计思想、网络拓扑结构设计、VLAN设计、IP地址设计、网络路由设计等。

网络设计基础知识主要介绍了网络设计遵循标准、网络设计原则、网络设计的内容等。

网络分层设计思想主要介绍了网络结构化设计思想，包括网络层次模型（三层结构）及层次模型优缺点。网络层次结构的两种类型：交换式层次结构和路由式层次结构。

网络拓扑结构设计在介绍网络拓扑结构类型的基础上，结合实际网络规模，提供了多种网络拓扑结构参考模型，并对每种拓扑结构进行了分析。

VLAN设计部分在介绍VLAN基础知识的同时，结合具体网络给出了VLAN设计参考方法。

IP地址设计部分在介绍IP地址知识的同时，介绍IP地址规划设计方法。

网络路由设计部分在介绍路由技术知识的同时，给出了内部网络路由选择建议。

习题

1. 计算机网络标准主要由哪些组织制定？
2. 网络设计应遵循哪些原则？
3. 简要论述网络设计的内容。
4. 对于大型网络的拓扑图设计，思科提出的网络层次化设计思想，简要介绍网络设计的层次模型。
5. 根据网络规模，可以把网络分成多种类型，请根据教材，了解掌握有哪些网络类型，各类网络类型常用的网络拓扑图是怎样的？
6. 如何利用亿图图示软件绘制网络拓扑图？
7. 交换机有哪些基本功能？交换机如何进行数据转发？ VLAN 有哪几种划分方法？
8. 如何进行 VLAN 设计？
9. 如何进行 IP 地址规划设计？
10. 路由器的功能是什么？路由器如何转发数据？简要说明路由协议有哪些分类。

第4章 网络工程物理设计

网络工程物理设计包括结构化布线设计、网络中心机房系统设计、网络设备选型（通信子网设计）；网络服务器和操作系统选型、服务器部署规划（资源子网设计）、互联网接入设计等。

4.1 网络结构化布线设计

结构化布线的应用场合非常多，主要包括：智能化建筑、商业贸易公司、机关办公单位等。在这些场合进行网络工程设计，需要考虑结构化布线。

视 频

网络结构化布线设计

本节在介绍结构化布线基础知识的基础上，根据结构化布线标准，结合计算机网络，在网络结构化布线总体规划的基础上，对网络结构化布线各个子系统给出详细设计。

4.1.1 结构化布线特点

网络布线技术是从电话布线技术发展起来的，经历了非结构化布线到结构化布线的过程。结构化布线相比于非结构化布线，具有许多优越性。结构化布线具有标准化、模块化、兼容性、灵活性、可靠性、先进性、经济性等特点。这些结构化布线的特点也是结构化布线应遵循的设计原则。

① 标准化：结构化布线往往遵循一定的标准，比如ANSI/TIA 568-C（2008）标准，国内综合布线标准GB/T 50311—2016等。

② 模块化：结构化布线系统中，所有的接插件都应是模块化设计的标准件，以方便管理和使用。

③ 兼容性：使用相同的电缆、插头、适配器，将语音、数据、视频等信号综合到一套标准的布线系统中传递，以满足不同厂商设备的需要，具有兼容性。

④ 灵活性：结构化布线采用模块化、星状拓扑结构，所有信息通道是通用的，可支持电话、传真、多用户终端、计算机平台等，所有设备的开通及变更均无须改变布线系统，只需增减相关的设备和必要的条线管理。

⑤ 可靠性：传统的布线方式由于各个系统不兼容，一个建筑物内往往有多种布线方案，各种布线之间可能形成交叉干扰。结构化布线，应采用统一布线标准，有可靠网络结构、可靠的网络产品，从而保证系统的可靠运行。

⑥ 先进性：结构化布线往往采用最新的通信标准，往往主干线路采用光纤布线，水平布线采用五类或六类双绞线布线。能够满足1 000 Mbit/s桌面，10 Gbit/s主干的要求。

⑦ 经济性：结构化布线可使用相当长的一段时间，及今后相当长的一段时间（15年）不需要在布线上增加投资，具有极高的性价比。

4.1.2　结构化布线标准

综合布线设计标准组织有很多，主要有ISO/IEC国际布线标准，ANSI/TIA/EIA美洲标准、中国布线标准等。

1. TIA/EIA 标准

北美工业技术标准委员会（TIA/EIA）制定的结构化布线系统标准有三个版本：TIA/EIA 568-A、TIA/EIA 568-B、TIA/EIA 568-C。

TIA/EIA 568标准是一个支持多品种、多种厂家的设备和线路的商业建筑综合布线系统的标准。2008年TIA（电信工业联盟）正式发布TIA/EIA 568-C标准。新的TIA/EIA 568-C标准包含四个部分。

① TIA/EIA 568-C.0：用户建筑物通信布线标准。

② TIA/EIA 568-C.1：商业楼宇通信布线标准。

③ TIA/EIA 568-C.2：平衡双绞线电信布线和连接硬件标准。

④ TIA/EIA 568-C.3：光纤布线和连接硬件标准。

2. ISO/IEC 国际布线标准

国际标准组织（ISO）和国际电工委员会（IEC）颁布了ISO/IEC 11801国际标准，称为信息技术-用户基础设施结构化布线，该标准有三个版本。第一版ISO/IEC 11801—1995、第二版ISO/IEC 11801—2002、第三版ISO/IEC 11801—2017。ISO/IEC 11801标准是根据TIA/EIA 568标准制定的，两个标准非常类似。

3. 国家标准

2017年4月1日，国家正式实施《综合布线系统工程设计规范》（GB/T 50311—2016）和《综合布线系统工程验收规范》（GB/T 50312—2016）。

与综合布线系统设计、实施、验收有关的国家标准详见1.5节，其中带T的为推荐标准，否则为强制标准。

4.1.3　网络结构化布线的组成

结构化布线系统采用模块化结构，根据《综合布线系统工程设计规范》。综合布线系统分为七个部分，分别是工作区、配线子系统、干线子系统、建筑群子系统、设备间、进线间、管理。这里，将综合布线系统理论与计算机网络相结合，形成具有计算机网络特色的网络结构化布线系统。

将大型网络多楼宇的计算机网络结构布线系统一般分为七个部分，六个子系统，一个布线管理。六个子系统分别是工作区子系统、配线（水平）子系统、楼层配线间子系统、干线（垂直）子系统、设备间子系统、建筑群子系统。一个布线管理是对各子系统的设备、线缆、插座等的标识和记录管理。网络结构布线的组成基本与TIA/EIA的综合布线系统类似，如图4-1所示。

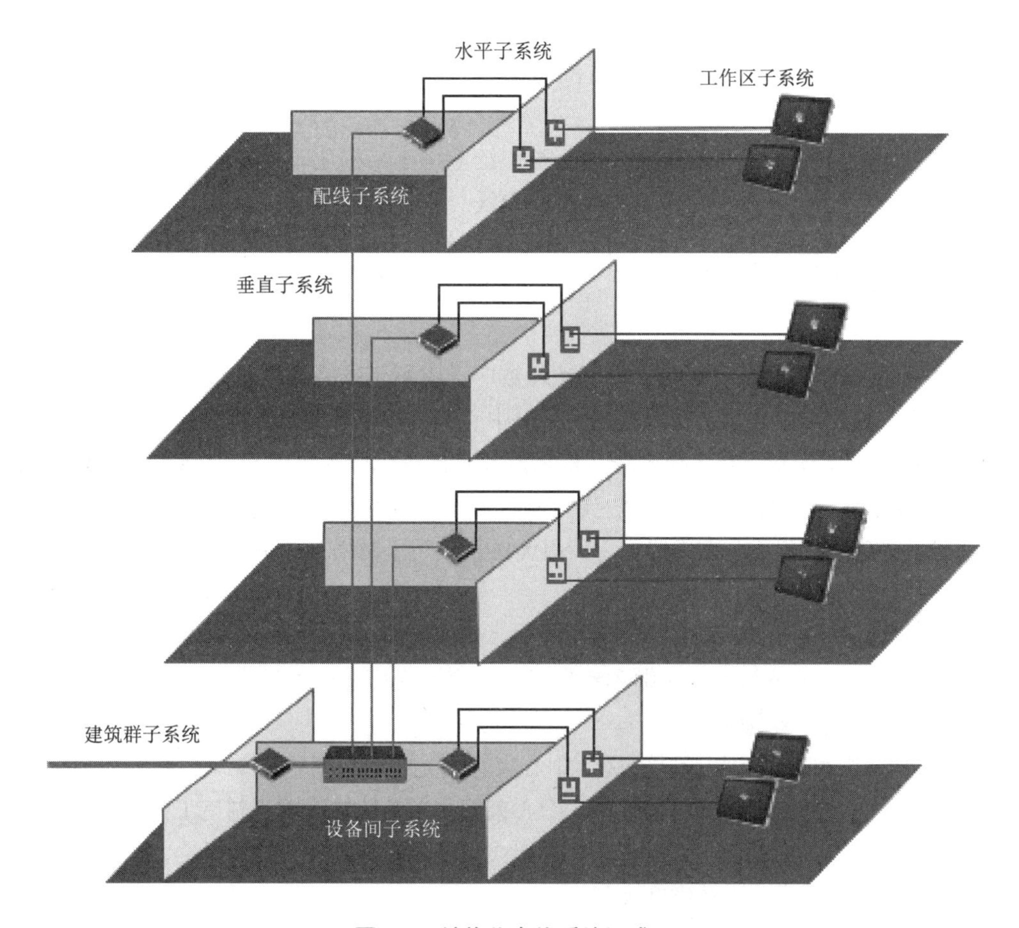

图 4-1　结构化布线系统组成

① 工作区子系统，由配线子系统的信息插座模块（TO）延伸到终端设备处的连接缆线及适配器组成。

② 配线（水平）子系统，由工作区的信息插座模块、信息插座模块至楼层配线间配线设备（FD）的配线电缆和光缆、配线间的配线设备及设备缆线和跳线等组成。

③ 楼层配线间子系统，是配线子系统和干线子系统的纽带，包括配线架、跳线、网络互联设备等。

④ 干线（垂直）子系统，由设备间至配线间的干线电缆和光缆，安装在设备间的建筑物配线设备（BD）及设备缆线和跳线组成。

⑤ 设备间子系统，设备间是在每幢建筑物的适当地点进行网络管理和信息交换的场地。设备间主要安装建筑物配线设备，是通信设计、配线设备所在地，也是线缆管理的集中点。对于多楼宇计算机网络系统，设备间是干线子系统和建筑群子系统的纽带，包括楼宇配线架、跳线、网络互联设备等。

⑥ 建筑群子系统，由连接多个建筑物之间的主干电缆和光缆、建筑群配线设备（CD）及设备缆线和跳线组成。

⑦ 布线管理，针对工作区、配线间、设备间、进线间的配线设备、缆线、信息插座模块等设施按

规定的模式进行标识和记录。结构化布线管理的实施，有利于提高结构化布线管理水平和工作效率。

4.1.4 网络结构化布线介质

网络结构化布线传输介质主要是双绞线和光缆。

1. 双绞线

双绞线是结构化布线最常用的传输介质，被广泛应用于结构化布线的配线子系统。双绞线按照是否拥有屏蔽金属层，分为屏蔽双绞线和非屏蔽双绞线。双绞线根据电气性能不同，可以分为一类、二类、三类、四类、五类、超五类、六类、超六类等。目前的网络布线系统基本采用超五类或六类非屏蔽双绞线。

2. 光纤

随着光纤和光纤设备价格的不断下降，光纤被广泛应用于网络结构化布线。光纤可以用于楼宇之间的布线，中心交换机与服务器之间的高速连接、中心交换机与汇聚交换机之间的高速连接等。根据光纤传输的模数，分为单模光纤和多模光纤。根据波长不同可以分为短波长（0.8～0.9 μm）光纤和长波长（1.0～1.7 μm）光纤，光纤波长越长，支持的传输距离就越长。由于光纤通常使用玻璃制成的芯和折射率比芯低的玻璃套层组成，非常脆弱，所以无法直接用于网络布线系统。

3. 光缆

将光纤扎成束，外面加保护膜，中间有抗拉线，形成光缆。

①光缆按照使用环境分为室内光缆和室外光缆。室内光缆适用于配线子系统和干线子系统，室外光缆可用于直埋、管道、架空敷设。

② 按照结构来分可以分为层绞式光缆、中心束管式光缆和骨架式光缆。层绞式光缆抗拉性强，但光缆结构较复杂，工艺环节多，材料消耗多。中心束管式光缆结构简单，制造工艺简洁，对光纤的保护优于其他结构光缆，且光缆截面小，重量轻。骨架式光缆光纤密度大，结构紧凑，适用于管道布放，但制造设备复杂，工艺环节多，生产难度大。

③ 按照光纤数量的不同，可以分为单纤光缆和光纤带光缆。光纤带光缆更适合于大型网络的干线子系统和建筑群子系统。如果水平子系统大量采用光纤，也可以用作水平子系统。

④ 按照施工方式可以分为直埋光缆、管道光缆和自承架空光缆。这类光缆主要针对室外光缆，一般采用层绞式光缆结构，具有很强的抗拉性。

根据以上光缆分类说明，对于网络结构化布线的光缆选择，对于室内，一般选择室内中心束管式光纤带光缆。对于室外，一般选择室外层绞式光纤带光缆。

4.1.5 结构化布线材料

网络结构化布线的材料较多，大体上可以分为三类，承载设备、连接设备、配线设施等类型。

① 承载设备：包括插座底盒、穿线管、桥架、机柜等。

② 连接设备：双绞线连接器，包括RJ-45水晶头、信息插座；光缆连接器，包括光纤连接器、光纤收发器、光纤模块、光电转换器等。

③ 配线设施：包括网线配线架、光纤配线架、理线器等。

4.1.6 结构化布线工具

布线施工过程需要使用的工具较多，主要包括布线工具和测试工具。

① 布线工具：安装桥架底盒线管的工具，包括冲击电钻、开孔器、起子、锤子、老虎钳、尖嘴钳等；线缆制作工具，包括剥线钳、压线钳、网线钳、扎带、标签等；光纤熔接工具，主要是光纤熔接机。

② 测试工具：万用表、接地电阻测试仪、网络测试仪（Fluke测试仪）、光纤测试仪等。

4.1.7　结构化布线产品选型

随着网络结构化布线系统市场的发展，结构化布线产品线日益丰富。选择品牌产品，可以从一定程度上保证所选结构化布线产品的质量。结构化布线主要品牌有美国康普（Commscope）、法国罗格朗（Legrand）、美国西蒙（Siemon）、瑞士德特威勒（DATWYLER）、法国施耐德（Schneider）、中国普天（POTEVIO）、美国泛达（Panduit）、大唐电信（DTT）、法国耐克森（Nexans）、清华同方等。

4.1.8　结构化布线总体设计

网络结构化布线的基本准则是：光纤优先，适当冗余，遵循规范。网络结构化布线的设计应遵循以下原则：标准化原则、模块化原则、兼容性原则、灵活性原则、可靠性原则、先进性原则和经济性原则等。

网络的结构化布线，需要结合楼宇分布信息、网络规划信息、信息点分布与统计信息，对网络的结构化布线系统进行整体规划。整体规划主要包括三个方面：采用什么线缆、采用什么路由、采用什么铺设方式。通过整体规划，对结构化布线详细设计提供指导，这个整体规划就是总体设计。

1. 线缆选择

对传输距离和传输速率的要求，决定采用光缆还是双绞线，是单模还是多模光纤。

双绞线则通常用于配线（水平）子系统，也可用于对传输速率要求不高的干线（垂直）子系统。光缆通常用于建筑群子系统和干线（垂直）子系统，也可用于部分对传输速率要求较高的水平布线子系统。

双绞线的传输距离是100 m，在TIA/EIA 568B标准中认可的双绞线为5e类（超五类）和六类，可以选择品牌的5e类和六类双绞线，当前建议采用六类双绞线。

光纤在以太网中的传输距离与光纤类型、以太网技术相关，表4-1给出光纤在以太网网络中的传输距离，以供实际项目根据距离和技术选择光纤。

表 4-1　以太网中的光纤传输距离表

应用网络	技术标准	光纤类型	波长 /nm	芯径 /μm	传输距离 /m
百兆以太网	100BASE-FX	多模	1 310（长波）	62.5	2 000
		单模		9	40 000
千兆以太网	1000BASE-SX	多模	850（短波）	62.5	275
		MMF		50	550
	1000BASE-LX	多模	1 310（长波）	62.5/50	550/1 550
		单模		9	10 000
	1000BASE-ZX	单模 SMF	1 550（长波）	9/10	100 000

续表

<table>
<tr><th>应用网络</th><th colspan="2">技术标准</th><th>光纤类型</th><th>波长 /nm</th><th>芯径 /μm</th><th>传输距离 /m</th></tr>
<tr><td rowspan="6">万兆以太网</td><td rowspan="3">10GBASE-R
（局域网）
10GBASE-W
（广域网）</td><td>10GBASE-SR
10GBASE-SW</td><td>多模</td><td>850（短波）</td><td>50</td><td>300</td></tr>
<tr><td>10GBASE-LR
10GBASE-LW</td><td>单模</td><td>1 310（长波）</td><td>9</td><td>10 000</td></tr>
<tr><td>10GBASE-ER
10GBASE-EW</td><td>单模</td><td>1 550（长波）</td><td>9</td><td>40 000</td></tr>
<tr><td colspan="2" rowspan="2">10GBASE-LX4</td><td>多模</td><td rowspan="2">1 310（长波）</td><td>62.5</td><td>300</td></tr>
<tr><td>单模</td><td>10</td><td>10 000</td></tr>
<tr><td colspan="2">10GBASE-LRM</td><td>多模</td><td>1 310（长波）</td><td>62.5/50</td><td>220</td></tr>
</table>

万兆以太网标准中10GBASE-W用于广域网，10GBase-R、10GBase-LX4、10GBase-LRM用于局域网，其中10GBase-LX4采用波分复用技术，采用4路波长，统一为1 310 nm，工作在3.125 Gbit/s分离光源来实现10 Gbit/s传输。10GBASE-LRM中的LRM代表长度延伸多波模式（long range multimode），对应的标准是2006年的IEEE802.3aq，它虽然在连接长度上不如10GBase-LX4，但它的光纤模块比10GBase-LX4光纤模块具有更低的成本和更低的电源消耗。10GBASE-LRM采用具有低成本、低功耗、小型化、通用的多模光纤端口，支持传统类型和新型多模光纤。

多模光纤按照性能等级标准ISO/IEC11801的标准OM（optical mode）来分级，分为OM1、OM2、OM3、OM4等。要支持10 GB以太网至少要采用OM3标准的多模光纤。

2. 布线路由

光纤布线主要涉及建筑物子系统中室外楼宇连接的光纤布线和建筑物内干线（垂直）子系统中室内各楼层连接的光纤布线。室外布线根据楼宇分布图确定路由。室内光纤根据建筑物的物理结构和弱电竖井相对位置决定线缆的铺设路由。

双绞线布线主要设计水平系统中配线间与信息插座之间的布线。可以根据水平线缆的多少以及信息点的位置决定布线路由。

3. 线缆铺设方式

对于室内外光纤的铺设和双绞线的铺设，都需要结合室外环境对破坏程度的承受能力，以及对现有设施的充分利用，决定线缆的铺设方式。室外光纤可以采用直埋、管道、架空方式铺设。室内光纤垂直布线可以采用线管和线槽方式铺设。室内光缆和双绞线水平铺设，可根据线缆多少以及位置，选择线槽或桥架方式铺设。

4.1.9 网络结构化布线详细设计

1. 工作区子系统

工作区子系统由配线子系统的信息插座模块延伸到终端设备处的连接缆线及适配器组成。工作区的服务面积一般按5～10 m^2计算。每个工作区有至少1个信息插座（信息模块、信息插座、面板）、一根跳线，至少一个单相电源插座。信息插座距离地面30 cm，采取护壁板式或嵌入式两种方式施工。

护壁板式，是指将布线管槽沿墙壁固定。该方式无须挖墙壁和地面，不会给原建筑造成破坏，通常使用桌面式信息插座，并且明装固定在墙上。

埋入式，如果是新建楼宇，可以采用埋入式布线方式，将线缆穿入PVC管槽内埋入墙面或地下，并且将信息插座底盒暗埋入墙壁中。

跳线，每个信息插座需要一条跳线，长度应在2～3 m，可以手工制作，也可以购买成品跳线。如果是六类或七类布线，建议购买成品跳线。

工作区内线槽应布置合理、美观，并对信息插座根据布线管理标记要求进行标记和记录。

2. 配线（水平）子系统

配线子系统由工作区的信息插座模块、信息插座模块至楼层配线间配线设备的配线电缆和光缆、配线间的楼层配线设备及条线等组成。

配线子系统是相对复杂的子系统，布线材料包括线缆、信息插座、跳线、楼层配线架；辅助材料包括线槽、线管、桥架及配件等。

配线（水平）子系统设计包括线缆路由规划、线缆铺设方式、线缆用量计算、跳线数量、水晶头用量计算、信息插座用量计算等。

（1）线缆路由规划

水平布线是将线缆从配线间连接到每层楼工作区的信息插座上。应根据建筑物的结构，从造价较低、线路最短、施工方便、布线规范等几个方面进行路由设计。

（2）线缆铺设方式

可以采用三种方式：直接埋入式、水平桥架式、墙面和地面线槽式。对于新建的楼宇，一般提供了金属布线管道和线槽。可以采用直接埋入方式铺设；对于大型建筑，水平线缆较多，布线复杂且需要有额外支撑物的场合，可以采用水平桥架方式铺设。对于水平线缆数量不多，布线相对简单的情况，可以采用线槽铺设。

注意，在管道、线槽、桥架内布线，管路截面积利用在30%～50%。大量工程实践证明，管路截面积的利用率在30%较好。六类双绞线的截面积为30 mm^2。

另外，双绞线用量、跳线数量、水晶头数量、信息插座数量要进行一定的估算，不能盲目确定，这些材料的数量将影响项目预算。下面给出这些材料的估算方法。

① 双绞线用量计算。

在结构化布线中，双绞线用量的预算非常重要，一般先计算每层楼的用线长度，然后将所有楼层用线长度相加，得到整栋楼的用线量。

假定楼层信息点数为N，L_A为离楼层配线架最近的信息插座布线长度，L_B为离楼层配线架最远的信息插座布线长度，楼层线缆平均长度为L，每层楼总用线量为C，则

$$L=[(L_A+L_B)/2+6]\times 110\%$$

$$C=NL$$

这里，6 m为端接余量，110%表示布线要预留10%的布线长度。

将所有楼层用线量相加，可得到总用线量，假定每栋楼总用线量为$\sum C$。已知每箱线缆长度为305 m。则整栋楼用线箱数T为

$$T=\text{INT}(\sum C/305)+1$$

这里，INT表示取整数。由于用线量是以箱为单位，不够一箱按照1箱计算。根据实际布线经验，一箱双绞线实际可以布6～7个点。简单估算用线量可以依据这一条信息。

对于楼层信息点比较少的建筑物，可以以配线间为单位计算双绞线用线量。计算方法相同。每栋楼多个配线间用线量之和即为楼栋用线量。

② 跳线数量。

水平布线中，一条链路需要两条跳线。在配线间需要一条跳线，工作区需要一条跳线，所以，每个信息点需要两条跳线，假定总信息点数为N，则总的跳线数为$2N$。

③ 水晶头数量计算。

假定现场压制跳线，则水晶头数量可按照以下公式计算。假定总信息点数为N，水晶头数量为R。

$$R=N\times 4+N\times 4\times 15\%$$

这里，$N\times 4\times 15\%$作为预留的富余量。

④ 信息模块数计算。

假定总信息点数为N，信息模块总需求量为M。信息模块总需求量按照以下公式计算：

$$M=N+N\times 3\%$$

这里，$N\times 3\%$作为信息插座富余量。

3. 楼层配线间子系统设计

配线间子系统是配线子系统和干线子系统的纽带，包括机柜、楼层配线架、跳线等。配线间应至少提供两个单相电源插座。

配线间子系统一般包括机柜、配线架、跳线、光纤配线箱等设备材料。楼层互联设备为交换机，可选设备光纤收发器等。

结构化布线机柜一般采用19英寸标准安装机柜，共42U安装空间。根据布线线缆数量、设备数量，可以适当调整机柜标准，比如改为24U的12英寸机柜。

配线间配线架应与水平布线线缆类型相适应，跳线应当与水平布线线缆相适应。

对于楼层信息点数不多的情况，且水平线缆长度不大于90 m的情况，可以采取几个楼层共用一个配线间。配线间内配线架、跳线、交换机等应布置合理、美观。并对配线架、跳线根据布线管理标记要求进行标记和记录。

4. 干线（垂直）子系统

干线子系统由设备间至配线间的干线电缆和光缆，安装在设备间的建筑物配线设备及设备缆线和跳线等组成。

干线系统布线材料包括主干光纤、光纤配线架、光纤配线箱、光纤跳线等。

干线子系统一般采用星状拓扑结构，汇聚点为设备间配线设备，从设备间配线设备到各楼层交换机往往都有一条独立的多芯光缆。直连汇聚点设备的短距离网络也可以采用双绞线电缆。

干线光缆一般沿建筑物弱电竖井进行铺设，它是楼内的主干通信系统。由于建筑物主干布线距离比较近。可以采用廉价的50/125 μm和62.5/125 μm的多模光纤。在节省布线费用的同时，也节省设备购置费用，相比较而言，多模设备端口比单模设备端口便宜很多。

通常情况下，主干布线可以采用6～12芯室内50/125 μm多模光纤，以确保接入交换机与汇聚交换机的千兆或万兆互联。

配线设备则主要采用光缆终端盒，实现对主干光缆的终结。

对于小型建筑或建筑物信息点比较少的情况，往往省略干线子系统，将建筑物内设备间与配线间合并，使用水平布线系统跨越楼层。

5. 设备间子系统

设备间是在每幢建筑物的适当地点进行网络管理和信息交换的场地。设备间主要安装建筑物配线设备，是通信设计、配线设备所在地，也是线缆管理的集中点。对于多楼宇计算机网络系统，是干线子系统和建筑群子系统的纽带，包括楼宇配线架、跳线、网络互联设备等。

设备间子系统布线材料包括机柜、光纤配线架、光纤配线箱、跳线、网络交换机，可能的辅助设备如光纤收发器等。

每栋建筑至少应有一个设备间，应处于干线子系统的中间，并靠近建筑物竖井的位置。设备间应有足够的设备安装空间，有可靠的交流电供电，并提供满足需要的电源插座。设备间应考虑防雷、防火、防尘等功能。

设备间线路可以采取埋入式和桥架方式铺设。当线缆数量较大时，建议采用桥架铺设，即线缆由设备间外部进入，经桥架到达室内，再由桥架分布到各个机柜。

6. 建筑群子系统

建筑群子系统应由连接多个建筑物之间的主干电缆和光缆、建筑群配线设备及设备缆线和跳线等组成。对于只有一栋建筑物的布线环境，不存在建筑群子系统设计。

建筑群子系统布线材料包括室外光纤、光纤配线架、光纤配线箱、跳线等。关键是室外光纤选择、铺设路由和铺设方式的选定。

建筑群光缆的选择应遵循“2应用2备份2扩展”的布线原则，内部建筑物之间的连接可以根据距离选择室外多模光纤和单模光纤。与公用网连接光纤应采用室外单模光纤，光纤芯数、波长应符合公网连接规定。

室外光纤进入室内时，根据实际需要，在建筑物入口处可以进行一次转接进入室内。转接装置通常安装在建设物的入口墙面或专门的进线间。

室外光纤的铺设路由应根据总体设计的规划路线进行铺设，铺设方式可以采取直埋方式、管道方式、架空方式，具体铺设方式应根据现场环境和投资预选决定。

7. 结构化布线管理

在布线系统中，网络的变化会导致信息节点的移动、增减等。一段线缆没有标记或使用不合适的标记和记录。就会增加网络管理和维护的费用，降低工作效率。因此，结构化布线标识和记录是非常重要的工作。

结构化布线管理，是针对工作区、配线间、设备间、进线间的配线设备、线缆、信息插座模块等设施按规定的模式进行标识和记录。结构化布线管理的实施，有利于提高结构化布线管理水平和工作效率。

标记可以采用色标和标签。对于结构化布线的各种配线设备，应用色标区分干线线缆、配线线缆。

同时，还应采用标签标明端接区域、物理位置、编号、规格等信息。以便维护人员对线缆、设备的快速识别。

常用的标签有两种，即粘贴型和插入型。标记的内容主要包括线缆标记、面板标记、布线通道标记、场地标记等。

① 线缆标记：用于标记线缆的起始点和终节点，可以采用粘贴型标记。

② 面板标记：对于像双绞线配线架一类的面板，需要对接口对应的连接点进行标记，可以采用插入式标记。

③ 布线通道标记：布线管道、线槽、桥架等应有明确的标记，标明建筑物名称、位置、起始点和功能等。一般采用粘贴型标记。

④ 场地标记：也称空间标记，用于标记场地命名、地点、连接的线缆、功能等信息。比如设备间、配线间、进线间等，用粘贴型标记。

标记管理是结构化布线的重要组成部分，标记方案因不同的系统有所不同，应由用户的系统管理员或系统设计人员提供标记方案。标记方案是技术文档的重要组成部分。应予以存档，以方便日后对线路进行维护和管理。

4.2 网络中心设计

视 频

网络中心设计

对于大型计算机网络系统，一般配置一个网络中心。对于网络中心，它既用于部署业务平台和服务平台，又作为网络核心层设备部署点和与互联网连接的网络出口接入点，还是整个网络信息系统平台的管理部门。因此，要合理选择网络中心的物理位置，并对网络中心局进行规划设计，既要满足设备运行的需要，也要满足管理的需要。

4.2.1 网络中心设计内容及要求

网络中心的设计包括总体设计和详细设计。总体设计包括机房设计目标、机房等级的确定、位置选择、面积需求、网络中心总体布局等。详细设计包括机房的环境装饰装修、结构化布线、配供电、接地防雷、空调及新风系统、消防安全、监控管理、机柜布局等8个方面的规划设计。

网络中心机房通过精心设计建设后，应能够满足一定的设计指标。网络中心机房的基本参数要求见表4-2。

表 4-2 网络中心机房基本参数要求

编　号	项　目	设计指标
1	温度	20～25℃
2	湿度	45%～65%
3	温度变化率	＜5℃/h
4	新风量	新风量供给按每人每小时不小于40 m³或室内总送风量的3%
5	尘埃	≤18 000粒/L
6	噪声	主操作员位置≤65 dBA

续表

编　号	项　目	设计指标
7	照度	机房300～500 Lx，应急5～10 Lx
8	直流地	接地阻值≤1 Ω，零、地电位差≤1 V
9	交流地	交流工作接地系统接地电阻＜4 Ω
10	安全地	供电系统安全保护接地电阻及静电接地电阻＜4 Ω
11	电源频率	电源频率50 Hz±0.2 Hz，电压380 V/220 V±5 V
12	防雷保护	防雷保护接地系统接地电阻＜10 Ω
13	均布载荷	主机房楼板500～700 kg/m^2

4.2.2　网络中心机房总体设计

总体设计包括网络中心机房设计目标、机房等级确定、位置选择、面积需求、总体布局等：

① 机房设计目标。网络中心机房系统建设要结合网络中心的具体要求和实际需求，以技术先进、可靠性高、系统安全、易于扩展、维护方便、经济实用为建设目标。

② 机房等级确定。网络中心机房也可以称为数据中心。根据《数据中心设计规范》（GB 50174—2017），网络中心机房应划分为A、B、C三个等级。A级如国家信息中心机房、大中城市电信机房；B级如大学校园网络信息中心、省部级政府办公楼机房等；其他网络中心为C级机房。

机房设计前应根据机房的使用性质、管理要求及其在经济和社会中的重要性确定所属级别。注意：系统运行中断将造成重大的经济损失或系统运行中断将造成公共场所秩序严重混乱的机房为A级机房；系统运行中断将造成较大的经济损失或系统运行中断将造成公共场所秩序混乱的机房为B级机房；不属于A级或B级的机房设置为C级机房。A级机房内的场地设施应按容错系统配置，B级机房内的场地设施应按冗余要求配置，C级机房内的场地设施应按基本需求配置，在场地设施正常运行情况下，应能保证系统运行不中断。

③ 机房位置确定。网络中心机房位置的选择要结合单位楼宇分布、组织结构和人员分布等信息。网络中心机房在多层建筑和高层建筑物内宜设置于第二层或三层。并且其位置选择要保证远离强振源和强噪声源，避免强电磁场干扰。能方便提供可靠稳定电源，自然环境清洁的地方。

④ 机房面积需求。网络中心机房面积要依据人员、设备及需求而定，同时要留有扩展余地。一般主机房面积应是机房中所有设备占地面积之和的5～7倍。辅助区的面积为主机房面积的0.2～1倍。用户工作室可按每人3.5～4 m^2计算。硬件及软件人员办公室等有人长期工作的房间，可按每人5～7 m^2计算。

⑤ 总体布局。一个网络中心往往由主机房、辅助区（监控室、配电室等）、支持区（资料室、维修开发室等）和行政管理区（会议室、办公室、休息室等）等功能区组成，其中主机房和辅助区往往作为一个整体，是网络中心机房系统。应根据网络工程项目规模、建筑结构，合理设置功能区和网络中心布局。主机房相关设备布局宜采用分区布置的方式，网络设备一般放入机柜系统，可以分区放置，如分为内部服务器区、外部服务器区、网络存储区、内部互联区、外部接入区，其他区域如空调区、监控调度区等。具体划分可根据系统配置和管理需要而定。

4.2.3 网络中心机房详细设计

网络中心机房建设是一个系统工程，在总体布局规划好之后，关键是为网络中心机房的建设，包括机房装饰装修、机房布线、机柜系统、机房配供电、机房空调、接地防雷、消防安全、机房监控管理等。

1. 机房装饰装修

机房装饰装修主要包括内容：天花板工程，墙柱面工程，防静电地板工程，门窗工程等。机房装饰材料应符合《建筑设计防火规范（2018年版）》（GB 50016—2014）的规定，采用难燃材料和非燃材料，还应具有防潮、抗静电、防辐射等功能。

2. 机房布线

网络中心机房属于大型设备间，由于机房内设备较多，可以结合结构化布线的配线（水平）子系统和工作区子系统进行施工，布线可以采取直埋式（静电地板下）布线或桥架式布线，建议采用后者。

3. 机柜系统

网络中心机房的机柜主要用于存放服务器设备、网络设备、监控系统等，且数量较多，机柜布局需要合理设计，以便保证机房空调系统有效发挥作用。

4. 机房配供电

电源是计算机网络系统的命脉，电源系统稳定可靠是网络系统正常运行的先决条件。电源系统的电压波动、浪涌电流和突然断电的发生，可能使系统不能正常工作，可能造成系统信息的丢失、设备的损坏等。因此，电源系统的安全是计算机网络系统安全的重要组成部分。

设计一个符合网络设备运行要求的配供电系统，首先需要确定供电等级。机房供电的等级是根据计算机的工作性质及所起的重要性来划分。为了便于管理和满足计算机工作的要求，一般将机房供电的等级划分为三个等级。

① 一级负荷机房，对应A类机房。这类机房在正常用电时，如果突然中断供电，计算机不能工作将影响到国计民生，将会导致重大的人身伤亡和恶性事故的发生，如国防建设、生产、交通运输、邮电、财政、金融、航空管理等部门。对于一级负荷的计算机机房采取一类供电，即建立不停电系统。

② 二级负荷机房，对应B类机房。这类机房在用电时，如果突然中断，计算机不能正常运行，将在一定的程度上影响生产、通信、运输等，给国计民生造成一定的损失，如一些科研单位和计算机控制的生产单位等。对于二级负荷的计算机机房采取二类供电，即需要建立带备用的供电系统。

③ 三级负荷机房，对应C类机房。这类机房因突然中断供电不会引起过大的损失，如一些单位使用计算机只做一般统计、计算、情报检索等工作。对于三级负荷计算机机房采取三类供电，即一般用户供电考虑。

根据《供配电系统设计规范》（GB 50052—2009）相关条文的规定："一级负荷应由两个电源供电"；"一级负荷中特别重要的负荷，除由两个电源供电外，尚应增设应急电源"，也就是说特别重要负荷需要三个电源供电，一般的作法是在已有两路高压市电的情况下，再设自备电源。自备电源一般是采用柴油发电机组或整流逆变装置电源等。

二级负荷设备的供电有多种可选择的方案，工程设计者应尽量选择安全可靠、经济合理的方案。当地区供电条件允许且投资不高时，二级负荷宜由两个电源供电。

三级负荷虽然对供电的可靠性要求不高，只需一路电源供电。但在工程设计时，也要尽量使供电系统简单，配电级数少，易管理维护。

网络中心机房供电采用一类或二类供电。机房供电系统需要向以下设备提供电源：不间断电源（UPS）、空调、新风、照明、维修电源插座、办公等其他电源负载。

一般网络中心机房供电宜采用两路电源供电：一路为机房辅助用电，主要供照明、维修插座、空调等非UPS供电；一路为UPS供电，供机房内UPS设备用电，两路电源各成系统。机房内网络及计算机相关设备采用UPS供电，通过UPS供电来保证供电的稳定性和可靠性。

机房进线电源采用三相五线制（TN-S系统）。单相负荷应均匀地分配到三相线路上，并应使三相负荷不平衡度小于20%。

5. 接地防雷

根据计算机系统的要求，机房应考虑直流工作地、交流工作地、安全保护地、防雷保护地。其接地阻抗R应小于1Ω。机房内沿四周做一圈铜带接地网、地板支架、机柜外壳等不带电的金属部分与接地网相连，接地网与室外引入接地线可靠连接。

机房电源系统的防雷可以采用一级、二级或三级防雷。采用三级防雷方式，即在机房电源线进入配电柜之前安装一级防雷模块，是对直击雷直击电流的泄放，一级防雷模块可以采用三相电源防雷箱；在UPS进线前可以采用二级防雷模块，是针对前级防雷器的残余电流以及区内感应雷击的防护设备，需要第二级电源防雷器进一步实施泄放；在用电设备前采用三级防雷模块，三级防雷模块是对设备的保护，可以采用防雷排插。三级防雷设备如图4-2所示。

（a）三相电源防雷箱

（b）电源防雷器

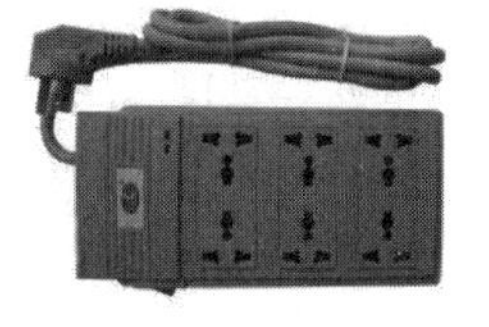

（c）防雷排插

图 4-2 三级防雷设备

6. 空调与新风系统

为保证机房拥有一个恒久的良好的机房环境，需要保持机房的恒温和恒湿，同时要保证机房空气的清新。

保证机房恒温和恒湿的要求，可以采用机房专用的柜式精密空调。精密空调（也称恒温恒湿空调），是指能够充分满足机房环境条件要求的机房专用精密空调机，是一个新机种，可将机房温度及相对湿度控制于正负1摄氏度，从而大大提高设备的寿命及可靠性。

保证机房空气清新的要求，可以采用新风系统。新风系统的主要作用就是实现房间空气和室外空气之间的流通、换气，还有净化空气的作用。通过新风系统管道向室外排出室内的浑浊空气，形成室内外空气压力差，完成室内外的空气交换，清新空气。根据机房实际面积，可以配备双向新风净化机。精密空调与新风系统如图4-3所示。

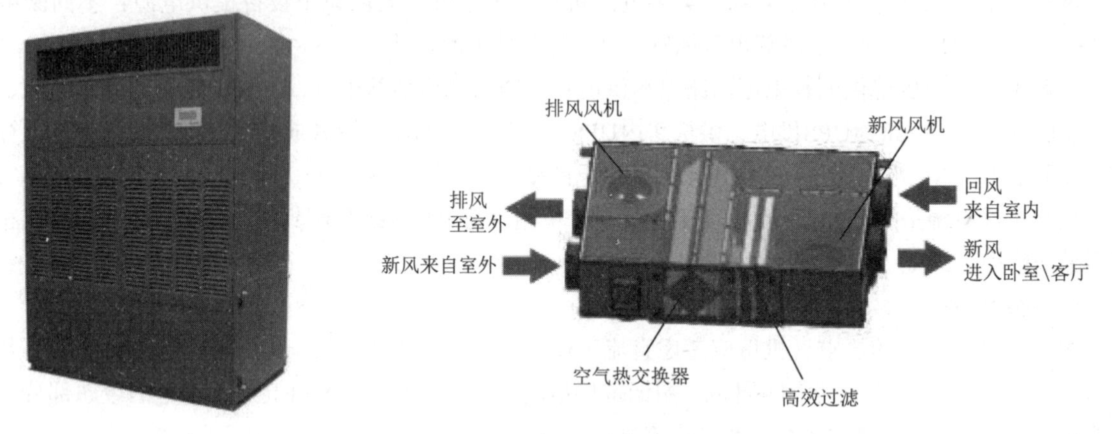

图 4-3　精密空调与新风系统

7. 消防安全

网络中心机房应根据机房的等级设置相应的灭火系统。A级机房应设置洁净气体灭火系统。B级机房以及变配电、不间断电源系统和电池室，宜设置洁净气体灭火系统，也可设置高压细水雾灭火系统。C级机房可设置高压细水雾灭火系统或自动喷水灭火系统。自动喷水灭火系统宜采用预防作用系统。网络中心机房还应设置火灾自动报警系统。

采用管网式洁净气体灭火系统或高压细水雾灭火系统的主机房，应同时设置两种火灾灭火探测器，且火灾报警系统应与灭火系统联动。灭火系统控制器应在灭火设备动作之前，联动控制关闭机房内的风门、风阀，并应停止空调机和排风机、切断非消防电源等。机房内应设置警笛，机房门口上方应设置灭火显示灯，灭火系统的控制箱（柜）应设置在机房外便于操作的地方，且应有防止误操作的保护装置。凡设置洁净气体灭火系统的主机房，应配置专用空气呼吸器或氧气呼吸器。

8. 机房监控管理

机房监控管理包括环境监控、设备监控、安全防范方面。环境监控、设备监控系统、安全防范系统可设置在同一个监控中心内，各系统供电电源应可靠，采用独立不间断电源系统电源供电。

环境监控包括监测和控制主机房和辅助区的空气质量，应确保环境满足电子信息设备的运行要求。设备监控包括对机房专用空调、柴油发电机、不间断电源系统，以及网络设备和网络服务器等进行监控。机房专用空调、柴油发电机、不间断电源系统等设备自身应配备监控系统，监控的主要参数宜纳入设备监控系统，通信协议应满足设备监控系统的要求。网络设备可通过通信协议通过网络进行集中监控，网络服务器等设备宜采用KVM切换系统对主机进行集中控制和管理。

安全防范系统宜由视频安防监控系统、入侵报警系统和出入口控制系统组成，各系统之间应具备联动控制功能。紧急情况时，出入口控制系统应能受相关系统的联动控制而自动释放电子锁。室外安装的安全防范系统设备应采取防雷电保护措施，电源线、信号线应为屏蔽电缆，避雷装置和电缆屏蔽层应接地，且接地电阻不应大于10 Ω。

4.2.4　模块化机房设计

随着绿色机房概念的提出，具有节能和环保功能的新一代机房出现了，比如有集装箱式数据中心、模块化数据中心等。

比较典型的集装箱数据中心有SUN公司集装箱数据中心BLackBox，华为IDS1000集装箱数据中心等。它在空间、能源和部署方面带来了机房设计的新观念。建设一个相同规模的集装箱数据中心，只需要传统数据中心1/10的时间，1/100的建设成本，还具有运输方便、快速部署的特点。

模块化数据中心有华为推出的华为模块化数据中心，产品包括华为IDS500（1～3机柜）、华为IDS800（3～8机柜）、华为IDS2000（4～18机柜，最大可达36机柜）模块化数据中心方案，如图4-4～图4-6所示。IDS500模块化数据中心方案适合小型企业和营业网络；IDS800模块化数据中心方案适合于中小企业和分支机构；IDS2000系列模块化数据中心解决方案，包含IDS2000L系列（中大型）、IDS2000S系列（小型）、IDS2000M系列（微型）三大解决方案，IDS2000H适合于大中型企业和行业机构总部。

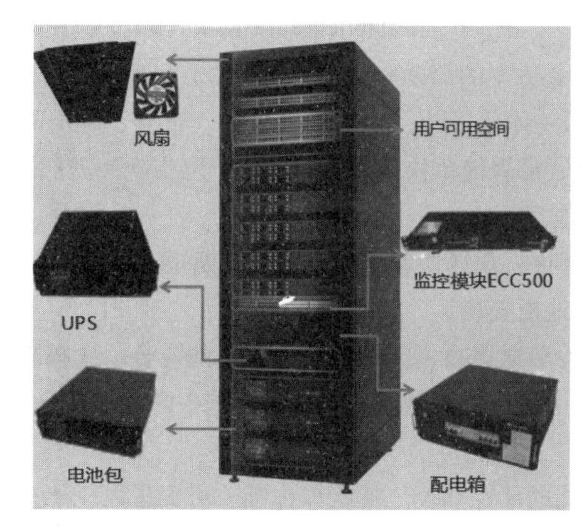

图 4-4　单柜 IDS500（集成 IT 柜 + 网络柜 + 电池柜）

图 4-5　4 柜 IDS800（1 综合柜 +3IT 柜）

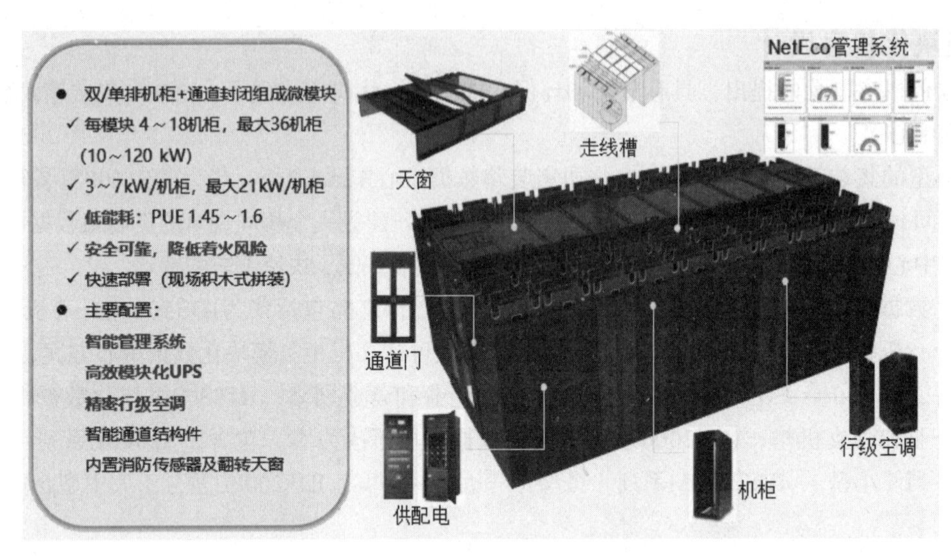

图 4-6　多机柜 IDS2000 集成数据中心

结合对华为模块化数据中心方案的简要介绍，为网络中心机房建设提供参考。

华为模块化数据中心采用一体化设计，它集成了机柜、布线、供配电、防雷接地、空调、监控等组件，其集成度标准化程度高，部署简单快速，扩容方便，可实现按需部署，降低初始投资。华为模块化数据中心解决方案具有以下优势：

① 快速部署：工厂预制部件，现场快速组装，部署周期短，建设周期缩短50%以上，场地限制少；可支持水泥地面和防静电架空地板安装。

② 绿色节能：采用密闭冷热通道技术，避免冷热气流的混合，大幅降低能耗；针对高密场景，采用行式空调实现近端制冷，显著提升制冷效率；与传统数据中心相比减少30%～50%的能耗，PUE最低可达1.25。

③ 柔性扩展：采用模块化的部件和统一的接口标准，可实现以机架为单位或以模块为单位按需扩容，节省投资；按需设计，支持单机柜额定功率密度1～11 kW平滑升级（一般3～7 kW），通过定制方案，最大支持30 kW单柜额定功率。

④ 智能管理：华为NetEco管理系统，可实现对数据中心基础设施动力、环境、视频、门禁的全领域统一监控；集成告警管理、报表管理、工单管理、能效管理等功能，实现全面智能管理；提供标准化的北向接口（northbound interface，为厂家或运营商进行接入和管理网络的接口），支持主流网络管理系统（NMS）或L2层网管快速集成。

注意：PUE即数据中心能源效益指标，它是数据中心总用电消耗与IT设备总用电消耗的比值。PUE越接近1，越节能。传统的机房建设PUE值达到2.5，甚至更高，而采用华为IDS模块化数据中心系统，PUE在1.5左右，最低可以达到1.25。

4.3 网络设备选型

计算机网络系统的设备主要是指交换机、路由器、网络服务器、网络安全产品、网络存储等设备。

本节主要介绍交换机、路由器等网络传输平台相关的设备选型，网络服务器、网络安全产品、网络存储等设备的选型在相关章节介绍。

4.3.1　网络设备选型原则

① 品牌原则，所有网络设备尽可能选取同一厂家的产品，以便使用户从网络通信设备的性能参数、技术支持、价格等各方面获得更多的便利。

② 实用够用原则，根据网络实际带宽性能需求、端口类型和端口密度选型。如果是旧网改造项目，应尽可能保留可用设备，减少在资金投入方面的浪费。

③ 扩展性原则，在网络的层次结构中，主干设备选择应预留一定的能力，以便于将来扩展，低端设备则够用即可，因为低端设备更新较快，易于淘汰。

④ 可靠性原则，网络系统设备也应具有较高的可靠性，以提高网络的可用性。

⑤ 高性价比原则，网络系统设备应具有较高性价比，工程费用的投入产出应达到最大值，能以较低的成本为用户节约资金。

4.3.2　交换机选型考虑因素

交换机的选型需要考虑的因素很多，包括交换机品牌因素、交换机结构、工作层次、网管功能、端口类型和数量、应用档次、性能参数（背板带宽、包转发速率、MAC地址表）等。

1. 品牌因素

交换机的品牌较多，网络设备应尽可能选取同一厂家的产品。产品线齐全、技术认证队伍力量雄厚、产品市场占有率高的厂商是网络设备品牌的首选。若从价格因素考虑，首选国内品牌，比如华为、锐捷等产品。

2. 交换机结构

根据交换机采用的结构形式可以分为固定端口交换机和模块化交换机。一般低档交换机采用固定端口结构，高档交换机为支持扩展性，一般采用模块化结构。

3. 工作层次

根据交换机工作时所在的OSI模型的层次可以划分成二层交换机、三层交换机、四层交换机和七层交换机。目前主要应用的是二层交换机和三层交换机。具体依据交换机所在的位置以及投资预算等决定。一般来说，大型网络中，核心层和汇聚层选择三层交换机，接入层选择二层交换机。四层和七层交换机一般用于电信级企业。

4. 网管功能

根据交换机是否支持网络管理，可以分为网管型交换机和非网管型交换机，交换机的复杂性体现在网管功能上，一般高档次的交换机支持网络管理，低档次交换机不支持网络管理。网络设备是否需要支持网络管理不能一概而论，一般核心层、汇聚层需要采用网络管理，接入层交换机根据接入的规模等情况具体选择是否采用网管交换机。

5. 端口类型和数量

根据传输介质不同，交换机支持的接口类型不同，采用双绞线为AJ-45接口，采用光纤传输介质为光纤接口。为提高交换机灵活性，可以部分AJ-45接口，部分光纤接口，AJ-45接口用于连接桌面计算机，光纤接口可以用于交换机互联。由于光纤端口相比RJ-45接口价格较贵。用户需要根据链路性质和投资预算进行选择。

不同的交换机，有不同的端口数量，少则4～5个，多则达到48个。对于大型模块化交换机，通过模块扩展可以达到更多端口数量。一般来说，端口数量越多的交换机，单端口成本越低，但并不是端口数越多越好。用户可以结合信息点数量合理选择具有一定端口数量的交换机。

6. 应用档次

交换机按照应用档次划分，可以分为：接入级交换机、汇聚级交换机、核心级交换机。层次越高价格越贵。接入级交换机用于网络的接入层，属于二层交换机，端口数相对较多，比如24口交换机，一般用于各类网络的接入层连接用户计算机。汇聚层交换机一般是高性能可网管三层交换机，上下行端口速率较高，一般用于大中型网络的汇聚层，实现多业务的汇聚与转发。核心层交换机是高性能、可网管、三层交换机，一般用作大中型网络的核心层，提供高性能的业务数据处理和路由性能。

7. 性能参数

交换机参数较多，比较重要的性能参数有背板带宽、包转发速率、MAC地址表容量等。

（1）背板带宽

背板带宽标志了交换机总的数据交换能力，背板带宽越高，处理数据的能力就越强，单位为Gbit/s；只有模块交换机（拥有可扩展插槽，可灵活改变端口数量）背板带宽值才有意义。固定端口的交换机的背板容量和交换带宽大小是相等的。背板带宽是交换机关键的性能指标。

线速的背板带宽，考察交换机上所有端口能提供的总交换带宽。计算公式为端口数 × 相应端口速率 × 2（全双工模式），总交换带宽≤标称背板带宽，则背板带宽是线速的。

例如：24口百兆交换机的总带宽=24 × 100 Mbit/s × 2=4 800 Mbit/s。如果标称的背板带宽大于4 800 Mbit/s，则背板带宽是线速的。

（2）包转发速率

交换机包转发速率属于二层包转发速率。包转发速率标志了交换机转发数据包能力的大小，背板带宽越高，所能处理数据的能力就越强，也就是包转发率越高，包转发速率的单位为Mpps（Million Packet/s，百万包每秒）。

包转发率=千兆端口数量 × 1.488 Mpps+百兆端口数量 × 0.148 8 Mpps，包转发速率≤标称包转发速率，则包转发速率是线速的。

例如：24口百兆交换机的包转发速率=24 × 0.148 8 Mpps=3.571 2 Mpps。如果标称的包转发速率大于3.571 2 Mpps，则包交换速率是线速的。

注意：千兆端口的1.488 Mpps是如何得来的呢？

包转发速率的衡量标准是以单位时间内发送64 byte的数据包（最小包）的个数作为计算基准的。对于千兆以太网来说，计算方法如下：1 000 000 000 bit/s/8 bit/（64+8+12）byte=1 488 095 pps。（说明：当以太网帧为64 byte时，需考虑8 byte的帧头和12 byte的帧间隙的固定开销。）

故一个线速的千兆以太网端口在转发64 byte包时的包转发率为1.488 Mpps。

快速以太网的线速端口包转发率正好为千兆以太网的十分之一，为0.1488 Mpps。对于万兆以太网，一个线速端口的包转发率为14.88 Mpps。

（3）MAC地址表大小

MAC地址表是用来记忆网络节点的MAC地址，以便交换机根据MAC快速转发数据。交换机缓存容量越大，能够记住的MAC地址数越多。越高档交换机，能够记忆的MAC地址数越多，一般交换机为8K，好的交换机16k以上。对网络规模不是很大的情况下，这个参数无须太多考虑。

4.3.3 路由器选型考虑因素

路由器的价格比较贵，且配置复杂，很多网络只有网络出口采用路由器，甚至有的直接采用三层交换机，因此，很多用户对路由器的选择比较茫然。路由器的选择也需要考虑很多因素，包括品牌因素、路由器结构、应用档次、性能参数（背板带宽、包转发率、并发连接数）等。

1. 品牌因素

对于企业网络，使用的路由器数量较少，特别是高档的路由器，比如交换式路由器，并不是所有路由器厂商都能生产，因此在选择路由器时，一定要选择大品牌产品。比如Cisco、华为、中兴、锐捷等产品。

2. 路由器结构

和交换机一样，路由器结构也可以分为固定配置式路由器和模块化路由器。一般低档路由器采用固定端口结构，高档路由器为支持扩展性，一般采用模块化结构。

3. 应用档次

路由器按照应用档次可以分为：接入级路由器、企业级路由器、主干级路由器。

（1）接入级路由器

接入级路由器用于连接家庭或ISP内的小型企业客户，支持PPTP和IPSec等VPN网络协议，支持FTTX、ADSL、Cable Modem等多种接入方式，接入路由器将来会支持许多异构和高速端口，并在各个端口能够运行多种协议。

（2）企业级路由器

企业级路由器用于连接多个逻辑上分开的网络，所谓的逻辑上分开的网络，是指代表一个单独的网络或者一个子网。当数据从一个子网传输到另一个子网时，需要通过路由器来完成。随着三层交换机的出现，企业内部多个相关结构网络（以太网）的互联往往通过三层交换机来实现。企业路由器主要用于企业局域网与互联网的连接，以及企业异种网络互联、跨区域网络的互联等。企业级路由器也分成不同档次，高档企业级路由器、中档企业级路由器、低档企业级路由器等。用户可以根据企业规模合理选择路由器。

（3）主干级路由器

主干级路由器主要用于行业大型路由型网络的核心层、汇聚层、接入层，比如中国公众信息网CHINANET、中国联通网络UNINET等大型广域网中，以及大型企业网络与广域网的互联。主干路由器也分成不同档次，高档主干路由器、中档主干路由器、低档主干路由器等。用户可以根据路由器设备在网络中的位置以及网络规模合理选择主干路由器。

4. 性能参数

路由器性能参数也比较多，其中比较重要的性能参数有背板带宽、包转发速率等。

（1）背板带宽

路由器背板带宽是路由器的一种性能指标，根据背板带宽不同，对路由器可以划分成高、中、低三档。通常路由器背板交换能力大于40 Gbit/s的路由器称为高档路由器，背板交换能力在25～40 Gbit/s之间的为中档路由器，背板交换能力在25 Gbit/s以下的为低档路由器。

（2）包转发速率

路由器包转发速率属于三层包转发速率，它标志着路由器分组转发能力。一般来讲，低端的路由器包转发速率只有几千到几十千数据包每秒，中端的包转发速率从几百千到几兆数据包每秒，而高端路由器则能达到几十兆数据包每秒甚至上百兆数据包每秒。包转发速率是路由器关键性能指标。

4.3.4 网络设备生产厂商及产品线

当前，网络设备国际品牌有Cisco（思科）、Juniper（瞻博网络）、NETGEAR（网件公司）、Allied Telesis（安奈特）等。国内品牌有华为（HUAWEI）、中兴（ZTE）、H3C、锐捷等。

1. 思科产品线

思科公司的交换机和路由器都是具有代表性的网络产品，通过学习，不仅可以了解思科网络产品线，同时可以通过对比学习了解其他公司产品。这里主要按照交换机应用档次（接入级、汇聚级、核心级）和应用层次进行归类，以便用户结合实际项目进行选型。

（1）思科交换机产品线

思科的交换机产品称为Cisco Catalyst，从低到高的产品有：catalyst express500、catalyst2960（2950/2970）、catalyst3750/3560、catalyst4500（catalyst4900）、catalyst6500五个层次。

思科在2013年以后又推出了全新交换机，包括catalyst2960x（catalyst2960s的升级版），catalyst3850（catalyst3750的升级版），catalyst4500E Supervisor Engine 8e（catalyst4500新交换引擎板卡），以及catalyst6800（catalyst6500的升级版）系列交换机。

catalyst express500交换机（见图4-7）是面向小型企业的二层固定端口交换机，属于接入级交换机，可直接应用于小型企业网络或大中型企业网络的接入层交换机。

图 4-7　catalyst express500 交换机

catalyst2960（2950/2970）交换机是高性能二层固定端口交换机，属于接入级交换机，可直接应用于小型企业网络或大中型企业网络的接入层交换机。注意：catalyst2950是二层百兆交换机，catalyst2960（见图4-8）、catalyst2970是二层千兆交换机。

图 4-8　catalyst2960 交换机

catalyst3750/3560交换机（见图4-9）是高性能三层固定端口交换机，属于汇聚级交换机，可以用于大中型企业网络的汇聚层交换机、中型分支机构和中小企业的核心层交换机等。

图 4-9　catalyst3750 交换机

catalyst4500系列交换机（见图4-10）是模块化三层交换机，有一定的扩展性，属于汇聚级交换机，可以用于大中型企业网络的汇聚层交换机、中型分支机构和企业的核心层交换机等。

catalyst4900系列交换机来自Catalyst4500系列模块化交换机的引擎固化，以固定端口交换机的价格，提供全线速交换性能的同时，呈现模块化交换机在高可用性、QoS质量服务、安全等重要增强特性。可以用于中小规模网络的核心交换机或大型网络汇聚交换机，也可用于数据中心交换机接入服务器，catalyst4948-10GE交换机如图4-11所示。

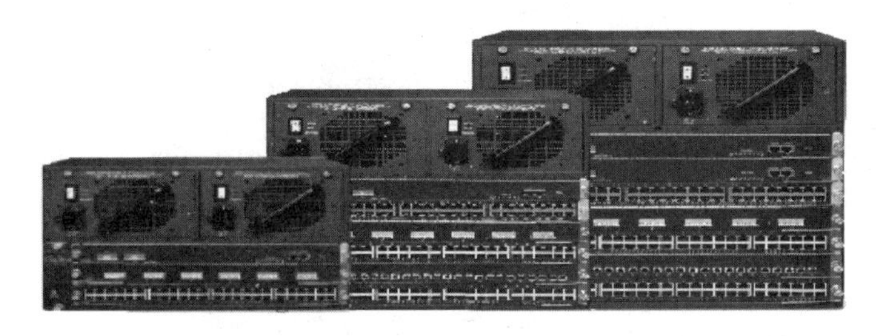

图 4-10　catalyst4500 系列交换机

图 4-11　catalyst4948-10GE 交换机

catalyst6500系列交换机（见图4-12）是高端模块化全功能三层交换机，属于核心级交换机，用于大型企业网络的核心层交换机，同时可以替代路由器作为与运营商网络连接的设备。

图 4-12　catalyst6500 系列交换机

（2）思科路由器产品线

思科的路由器产品非常齐全，从低到高的产品有：CiscoSB100、Cisco850/870 ISR（Cisco 860/880 ISR），Cisco1800 ISR（Cisco1900 ISR ），Cisco2800 ISR（Cisco2900 ISR），Cisco3800 ISR（Cisco3900

ISR），Cisco7200/7300、Cisco ASR1000、Cisco7600，Cisco12000GSR、Cisco CSR等。

思科的ISR（integrated services router）集成多业务路由器包括两款系列产品，一是2004年9月发布第一代ISR G1路由器，包括Cisco850/870 ISR，Cisco1800 ISR，Cisco2800 ISR，Cisco3800 ISR等系列产品。二是2009年在第一代ISR路由器基础开发的ISR G2路由器，包括Cisco860/880 ISR，Cisco1900 ISR，Cisco2900 ISR，Cisco3900 ISR等系列产品。第二代ISR路由普遍比第一代ISR对应型号路由器性能高3～5倍。另外，传统企业级接入路由器C1700，C2600，C3600等没有列入。

按照应用档次分，Cisco SB100、Cisco850/870路由器属于接入级路由器，Cisco ISR1800/2800/3800、Cisco7200/7300路由器属于企业级路由器，Cisco ASR1000、Cisco7600、Cisco12000 GSR、Cisco CSR路由器属于主干级路由器，如图4-13所示。

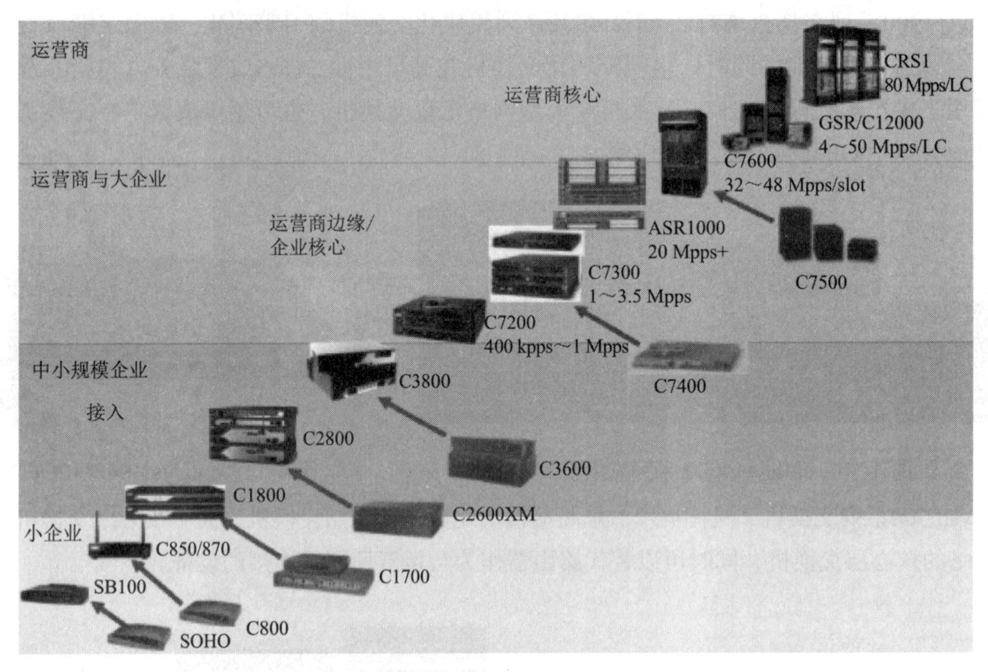

图 4-13　思科路由器产品线

2. 华为网络产品线

2010年前，华为主要关注运营商市场，2011年初，华为将企业业务单独成立企业业务集团（enterprise business group），并开始关注电信运营商市场和企业网市场。华为在交换机、路由器产品研发方面加大投入，形成了系列产品。

（1）华为交换机产品线

2008年下半年，华为推出了适用于运营商的交换产品华为Sx300系列交换机，包括万兆核心模块化交换机S9300、千兆三层固定端口交换机S5300、百兆固定端口三层交换机S3300、百兆固定端口二层交换机S2300等。2010年下半年，华为推出了适合企业网的交换产品Sx700系列交换机，包括千兆三层固定端口交换机S5700、百兆桌面千兆上联固定端口三层交换机S3700、百兆固定端口二层交换机S2700，后来又推出了全速率固定端口二层接入交换机S1700、万兆三层固定端口数据中心交换机S6700、模块化智能路由交换机S7700、S9700等。2013年8月，推出S12700系列“敏捷”路由交换机。2022年9月，在2022华为全联接大会期间发布了400G Ready的园区旗舰核心交换机CloudEngine S16700系列，形成全系列企业网交换机。华为交换机系列从低到高分别是S1700、S2700、S3700、S5700、S6700、S7700、S9700、S12700、S16700等。

华为S1700（见图4-14）是全速率二层交换机，属于接入级交换机，适用于中小型企业市场，可以直接用于各类网络接入层交换机。

图 4-14 华为 S1700 全速率二层交换机

华为S2700（见图4-15）是百兆二层交换机，属于接入级交换机，可直接应用于小型企业网络或大中型企业网络的接入层交换机。

图 4-15 华为 S2700 二层交换机

华为S3700（见图4-16）是百兆桌面千兆上联三层交换机，属于汇聚级交换机。对于中小型百兆接入网络，可以用作汇聚层交换机；对于大中型百兆接入网络，可以用作接入层交换机。

图 4-16 华为 S3700 百兆交换机

华为S5700是千兆三层交换机，可提供万兆上行端口，属于汇聚级交换机，如图4-17所示。华为S5700可以用于大中型企业网络的汇聚层交换机、中型分支机构和中小企业的核心层交换机。

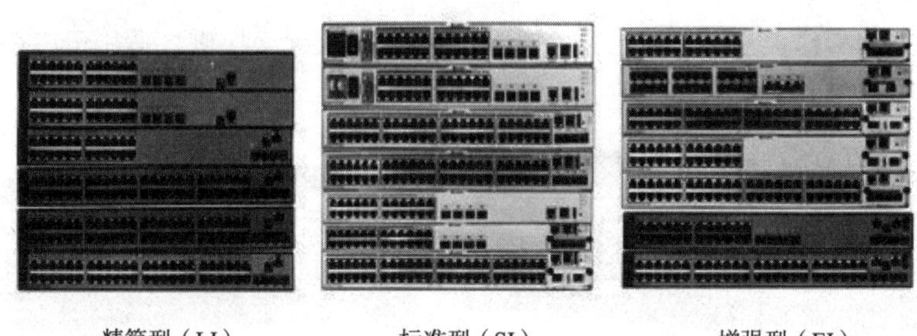

精简型（LI）　　标准型（SI）　　增强型（EI）

图4-17　华为S5700千兆交换机

为了适应计算机网络千兆到桌面的发展，华为推出了S5720S-LI下一代精简型千兆以太网交换机系列，提供灵活的全千兆接入以及万兆上行端口。S5720S-LI系列属于二层千兆交换，用于大中型网络的接入层，是接入级交换机。该系列交换机基于新一代高性能硬件和华为公司统一的VRP（versatile routing platform）软件平台，具有智能iStack堆叠、灵活的以太组网、多样的安全控制等特点，为用户提供绿色、易管理、易扩展、低成本的千兆到桌面的解决方案。例如：S5720S-28P-LI-AC、S5720S-28P-LI-AC等。

华为S6700系列万兆交换机是业内最高性能的固定端口交换机，提供24/48个全线速万兆接口，同时支持丰富的业务特性、完善的安全控制策略、丰富的QoS等特性，可用于数据中心，服务器接入及园区网核心，如图4-18所示。

S6700-24-EI　　S6700-48-EI

图4-18　华为S6700千兆交换机

华为S7700/S9700（见图4-19）是高端模块化智能路由交换机，属于核心级交换机，用于大中型企业网络的核心层交换机，同时可以替代路由器作为与运营商网络连接的设备。

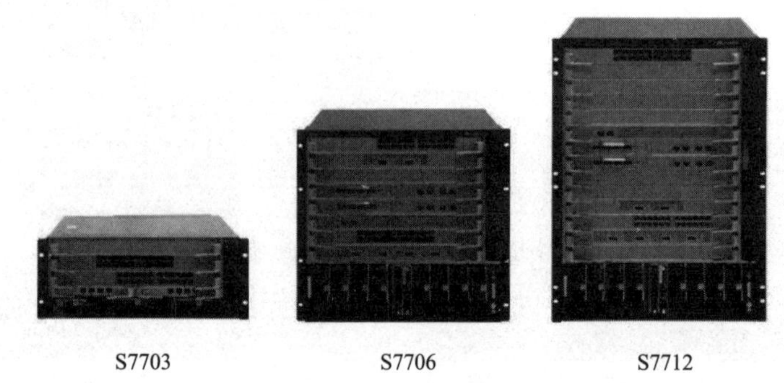

S7703　　S7706　　S7712

图4-19　华为S7700/S9700高端模块化智能路由交换机

图 4-19　华为 S7700/S9700 高端模块化智能路由交换机（续）

华为S12700（见图4-20）是高端模块化全功能路由交换机，属于核心级交换机，用于大型园区网络的核心层交换机、大学校园网核心层交换机、城域网核心交换机等。

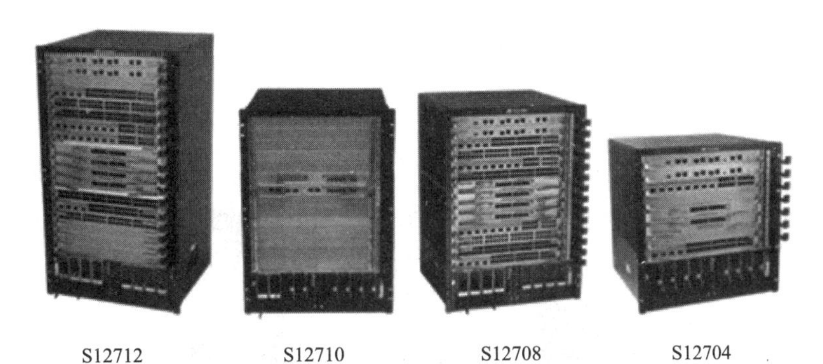

图 4-20　华为 S12700 高端模块化全功能路由交换机

华为S16700系列（见图4-21）交换机是华为面向全无线智能时代高端园区网络推出的全新一代旗舰级核心交换机。提供每个插槽14.4 Tbit/s带宽的超快转发能力，具备领先的数据交换能力及海量的终端接入能力，是构建全无线智能时代高品质园区网络核心交换机的理想选择，同时引领园区网络进入400 Gbit/s时代。

图 4-21　华为 S16700 系列园区旗舰核心交换机

（2）华为路由器产品线

华为路由器共推出了NE20E、NE40E、NE80E、NE5000E等产品。中低端路由器包括1996年R系列路由器和2004年第一代AR路由器（AR G1，包括AR18、AR28、AR46系列等）；2007年推出的第二代AR路由器（AR G2，包括AR19、AR29、AR49系列等）；另外2008年以后还新推出了华为SRG多业务安全路由网关产品，包括最初的SRG20，以及2010年推出的SRG1200、SRG2200、SRG3200等系列产品。2011年5月推出了第三代AR G3系列路由器，包括AR200、AR1200、AR2200、AR3200等多个型号，形成全系列路由器产品。华为路由器系列从高到低分别是：AR200、AR1200、AR2200、AR3200、NE20E、NE40E、NE80E、NE5000E等。华为路由器产品线如图4-22所示。

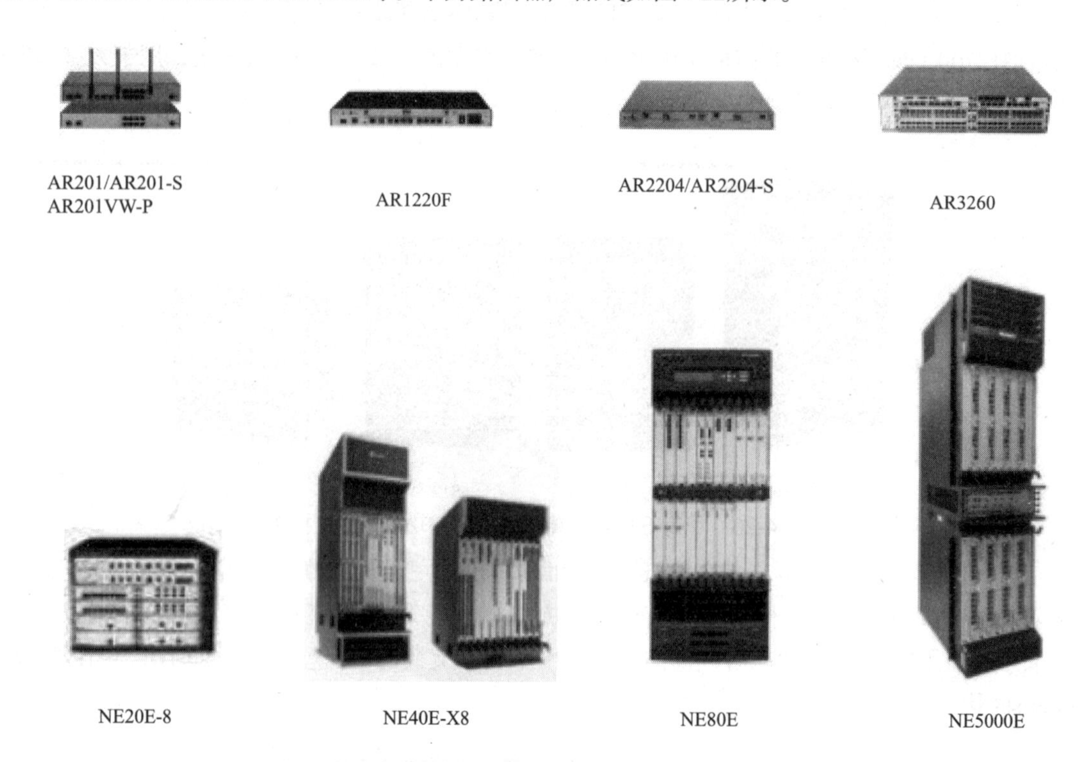

图4-22 华为路由器产品线

按照应用档次分，AR200路由器属于接入级路由器；AR1200、AR2200、AR3200路由器属于企业级路由器；NE20E、NE40E、NE80E、NE5000E路由器属于主干级路由器。注意，NE20E既可以作为大中型企业核心路由器，也可作为运营商边缘路由器。

4.3.5 网络设备选型设计

为了便于网络设计和设备选型，前面章节中网络分为五类网络，下面结合具体网络规模给出设备选型参考，注意：设备选型主要依据设备的应用档次和性能参数进行。

1. 各层级交换机产品列表

结合思科和华为交换产品介绍，结合网络分层结构和交换机应用档次，可以形成一个大致的交换机选型参考表，见表4-3。

表 4-3　各层级交换机产品表

应用层次	华　为	思　科	备　注
接入层交换机	S1700/S2700	CE500/C2950	百兆接入
	S1700/S5720S-LI	C2960/C2970	千兆接入
汇聚层交换机	S5700	C3560/C3750	千兆
	S5700/S7700	C4500/C4900	千兆万兆
核心层交换机	S7700/S9700/S12700	C6500	千兆万兆

2. 各层级路由器产品列表

结合思科和华为路由产品介绍，结合网络规模，路由器应用档次和路由器包转发速率，可以形成一个大致的路由器选型参考表，见表4-4。

表 4-4　各层级路由器产品表

档　次	华　为	包转发率	思　科	包转发率	选型建议
接入级	AR200	280 kpps	C870ISR	25 kpps	小型办公网
企业级	AR1200	450 kpps	C1800ISR	75 kpps	小型企业网
	AR2200	1 Mpps	C2800ISR	220 kpps	中小型企业网
	AR3200	3.5 Mpps	C3800ISR	500 kpps	中型企业网
	NE20E	6 Mpps	C7200/C7300	1 Mpps/3.5 Mpps	大中型企业网
主干级	NE40E	400 Mpps	C7600	48 Mpps	大型企业网 运营商网络
	NE80E	800 Mpps	C12800GSR	50 Mpps	运营商网络
	NE5000E	1 600 Mpps	C-CRS	80 Mpps	运营商网络

（注：表格中包转发率为最初产品转发速率）

3. 网络设备选型设计

（1）小型办公网络

对于50节点网络，采用2～3个二层交换机，可以采用层次拓扑结构连接，汇聚层交换机1台，接入交换机1～2两台。与Internet的连接可以采用宽带路由器。

设备选型建议：

思科：局域网交换机采用相同型号的交换机即可，汇聚和接入交换机都使用catalyst Express500或catalyst2950交换机。与Internet连接可以选用Cisco870/880 ISR。

华为：局域网汇聚层和接入层都使用华为S1700或S2700系列交换机。与Internet连接可以选用AR201路由器。

由于这类网络往往要求能够连接互联网即可，需要考虑低成本等因素，因此这类网络一般选择市场上比较便宜的非管理低档千兆二层交换机和宽带路由器产品即可。

（2）小型企业网络

100节点的企业网络，千兆核心，百兆或千兆接入，网络需求支持三层交换功能，不同部门属于不同VLAN。因此这类网络采用两层结构，核心层和接入层。与Internet连接一般采用宽带路由器或低档的企业级路由器。

设备选型建议：

思科：局域网核心层交换机采用catalyst3750系列三层交换机，接入层使用catalyst2950或catalyst2960系列交换机。与Internet连接可以选用Cisco1800（Cisco1900）集成多业务路由器。.

华为：局域网核心层交换机使用华为S5700系列三层交换机。接入层使用华为S1700或S2700系列交换机。与Internet连接可以选用AR1200系列华为路由器。

（3）中小企业网络

200节点左右的企业网，一般分布在几层楼甚至一栋楼内，需要采用三层结构，网络结构较为复杂，核心层可以采用双核心。核心层与汇聚层有冗余连接，提供汇聚链路可靠性支持。与Internet连接可以采用中档企业级路由器。

设备选型建议：

思科：局域网核心层交换机采用catalyst3750系列交换机或cisco4500系列模块化交换机，汇聚层采用catalyst2970系列千兆二层交换机，接入层使用catalyst2950/2960系列交换机。与Internet连接可以选用Cisco2800（Cisco2900）集成多业务路由器。

华为：局域网核心层交换机使用华为S5700EI系列交换机或S7700系列交换机。汇聚层使用华为S5700交换机。接入层使用华为S1700或S2700交换机。与Internet连接可以选用AR2200系列华为路由器。

（4）中型企业网络

500节点左右的企业网络，网络结构复杂，网络用户分布较广，往往分布在一栋楼甚至多栋楼。一般采用三层结构，核心层往往采用双核心设备。核心层要求采用高性能三层交换机。与Internet连接可以采用高档企业级路由器。

设备选型建议：

思科：局域网核心层交换机采用catalyst6500系列全功能交换机，汇聚层采用catalyst3750或catalyst4500系列交换机，接入层使用catalyst2960/2970系列交换机。与Internet连接可以选用Cisco3800（Cisco3900）集成多业务路由器。

华为：局域网核心层交换机使用华为S7700系列交换机。汇聚层使用华为S5700三层交换机。接入层使用华为S5720S-LI系列交换机或S1700系列交换机。与Internet连接可以选用AR3200系列华为路由器。

（5）大中型企业网络

1 000节点左右企业网络，网络用户分布更广，往往在几栋楼甚至一个园区，比如大型校园网络，一般采用三层结构甚至四层结构，核心层（骨干层和汇聚层）、接入层。广域网接入路由器要求支持多种广域网连接方式，适合大型网络的高性能路由器。

思科：局域网核心层交换机采用catalyst6500系列全功能交换机，汇聚层采用catalyst4500系列交换机，接入层使用2960/2970系列交换机。与Internet连接可以选用Cisco7200或Cisco7300系列路由器，同时作为企业核心设备，用于分支结构网络连接。

华为：局域网核心层交换机使用华为S7700或S9700系列交换机。汇聚层使用华为S7700或华为S5700EI系列交换机。接入层使用华为S5720S-LI系列交换机或S1700系列交换机。与Internet连接可以选用高档AR3200系列华为路由器，甚至可以采用电信级路由器NE20E系列，同时作为企业核心设备，用于分支结构网络连接。

需要强调的是，随着网络技术的发展，目前新的计算机网络系统一般采用千兆到桌面的设计，为此，中小企业网络设备选型方案中采用百兆接入交换机的设计应全部改为千兆二层接入交换机。

4.4 服务器与操作系统选型

网络服务器也是计算机网络系统需要使用的设备，因此也是网络设备。它是计算机网络系统中资源子网的关键设备，也是计算机网络的服务功能平台的支撑设备。选择合适的网络服务器，更有利于计算机网络系统各项功能的发挥。

下面先介绍服务器相关知识，结合服务器设备相关知识，简要介绍华为服务器产品，然后结合计算机网络系统实际进行设备选型和操作系统选型。

4.4.1 服务器选型考虑因素

服务器选型的考虑因素主要包括品牌因素、处理器架构、服务器架构、应用档次等。

1. 品牌因素

品牌是与产品质量、价格和服务相关联的，所以在强调品牌的同时，一定要与产品的质量、服务和价格一起考虑。这一点尤其在服务器产品上有更多的体现。近年，中国服务器市场品牌关注度较高的有：华为、浪潮等。国外品牌有Dell、HP、IBM等，国内品牌有华为、浪潮、联想、H3C、曙光等。

2. 处理器架构

服务器处理器芯片架构主要有两大类：CISC架构和RISC架构。

CISC架构最主要的是X86架构处理器，主要包括Intel Xeon（至强）处理器、AMD Opteron（皓龙）处理器。占主导地位的是Intel Xeon处理器，主流处理器为Intel Xeon E3、E5、E7系列。Xeon E3是针对工作站和入门级服务器的单路处理器系列，Xeon E5是针对高端工作站及服务器的处理器系列，Xeon E7是面向关键任务和数据中心的处理器系列，强调可靠性、可用性和可服务性。

RISC架构早期包括IBM PowerPC处理器，SUN公司（2010年被oracle收购）SPARC处理器、HP公司PA-RISC处理器（2008年停止销售）、Compaq公司（2002年被HP收购）Alpha处理器、MIPS公司MIPS处理器等。目前主要的产品是IBM公司的推出POWER 8系列处理器，以及基于SPARC V9架构的ORACLE/SUN的UltraSPARC系列处理器和FUJISTU的SPARC64系列处理器。

CISC架构（X86架构）处理器主要用于服务器中低端市场。处理器并行基本上被限制在8路以下，并采用Windows操作系统或Linux操作系统。

高端服务器市场主要采用RISC架构处理器，并使用UNIX操作系统。这类服务器有IBM的IMB Power System系列服务器，并采用IBM开发的AIX操作系统；以及基于SPARC V9架构处理器的SPARC Enterprise系列服务器，并采用Oracle/SUN的Solaris操作系统等。

3. 服务器架构

服务器架构主要是从服务器的整体外观结构来分，分为塔式、机架式、刀片式三种。

塔式服务器的外形以及结构跟我们平时使用的立式PC差不多，机箱比较大，服务器的配置可以很高，能够提供更大的空间容纳插件，提供更多的磁盘位，应用范围比较广泛。

机架服务器是互联网设计的服务器模式，是一种外观按照统一标准设计的服务器，配合机柜统一使用，占用空间小。机架服务器是应用最广泛的，它采用标准工业设计，节省空间、密度高、方便集中维护管理，所以非常流行，在中小型企业、互联网数据中心都能广泛采用。机架服务器是出货量中最大的服务器形态。

刀片式服务器是一种HAHD（high availability high density，高可用高密度）的低成本服务器平台，是专门为特殊应用行业和高密度计算机环境设计的，其中每一块刀片就是一块系统母板，类似于一个个独立的服务器，它比机架式更小，它可以安装在一个刀片机柜中实现类似多服务器群集的功能。

4. 应用档次

服务器按应用档次划分有入门级、工作组级、部门级、企业级四个档次。服务器的档次由许多方面决定，但关键还是处理器的类型和服务器处理器个数。

（1）入门级服务器

入门级服务器通常只使用1个处理器，属于低档服务器。可根据需要配置相应的内存和硬盘，硬盘接口一般采用SATA接口，必要时也会采用RAID技术进行数据保护。这类服务器价格比较便宜，仅相当于两台左右高性能PC的价格，一般采用Windows Server 操作系统。可以满足小型办公网络中用户的文件共享、打印服务、数据处理、Internet接入及简单数据库应用的需求，可提供小范围的E-Mail、Proxy、DNS等服务。

（2）工作组级服务器

工作组级服务器一般支持1～2个处理器，属于低档服务器。服务器硬盘接口可以采用SATA接口或SAS接口（串行连接SCSI接口）。可选装RAID、热插拔硬盘、热插拔电源等，具有较高可用性。可以满足中小型网络用户的文件共享、Internet接入、简单数据库应用、Web服务、E-Mail服务、DNS服务等，也能够用于学校等教育部门的数字校园网、多媒体教室的建设等。

（3）部门级服务器

部门服务器是属于中档服务器之列，部门级服务器通常支持2～4个处理器，硬盘接口可以采用SAS接口或SCSI接口，具有较高的可靠性、可用性、可扩展性和可管理性。这类服务器一般集成了大量的监测及管理电路，具有全面的服务器管理能力，可监测如温度、电压、风扇、机箱等状态参数。此外，结合服务器管理软件，可以使管理人员及时了解服务器的工作状况。大多数部门级服务器具有优良的系统扩展性，能够及时在线升级系统，可保护用户的投资。适合中型企业作为数据中心、Web站点等应用。

（4）企业级服务器

企业级服务器属于高档服务器，一般可支持4～8个处理器，甚至几十个处理器。企业级服务器具有高内存带宽、大容量热插拔硬盘和热插拔电源，具有超强的数据处理能力。除了具备部门级服务器特性外，还具有高度的容错能力、优良的扩展性能和系统性能、极长的系统连续运行时间，能很大程度保护用户的投资。企业级服务器主要适用于需要处理大量数据、高处理速度和对可靠性要求极高的大型企业和重要行业（如金融、证券、交通、邮电、通信等行业），可作为大型企业级网络的数据库服务器等。

4.4.2 华为服务器

华为公司于2002年启动服务器产品的研发，2008年之前推出的服务器主要是配套电信的业务平台使用，包括第一代、第二代刀片服务器T8000，以及2007年推出RH1120高密度机架服务器等。

2008年之后，分别推出RH系列机架服务器、E系列刀片服务、X系列高密度云服务器。

1. 华为服务器分类及命名规则

RH系列机架服务器的命名形式为RHXXXXH V#，R代表机架服务器，H 代表Intel平台，第1个

X代表高度（1为1U，2为2U，5为4U），第2个X代表CPU数（1为1个CPU，2为2个CPU，4或8为4个CPU），后两个XX代表配置序号（88为高规格，85为低规格），H代表增强型，V#代表第#代服务器。如RH2488H V5：2U2路高规格机架服务器，华为第五代服务器。

E系列刀片服务器的命名形式为CHXXX V#，C代表刀片服务器，H 代表Intel平台，第1个X代表尺寸（6或2为全宽，3或1为半宽），第2个X代表CPU数（1为1个CPU，2为2个CPU，4或8为4个CPU），第3个X代表配置序号，V#代表第#代服务器。如CH121 V3：半宽2路刀片服务器，华为第三代服务器。

X系列高密度云服务器的命名形式分两种：XHXXX V# 和DHXXX V#，分别为X6000和X8000两个系列的命名形式，形式含义同E系列刀片服务器。如CH621 V2：全宽2路服务器，华为第二代服务器。

2. RH 系列机架服务器

华为RH系列机架推出了初代的机架服务器RH1280、RH2280、RH5480；第一代机架服务器RH1285、RH2285、RH5485等；第二代机架服务器RH1285（RH1288）V2、RH2285（RH2288）V2、RH5485 V2等；第三代机架服务器RH1288 V5、RH2285（RH2288）V5、RH5885 V5、RH8100 V3等；以及第五代机架服务器RH1288H V4、RH2288H（RH5288）V5、RH2488H V5、RH5885H V5等，注意，第五代机架服务器采用新的intel Skylake CPU。

其中RH1285（RH1288）为1U2路由服务器，RH2285（RH2288）为2U2路由服务器，属于工作组级别服务器；RH2485（RH2488）为2U4路服务器，RH5885（RH5885H）为4U4路服务器，属于部门级服务器；RH8100 V3为8U8路服务器，属于企业级服务器。华为第五代机架服务器如图4-23所示。

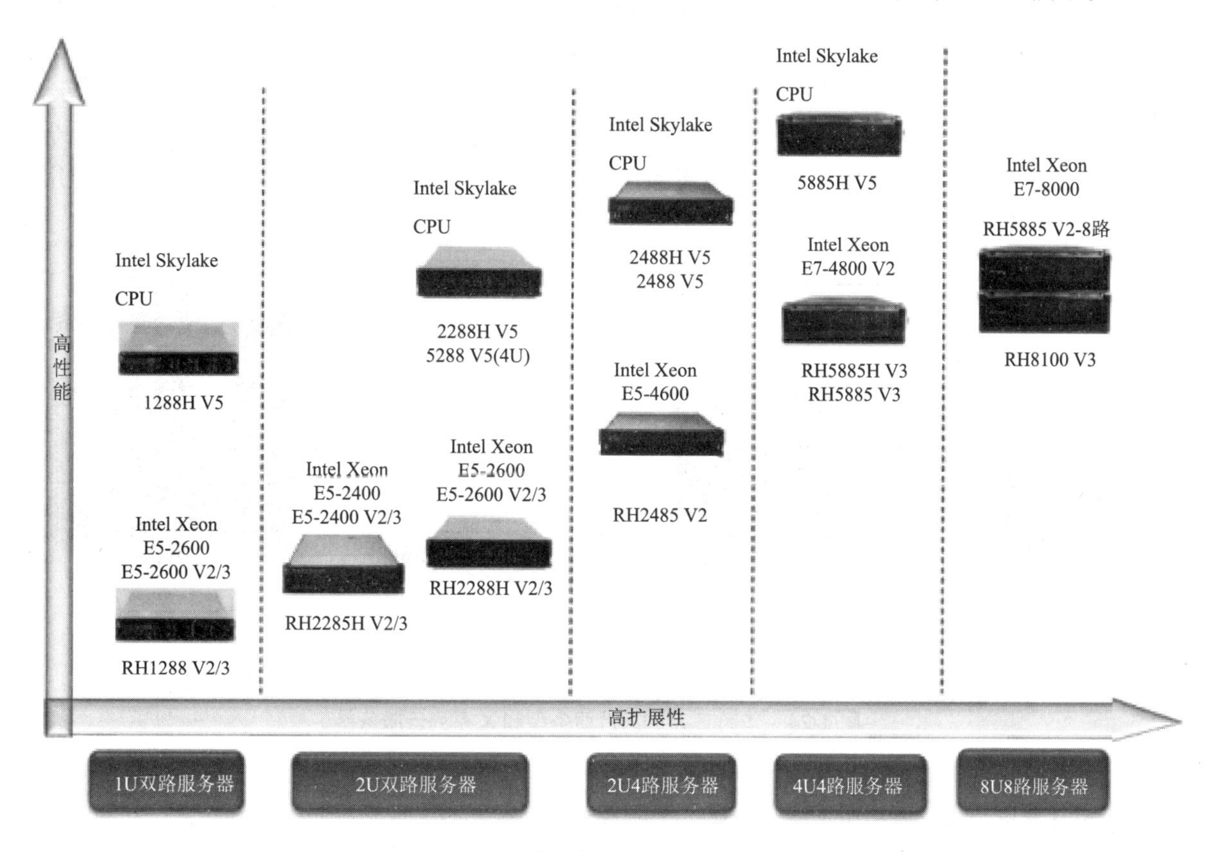

图 4-23　华为第五代机架服务器

3. E系列刀片服务器

华为E系列刀片服务器包括E6000和E9000刀片服务器，如图4-24（a）所示。E系列刀片服务器支持刀片系统（计算节点）和光纤交换模块。

华为E6000刀片服务器包括E6000（2009年第三代刀片服务器）和E6000H（2012年第四代刀片服务器）两种型号，E6000是8U刀片服务器，支持10个BH系列全宽刀片系统和6个NX系列光纤交换模块，采用Intel Xeon E5系列处理器。E6000集成计算、存储、网络和管理于一体，支持运营商和企业高端应用。

华为E9000（2012年）是12U刀片服务器，支持16个半宽CH系列刀片系统和8个全宽BH系列刀片系统，以及4个CX系列光纤模块，支持最多64个Intel Xeon E5-2600处理器。华为E9000是融合结构刀片服务器，能够实现计算、存储、网络和管理的融合，支持运营商和企业高端的核心应用，是企业私有云、高端企业应用、高性能计算的理想选择。

4. X系列高密度云服务器

关于云服务器，没有统一的定义，华为将X系列服务器称为云服务器。华为X系列高密度云服务器包括X6000和X8000两个系列，如图4-24（b）所示。

华为X6000高密度云服务器是华为针对云计算、数据中心、互联网应用推出的优化架构服务器，具有高密度、节点丰富、能效出色的特点。X6000是2U4节点机架式服务器，最大支持8个CPU，相当于4台2U机架服务器，是大中型企业数据中心私有云的首选服务器。另外还有一款X6800高密度云服务器，是4U8节点机架服务器。

华为X8000高密度机柜云服务器是华为针对数据中心、互联网应用推出的机柜级优化架构服务器，具有高密度、省电、快速部署的特点。X8000机柜服务器高44U，最大支持80个半宽计算节点/40个全宽计算节点，最大可达160个CPU，是大企业集团、政府、互联网大数据中心建设的理想选择，可以用于Web服务、互联网服务等。

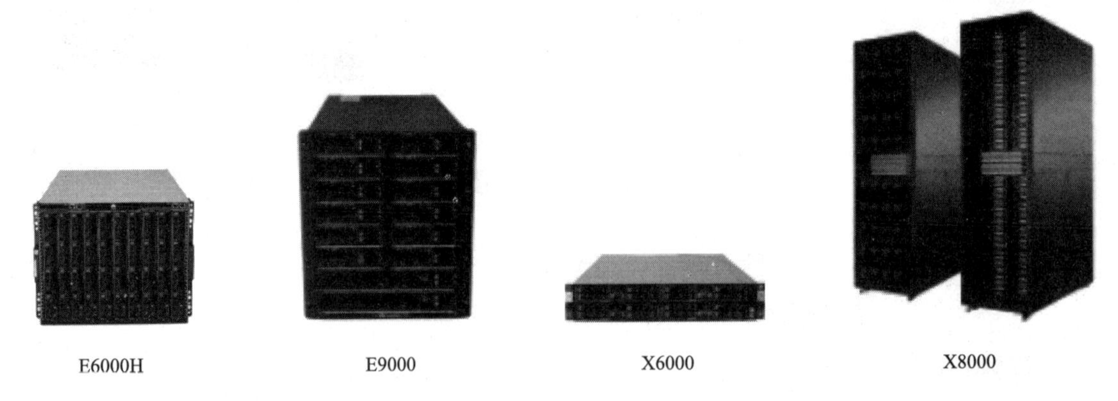

（a）华为E系列刀片服务器　　（b）华为X系列

图4-24　华为E系列刀片服务型和X系列云服务器

4.4.3 服务器选型

根据计算机网络系统中服务器的应用，一般分为公共服务服务器和内部应用服务器。公共服务服务器为全网提供公共信息服务、文件服务和通信服务，由网络中心管理维护，服务对象为网络全局。内部应用服务器是部门业务和网络服务相结合，主要由部门管理维护，如大学的图书馆服务器和企业的财务部服务器。服务器是网络中信息流较集中的设备，其磁盘系统数据吞吐量大，传输速率也高，因此服务器往往要求高带宽接入。对于公共服务服务器和内部应用服务器应结合企业特点、公共服务和业务应用的性质合理选择相应的服务器。

服务器的选择应结合品牌和网络规模。一般情况下，应尽量选择国产品牌服务器。在此基础上，对于小型办公网络，可以选择入门级服务器（1万元左右）；对于中小企业，可以选择入门级服务器或工作组级服务器（5万元左右）；一定规模的中型企业，选择工作组级或部门级服务器，最高4路由处理器（部门级4路由服务器在10万元左右）；对于大中型企业，选择部门级或企业级服务器（企业级完全8路由服务器一般在20万元以上）；对于行业用户，一般选择高性能企业级服务器，处理器在8路以上，价格基本上在30万元左右甚至更高。

4.4.4　网络操作系统选型

网络操作系统是网络上各计算机能有效地共享网络资源，为网络用户提供各种服务的软件和有关规程的集合。目前，局域网使用网络操作系统主要有三类：Windows类、Linux类、UNIX类。Windows和Linux用于IA（Intel Architecture）架构PC服务器，面向中小型网络服务器。UNIX主要面向大型网络高端服务器。

网络操作系统对网络建设的成败至关重要，要依据具体的网络服务和业务应用选择合理的网络操作系统。选择什么操作系统，要看网络系统集成方的工程师以及用户方系统管理员的技术水平和对网络操作系统的使用经验。如果在工程实施中选一些大家都比较生疏的服务器和操作系统，有可能使工期延长，不可预见性费用加大，可能还需要做系统培训，维护的难度和费用也要增加。

另外，同一个计算机网络系统中不需要采用同一种网络操作系统，可结合Windows Server、Linux和UNIX的特点，在网络中混合使用。通常WWW、OA及管理信息系统服务器上可采用Windows Server平台，E-mail、DNS、Proxy等Internet应用可使用Linux或UNIX，这样，既可以享受到Windows Server应用丰富、界面直观、使用方便的优点，又可以享受到Linux/UNIX稳定、高效的好处。

4.5　网络服务器部署

4.5.1　服务器位置

服务器系统是计算机网络的资源子网的关键部分，也是网络应用的平台。服务器在网络中摆放位置好坏直接影响网络应用的效果和网络运行效率。服务器部署一般遵循公共服务器集中部署，业务服务器分散部署的原则。因此，对于大型计算机网络系统，建议公共服务服务器放在网络中心，业务应用服务器适宜放在部门子网中。对于小型网络系统，考虑服务器管理的问题，建议服务器设备集中放置在网络中心，以便维护管理。

4.5.2　服务器部署

1. 中小型网络服务器服务集成部署

小型网络由于缺乏专业的技术人员，资金相对紧张，所以要求服务器必须易于维护，功能齐全，而且还必须考虑资金的限制。对于中小企业各种应用服务配置的服务器，可以选择入门级或工作组级的服务器。也可以采取通过减少低档服务器数量，提高服务器档次和硬件配置，将网络中所需的所有服务集成到少数几台较高档次服务器上，避免购买数量过多的低档服务器。比如，把对磁盘系统要求不高但对内存和CPU要求较高的DNS、Web服务，与对磁盘系统要求较高但对缓存和CPU要求较低的文件服务（FTP）安装在一台配置中等的部门级服务器内。把对硬件整体性能要求较高的数据库服务，与对硬件整体性能要求不高的E-mail服务安装在一台较高配置的高档部门级服务器上，等等。

2. 中型网络服务器应用相关性部署

中型网络注重实际应用，可以采用功能相关性配置方案，即将相关应用集成在一起。可以将一组相关的应用部署到一台服务器上，例如，远程网络应用主要是Web平台，Web服务器需要频繁地与数据库服务器交换信息，把Web服务和数据库服务安装在一台高档服务器内，可以提高效率，减轻网络I/O负担；也可以把一组相关应用系统部署到一个服务器群组上，例如，对于企业网络，可能需要一些工作流应用系统（如OA系统的公文审批流转、文件下发等），需要依赖E-mail服务时，可以采用服务器群组，把OA系统、E-mail和News等服务部署在服务器群组上。

3. 大中型网络服务器群集部署

大中型网络应用场合要求系统安全可靠、稳定高效。大型企业网站需要向用户提供多种服务，建设先进的电子商务系统，甚至需要向用户提供免费E-mail服务、免费软件下载、免费主页空间等。所以要求网站服务器必须能够满足全方面的需求、功能完备、具有高度的可用性和可扩展性，保证系统连续稳定地运行。如果服务器数量过多则会为管理和运行带来沉重负担，导致环境恶劣。为此，可以采用机架式服务器，将Web、E-mail、FTP等应用均采用负载均衡集群系统，以提高系统的I/O能力和可用性；数据库及应用服务器系统采用容错高、可用性高的系统，以提高系统的可靠性和可用性。

4.6 互联网接入设计

互联网接入的目的是实现用户与用户、用户与Internet、企业与Internet之间的连接。目前接入技术非常多，可以是有线的，也可以是无线的；可以是构建在电信网上的，也可以不构建在电信网上。这里按照介质可以分为五类，分别是电话线接入、混合光纤同轴电缆接入、光纤接入、双绞线接入、无线接入等。

下面首先介绍几种网络接入方式，然后结合具体网络结构和规模进行网络接入设计。

4.6.1 电话线接入

电话线接入是以原有电话铜线为通信介质，通过技术改造，采用新设备，挖掘线路潜力，实现新业务，包括：MODEM（modulator-demodulator，调制解调器）拨号接入、ISDN（integrated service digital network，综合业务数字网）接入、DSL（digital subscriber loop，数字用户环路）接入。

① MODEM拨号接入，是采用公用电话交换网（PSTN）通过调制解调器连接拨号连接上网，电话线数据传输采用模拟信号，数据传输速率最高为56 kbit/s。

② ISDN接入，是将传统模拟电话线进行数字化改造，采用2个B信道（64 kbit/s）和1个D信道（14 kbit/s）的基本速率接口，是利用电话线的传输速率达到144 kbit/s，提供端到端的数字化传输。

③ DSL接入，采用电话线不占用电话通信的频段，不需要缴纳另外的电话费。DSL有多种接入技术，比如ADSL、RADSL、VDSL、HDSL、SDSL、IDSL、UDSL、MVDSL、G.SHDSL等。主要分为两种类型：对称用户数据线和非对称用户数字线。

- 对称用户数据线，用于双向通信速率要求一致的应用情况，比如HDSL（高速数字用户线）、SDSL（单对数字用户线）、G.SHDSL（通用单线对高速数字用户线）等。HDSL采用两对电话铜线，提供上下行相同的速率，传输距离为5.5 km左右，最高速率达到2.048 Mbit/s；SDSL采用单对电话线，提供上下行相同的速率，传输距离为1.5 km左右，最高速率达到2.048 Mbit/s；G.SHDSL是由国际电信联盟（ITU）开发的，华为AR G3路由器支持此项技术，传输距离6 km左右，分为单对2.3 Mbit/s、两对4.6 Mbit/s、4对9.2 Mbit/s三种形式。
- 非对称用户数字线，用于双向通信速率要求不一致的应用情况，比如ADSL（非对称数字用户线）、RADSL（自适应非对称数字用户线）、VDSL（甚高速数字用户线）等。ADSL采用一对电话铜线，传输距离为5.5 km左右，可以提供高达8 Mbit/s的高速下行速率，1 Mbit/s的上行速率。RADSL是ADSL的一种变型，工作开始时调制解调器先测试线路，把工作速率调到线路所能处理的最高速率。RADSL（rate automatic adapt digital subscriber line，速率自适应数字用户线路）是一个以信号质量为基础调整速度的ADSL版本，许多ADSL技术实际上都是RADSL。VDSL（甚高速数字用户线），它可以看作是ADSL的快速版本，提供的速率可以达到ADSL的5～10倍。另外，根据市场或用户的实际需求，VDSL上下行速率可以设置成对称的，也可以设置成不对称的。

由于技术的发展，目前电话线接入主要采用DSL方式接入。对称数字用户线用于双向通信速率要求一致的应用情况，主要用于企业点对点应用业务，如文件传输、视频会议等。非对称用户数字线比较适合于网络浏览、视频点播等业务，这些业务用户下载信息往往比上载信息要多很多，如家庭上网用户就可以采用非对称用户数据线。对称用户数据线与非对称用户数据线相比，非对称用户数字线的应用更广泛。国内应用最广泛的电话线接入技术是ADSL，这里主要介绍ADSL技术。

1. ADSL 技术

（1）ADSL工作流程

ADSL使用普通电话线作为传输介质，它的基本工作流程是这样的：经ADSL调制解调器编码后，通过电话线传送到电话局，再经过一个信号识别/分配器，如果是语音信号就传到电话交换机上，如果是数字信号就传送到DSLAM（数字用户线复用器）接入Internet，ADSL基本原理如图4-25所示。

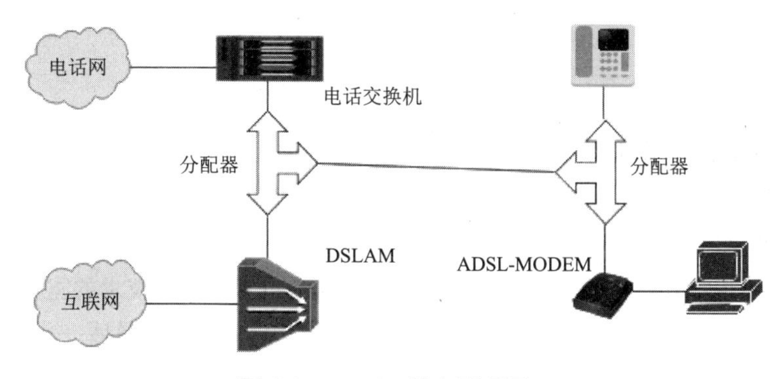

图 4-25 ADSL 基本原理图

（2）ADSL的信道划分

ADSL把电话线的1.1 MHz频带分成256个频宽为4.3 kHz的信道：信道0为电话信道；信道1～5没有使用，用于将语音与数字信号分开；另外250信道中，一个信道用于上行控制，一个信道用于下行控制，其余248信道用于传输数据。下行信道数一般占80%～90%，上行信道数一般占10%～20%，如图4-26所示。

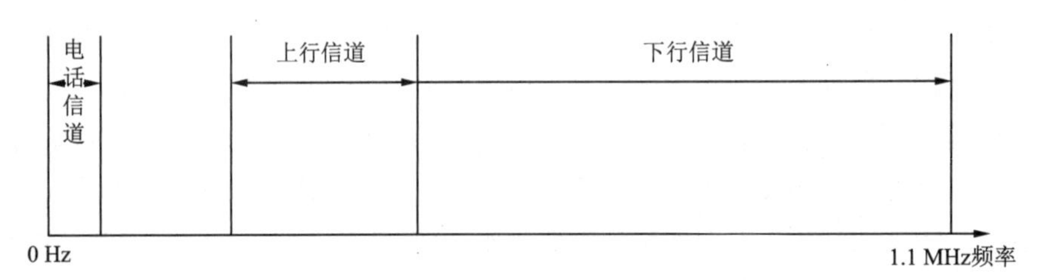

图 4-26　ADSL 的信道划分

（3）ADSL传输标准

ADSL有多个传输标准，主要由ANSI和ITU组织制定，包括ANSI T1.413 ISSUEII、ITU G.992.1（G.DMT）、ITU G.992.1（G.DMT）、ITU G.992.2（G.Lite）、ITU G.992.3、ITU G.992.4、ITU G.992.5等。

现在比较成熟的ADSL标准有两种：ITU G.992.1（G.DMT）、ITU G.992.2（G.Lite）。G.DMT采用特殊的调制技术DMT（discrete multitone，离散多音复用），是全速率的ADSL标准，支持8 Mbit/s/1.5Mbit/s的高速下行/上行速率，但是，G.DMT要求用户端安装POTS分离器，比较复杂且价格昂贵；G.Lite也被称为“consumer asymmetrical DSL”（消费者ADSL），G.Lite标准速率较低，下行/上行速率为1.5 Mbit/s/512 kbit/s，但省去了复杂的POTS分离器，成本较低且便于安装。就适用领域而言，G.DMT比较适用于小型或家庭办公室（SOHO），而G.Lite则更适用于普通家庭用户，如图4-27所示。

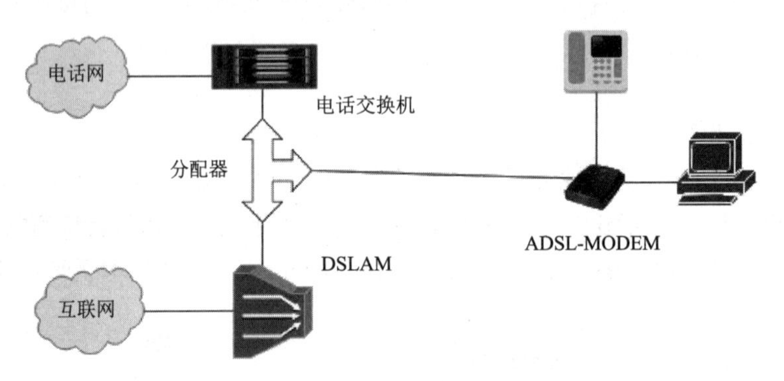

图 4-27　G.Lite 接入方式

4.6.2　混合光纤同轴电缆接入

混合光纤同轴电缆网（hybrid fiber-coax，HFC）是在有线电视网络（CATV）基础上发展起来的一种宽带网络。HFC网络又称为“Cable Modem”网，区别于有线电视网。HFC网络是以模拟频分复用技术为基础，综合应用模拟和数字传输技术、光缆、同轴电缆技术、射频技术的宽带接入网络，如图4-28所示。HFC网络采用光纤到服务区光分配节点（ODU），而在进入用户的最后一公里采用同轴电缆。

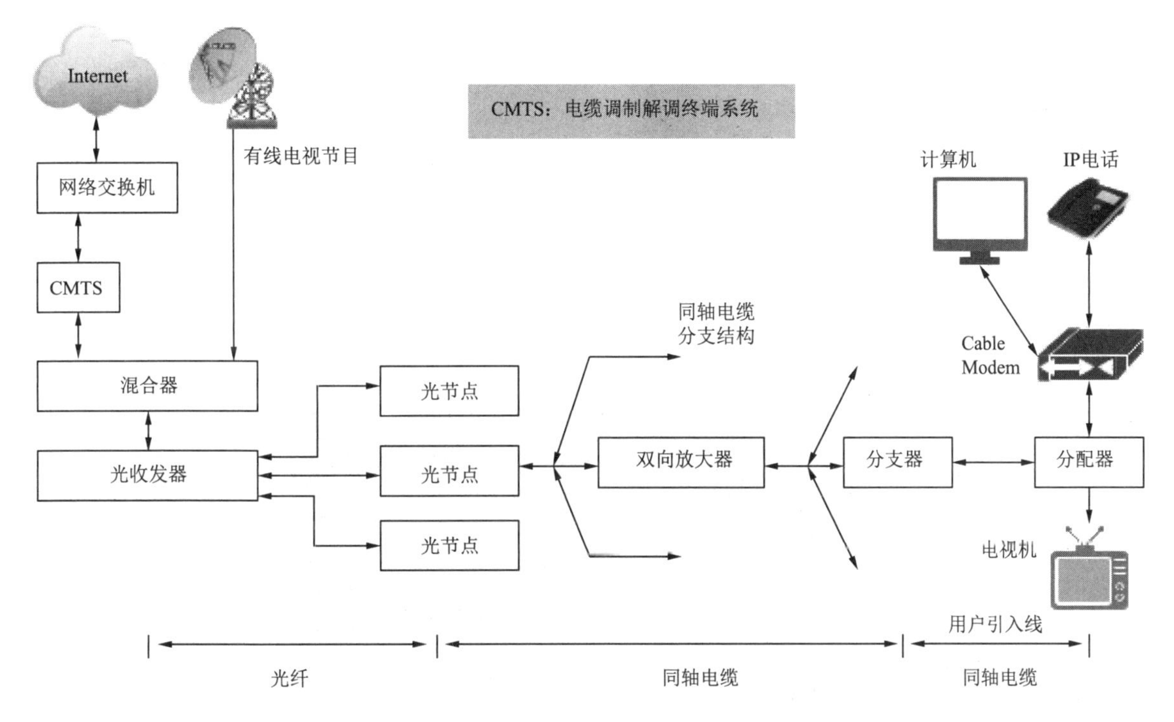

图 4-28　混合光纤同轴电缆接入示意图

1. HFC 系统结构

HFC网络由局端系统、HFC网络、用户端系统部分组成。其中局端系统由CMTS（cable modem terminal systems，电缆调制解调器终端系统）、信号混合器组成；HFC网络由激光发射器、光缆、光分配节点、同轴电缆、同轴电缆放大器、分支器等组成；用户端系统由分配器、Cable Modem等组成。

CMTS：用于将网络数据转换成RF信号，提供有网络接口、上下行RF通道。CMTS设备如图4-29所示。

信号混合器：用于将不同频率的射频信号混合，形成宽带射频信号。

激光发射器：用于将宽带射频信号转换成光信号，将光信号发射至光纤。

光节点：也称光分配节点，用户将光信号转换成电信号，并将电信号放大后传输至同轴电缆网络中。

同轴电缆放大器：负载完成同轴电缆信号放大，并传输至用户家中。

分支器：分支器的输出是不均衡的，主干信号强，支路信号弱。

分配器：将输入信号平均分成相等的几份，以相同的信号强度输出到各个端口，使端口相互隔离，互不干涉。

图 4-29　CMTS 设备

电缆调制解调器（cable modem，CM）中，Cable是指有线电视网络，Modem是调制解调器。电缆调制解调器（见图4-30）串接在用户家的有线电视电缆插座和上网设备之间。它把用户要上传的上行数据，在5～65 MHz之间频率以QPSK（quadrature phase shift keying，正交相移键控）或16QAM（quadrature amplitude modulation，正交振幅调制）的调制方式调制之后向上传送，上行信道带宽一般在200 kbit/s到2 Mbit/s左右。它把从头端发来的下行数据，在108～862 MHz之间（数据信号下行信道550～862 MHz）频率以64QAM或256QAM的调制方式调制之后下发到用户。下行信道带宽一般在3～10 Mbit/s之间，最高可达36 Mbit/s。

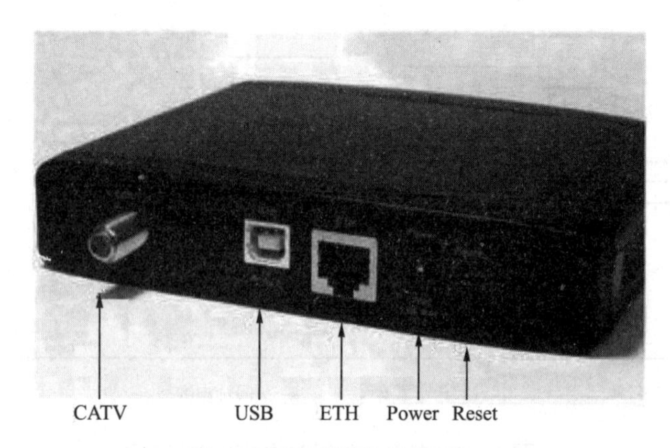

图 4-30　电缆调制解调器

2. HFC 网络波段划分

HFC网络波段共分为三个波段：上行信号波段（6～65 MHz）、下行广播业务波段（87～108 MHz）、下行信号波段（108～1 000 MHz）。下行信号波段提供模拟电视（108～550 MHz）、数字电视（550～862 MHz）和数据业务。以上每个频道间隔为8 MHz，频段划分如图4-31所示。

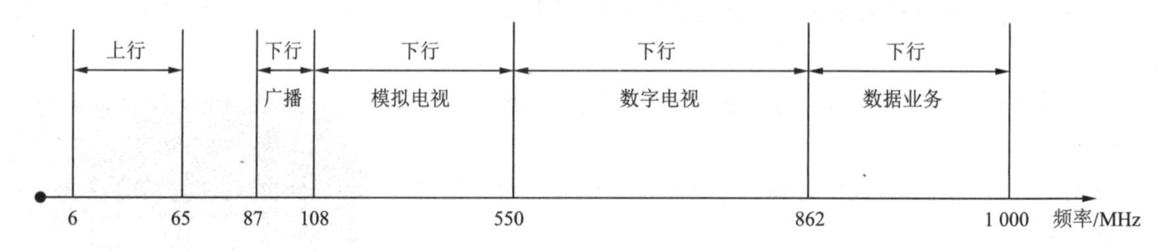

图 4-31　HFC 网络波段划分

4.6.3　光纤接入

光纤接入网（optical access network，OAN），又称为“光接入网”，是指用光纤作为主要的传输媒体利用基带数字传输技术使用户设备可以接入计算机网络实现信息传送的网络。引入光纤接入网络的目的是减少铜缆线维护费用，支持新业务，以及改进用户接入网络的性能。

1. 光纤接入网分类

根据接入网室外传输设备是否含有源设备，OAN可以分为无源光网络（PON）和有源光网络（AON），无源光网络采用光分路器分路，有源光网络采用电复用器分路，但ITU更注重PON的发展。

（1）有源光网络

有源光网络主要包括：基于SDH的AON，基于PDH的AON，基于MSTP的AON，基于以太网的AON等。有源光网络主要用于采用SDH技术的主干网，以及采用光纤通信的千兆以太网、万兆以太网等。对于大中型企业，企业互联网接入可以采用千兆以太网接入甚至万兆以太网接入，也可以采用SDH技术的光纤接入。

（2）无源光网络

无源光网络主要包括：APON（ATM PON，异步传输模式无源光网络）、GPON（gigabit PON，吉比特无源光网络）、EPON（ethernet PON，以太网无源光网络）、GEPON（gigabit ethernet PON，吉比特以太网无源光网络）等。其中APON和GPON是由ITU FSAN（full service access network，全业务接入网协会）制定的无源光网络标准。EPON和GEPON是由IEEE成立的EFM（ethernet for the first mile）研究组制定的无源光网络标准，属于IEEE以太网协议标准范围，即IEEE802.3ah规范。

无源光网络的GPON和GEPON在目前都得到了广泛应用。GPON定位于电信的面向多业务、具备QoS保证的全业务接入。GEOPN兼容目前的以太网技术，是IEEE802.3协议在光纤接入网上的延续，充分继承以太网价格低、技术成熟等优势，具有广泛的市场和良好的兼容性。两者都有各自的技术特点和应用领域，都有典型的应用环境。下面简要介绍基于以太网协议的GEPON技术。

2. GEPON 技术

GEPON技术同GPON一样，采用点到多点的用户网络拓扑结构，利用光纤实现数据、语音、视频的全业务接入。GEPON在用户接入网络中传送以太网帧数据，非常适合IP业务的传送，且基于以太网技术的元器件结构比较简单，性能高价格便宜，因此更加适合大规模商业化，GEPON成为最重要的FTTH（光纤到家）技术。

GEPON主要由中心局的光线路终端、光分配网（ODN）、光分路器（splitter）、光网络终端及网元管理系统（EMS）组成，其中OLT和ONU是光接入网络的核心部件。如图4-32所示，GEPON网络采用点到多点拓扑结构，取代点到点结构，大大节省了光纤的用量、管理成本。

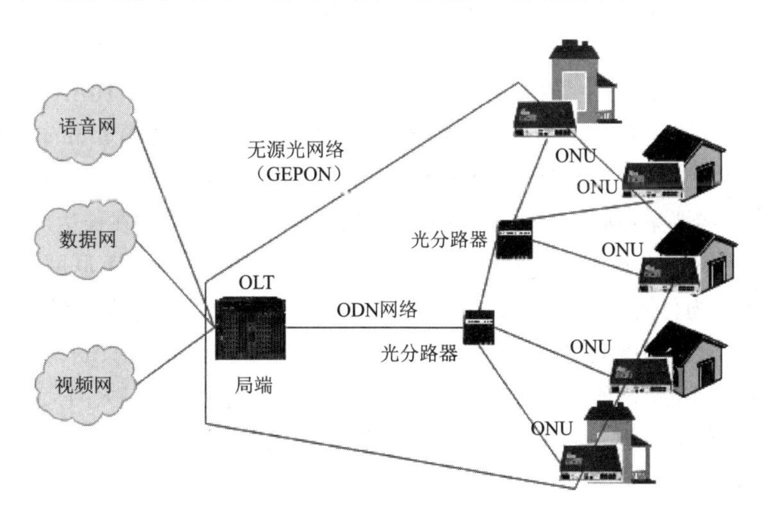

图 4-32　GEPON 无源光网络

光线路终端（OLT）：光接入网的核心部件，相当于传统通信网中的交换机或路由器，同时也是一个多业务提供平台。一般放置在局端，提供面向用户的无源光纤网络的光纤接口，如图4-33所示。

光网络单元（ONU）：光网络中的用户端设备，放置在用户端，与OLT配合使用，实现以太网二层、三层功能，为用户提供语音、数据和多媒体业务，如图4-34所示。

图 4-33　光线路终端

图 4-34　光网络单元

4.6.4　双绞线接入

双绞线主要用于组建基于以太网技术的局域网。双绞线连接距离一般不超过100 m，适合用作局域网中的桌面接入，以及建筑物结构化布线系统中的水平布线子系统。

以太网指的是由Xerox公司创建并由Xerox、Intel和DEC公司联合开发的基带局域网规范，是当今现有局域网采用的最通用的通信协议标准。以太网络使用CSMA/CD（载波监听多路访问及冲突检测）技术，并以10/100/1 000 Mbit/s的速率运行在多种类型的电缆上，包括标准的以太网、快速以太网、1 000 M以太网和10 G以太网等，可以采用同轴电缆、双绞线、光缆等传输介质。

当下全球企事业用户的90%以上都采用以太网技术，并通过双绞线接入。采用以太网技术的双绞线接入已成为企事业用户的主导接入方式。采用双绞线的以太网包括10BASE-T、100BASE-TX和1000BASE-T（吉比特以太网），速率分别为10 Mbit/s，100 Mbit/s和1 000 Mbit/s。这三种标准都使用相同的连接头，更高速的设计几乎都兼容较低速的标准，因此不同速率标准的设备可以自由混合使用。双绞线包含四对线缆，接头采用8个触点的水晶头。按照标准，双绞线都能在长达100 m以内的距离正常运作。由于它的传输距离比较短，因此双绞线不适合作为连接线路用于连接互联网。

以太网也不能作为公用电信网接入方式，主要问题是目前以太网还没有机制保证端到端性能，无法提供实时业务所需要的服务质量QoS和多用户共享节点及网络所必需的计费统计能力。其次，以太网尚不能提供电信级公用电信网所必需的硬件和软件可靠性，特别是由于以太网交换机的光口以点到点方式直接相连，省掉了传输设备，不具备内置的故障定位和性能监视能力，使以太网中发生的故障难以诊断和修复。最后，以太网也不能像SDH那样分离网管信息和用户信息，安全性也不如SDH网。

4.6.5　无线接入

无线接入是对有线接入的补充。最常见的应用，比如笔记本电脑无线上网、手机无线上网等。总体来说，无线接入包括计算机网络无线接入技术和电信移动无线接入技术。计算机数据通信的无线技术包括WPAN、WLAN、WMAN、WWAN技术。电信移动无线接入技术属于WMAN技术，主要包括3G、4G、5G等技术。

1. 计算机网络无线接入技术

（1）无线个人区域网（WPAN）

WPAN主要是IEEE802.15技术标准，包括蓝牙（Bluetooth，IEEE802.15.1）技术、ZigBee（IEEE802.15.4）技术。蓝牙可实现固定设备、移动设备和楼宇个人域网之间的短距离数据交换，工作在2.4～2.485 GHz。ZigBee是一种新兴的近距离、低复杂度、低功耗、低数据速率、低成本的无线网络技术，工作在2.4 GHz和868/915 MHz。它们主要用于短距离无线通信，一般传输距离为10 m左右，传输速率较低（<250 kbit/s）。

（2）无线局域网（WLAN）

WLAN主要是IEEE802.11技术标准。无线局域网包括家用射频工作组提出的Home RF、Bluetooth、美国的802.11协议、欧洲的HiperLAN2。基于IEEE802.11标准的无线局域网允许在局域网络环境中使用可以不必授权的ISM（industrial scientific medical，工业科学医学）频段中的2.4GHz或5GHz射频波段进行无线连接。WLAN802.11协议有多个标准，包括IEEE802.11a/b/g/n/ac等，也称Wi-Fi（wireless fidelity，无线保真）技术。一般无线传输距离在100 m左右，目前主流IEEE802.11n传输速率在300 Mbit/s左右。

WLAN的出现是为了解决有线网络无法克服的困难。WLAN适用于很难布线的地方（比如受保护的建筑物、机场等）或者经常需要变动布线结构的地方（如展览馆等），主要采用无线局域网技术。

WLAN的基本网络组件包括：客户端适配器（无线网卡）、接入点AP（基站）、无线网桥、无线路由器、天线（全向性和定向性）、无线集中控制器等。

WLAN基本组网方式包括：

① 点对点模式（AD-hoc）：无线自组网络。

② 基础架构模式（infrastructure）：基本服务集BSS模式。

③ 多AP模式：扩展服务器集ESS模式。

④ 无线网桥模式：顾名思义就是无线网络的桥接，它利用无线传输方式实现在两个或多个网络之间搭起通信的桥梁；无线网桥从通信机制上分为电路型网桥和数据型网桥。

⑤ 无线中继模式：是无线AP在网络连接中起到中继的作用，能实现信号的中继和放大，从而延伸无线网络的覆盖范围。

⑥ 瘦AP+无线集中控制器的集中式组网：适合大面积多AP的部署无线网络场景。通过无线集中控制器AC，采用CAPWAP协议对多个瘦AP进行集中管理。

无线局域网主要采用两种组网方式，基础架构模式的组网方式和瘦AP+无线集中控制器组网模式，可以根据无线网络的规模，合理选择无线组网方式。

（3）无线城域网（WMAN）

WMAN主要是IEEE802.16技术标准。WMAN技术包括非标准化的LMDS（local multipoint distribution services，本地多点分配业务）、MMDS（multichannel microwave distribution system，多路微波分配系统），以及标准化的WiMAX（worldwide interoperability for microwave access，全球微波互联接

入）技术。WiMAX是指IEEE802.16技术标准等。

① LMDS技术。LMDS技术利用高频率、高容量、点对多点、视距微波传输等技术，可以提供双向话音、数据及视频图像业务，能够实现从N×64kbit/s（N=1～32）到2 Mbit/s，甚至高达155 Mbit/s的用户接入速率，具有很高的可靠性。LMDS工作频段很高，一般在20～40 GHz（不同国家标准不同），可用带宽为1 GHz以上，其信号适宜用户比较密集的近距离视距传输，一般在5 km范围内。依据其技术特点，LMDS适用于人口密集、通信业务量大的城市主干网至用户终端的无线接入。该技术享有“无线光纤”的美誉，LMDS技术在我国由电信部门支持。

② MMDS技术。MMDS技术是一种无线电视系统技术，最初用于传输单相无线电视信号。1998年，FCC（美国联邦通信委员会）批准运营商采用双向的数据业务传输。近来，MMDS的高速数据接入的发展促进了MMDS的发展。MMDS工作频率在2.5～3.5 GHz，带宽在200 MHz左右，传输速率大致为100 MHz频率带宽，能够提供300～400 kbit/s的数据带宽。相对于LMDS来说，MMDS工作频率低，传输速率低，绕过障碍物的能力比LMDS强，受雨天影响比LMDS小。根据其技术特点，MMDS适于用户相对分散、传输距离在50 km范围内、用户比较少的地区。MMDS技术在我国是由广电部门支持的。

③ WiMAX技术。WiMAX是一个基于开放标准的技术，又称为802.16无线城域网，工作频段采用的是无须授权频段，范围在2～66 GHz，频道带宽可根据需求在1.5～20 MHz范围进行调整，能提供面向互联网的高速连接，第一代WiMAX数据传输速率可高达70 Mbit/s，数据传输距离最远可达50 km。但WiMAX没有全球统一的工作频段，在中国也没有获得频段资源。

WiMAX技术中IEEE802.16标准分为IEEE802.16a、IEEE802.16c、IEEE802.16d、IEEE802.16e、IEEE802.16f、IEEE802.16g、IEEE802.16m等多个标准，其中代表性的有IEEE802.16d、IEEE802.16e、IEEE802.16m。IEEE802.16d、IEEE802.16e等标准在IEEE的正式名称为Wireless MAN，而IEEE802.16m的正式名称为Wireless MAN-Advanced。

- IEEE802.16d（IEEE802.16-2004）：固定无线接入，面向企业用户，提供长距离传输。固定式WiMAX系统包括基站（base station，BS）、用户站（customer premise equipment，CPE）以及网管系统等主要部分，构成点到多点的星状拓扑结构。基站和用户站之间的空口遵循IEEE802.16d规范，定位于最后一公里的接入，结构简洁。
- IEEE802.16e（IEEE802.16-2004）：也称移动WiMAX，定位于个人用户，支持用户在移动状态下宽带接入，支持高于120 km/h的移动速度。基于IEEE 802.16e的移动WiMAX技术物理层采用了MIMO（multiple-input multiple-output，多进多出技术）以及OFDMA（orthogonal frequency division multiple access，正交频分多址）等先进技术，可以提供较好的移动宽带无线接入。2007年10月19日，国际电信联盟在日内瓦举行无线通信全体会议上，经过多数国家通过，移动WiMAX正式成为继WCDMA、CDMA2000和TD-SCDMA之后的第四个全球IMT-2000（3G）国际标准。
- IEEE802.16m（IEEE802.16-2007）：也称为Wireless MAN-Advanced 或WiMAX2，是继IEEE802.16e后的第二代移动WiMAX国际标准。从总体上看，IEEE802.16m的平均用户吞吐量比IEEE802.16e的平均用户吞吐量要大很多，在只承载数据业务时，IEEE802.16m的上下行平均用户吞吐量要比IEEE802.16e大两倍以上。对终端移动性的支持方面，IEEE802.16m比802.16e有很大的增强，系统将支持移动速率高达350 km/h的终端用户的接入及正常通信。IEEE802.16m是为了满足人们对无线传输速率日益增长的需求和高速移动性的要求而出现的下一代无线标准，其核心技术采用了OFDMA多址技术和MIMO天线技术。2012年1月18日，国际电信联盟在无线电通信全会全体会议上，正式审议通过将LTE-Advanced和WirelessMAN-Advanced（WiMAX2）技术规范确立为IMT-Advanced（4G）国际标准，我国主导制定的TD-LTE-Advanced和欧洲标准化组织3GPP主导的FDD-LTE-Advance同时成为IMT-Advanced国际标准。

注意：LMDS技术和MMDS技术分别得到部分地方电信公司和地方广电部门的支持，LMDS和MMDS的技术和产品都获得了一定范围的应用。但是，由于各厂商提供的设备采用了私有协议，无法实现互联互通，从而加大了终端成本，大规模应用受到限制。

WiMAX推行的IEEE802.16标准是一种开放的宽带无线接入技术，它在具有高速率数据传输优势的同时，兼具移动性，其中移动WiMAX（IEEE802.16e）在2007年成为IMT-2000（3G）国际标准；第二代移动WiMAX（IEEE802.16m）在2012年成为IMT-Advanced（4G）国际标准，同时也得到华为、中兴等公司的支持并组建部分WiMAX网络。

（4）无线广域网（WWAN）

无线广域网的重要标准是IEEE802.20技术标准。IEEE802.20也称为MBWA（mobile broadband wireless access，移动宽带无线接入），是为了实现高速移动环境下的高速率数据传输，以弥补IEEE802.1x协议族在移动性上的劣势。IEEE802.20技术可以有效解决移动性与传输速率相互矛盾的问题，它是一种适用于高速移动环境下的宽带无线接入系统空中接口规范，其工作频率小于3.5 GHz。IEEE802.20工作组的这些早期研究，为WCDMA技术奠定了技术基础。

2. 电信移动无线接入技术

电信移动通信技术包括1G、2G、3G、4G、5G技术。1G和2G技术主要用于语音通信，不适合作为互联网接入技术。3G、4G、5G既可以用于语音通信，也可以用于数据通信，还可以用作互联网接入。电信移动无线接入技术应属于WMAN技术，包括1G、2G、3G、4G、5G技术。下面分别简要介绍。

（1）1G（first generation）

第一代移动通信技术，以模拟技术为基础的蜂窝无线电话系统。FDMA（frequency division multiple access，频分多址）技术是第一代移动通信的技术基础，1G无线系统在设计上只能传输语音流量，2.4 kbit/s传输速率。1995年第一代模拟制式手机问世。AMPS（advanced mobile phone system，高级移动电话系统）为1G网络的典型代表。

（2）2G（second generation）

第二代移动通信技术，以数字语音传输技术为核心。2G技术分为两种：一种是基于TDMA（time division multiple access，时分多址）技术所发展出来的以GSM（global system for mobile communication，全球移动通信系统），工作频率900～1 800 MHz，提供9.6 kbit/s的传输速率；另一种是CDMA（code division multiple access，码分多址）技术为规格的移动通信系统，具有8 kbit/s（IS-95A）或64 kbit/s（IS-95B）传输速率。为支持手机数据业务，2G时代产生了3G的过渡技术，主要包括在GSM下的GPRS技术（general packet radio service，通用分组无线服务技术）和EDGE技术（enhanced data rates for global evolution，GSM演进的增强数据速率）。GPRS的传输速率可达56～114 kbit/s。EDGE技术的传输速率可达384～500 kbit/s。从2G到3G的过渡技术又称为2.5 G技术。利用2.5 G技术，手机可以浏览WAP（wireless application protocol，无线应用协议）网站信息。2018年4月，联通正式关闭2G网络。

（3）3G（3rd generation）

第三代移动通信技术，是指支持高速数据传输的蜂窝移动通信技术，CDMA技术是第三代移动通信系统的技术基础。国际电信联盟（ITU）在2000年5月全会批准通过了IMT-2000的无线接口技术规范（RSPC）建议，基于CDMA技术的三个标准被ITU接纳，形成了3G的三大标准，即WCDMA、CDMA2000和TD-SCDMA，2007年，又批准WiMAX成为3G标准。ITU划分了230 MHz带宽给IMT-2000，其中1 885～2 025 MHz及2 110～2 200 MHz频带为全球基础上可用于IMT-2000的业务。3G能够同时传送声音及数据信息，3G技术对数据传输速率的基本要求是高速移动环境速率达到144 kbit/s，室外步行环境速率达到384 kbit/s，室内环境为2 Mbit/s。2009年1月7日，工业和信息化部为中国移动、中国电信和中国联通发放三张第三代移动通信（3G）牌照，此举标志着中国正式进入3G时代。3G牌照的发放方式是：中国移动获得TD-SCDMA牌照，中国电信获得CDMA2000牌照，中国联通获得WCDMA牌照。

（4）4G（4th generation）

第四代移动通信技术。4G的关键技术包括OFDMA（正交频分多址）、MIMO（多进多出）等技术，并采用基于IP协议的分组核心网EPC（evolved packet core）。4G集3G与WLAN于一体，并能够快速传输数据、高质量、音频、视频和图像等。4G标准的LTE频段非常多，在国内LTE分为四个频段：A频段、D频段、E频段和F频段，它们的频率范围依次为2 010～2 025 MHz、2 570～2 620 MHz和2 320～2 370 MHz、1 880～1 920 MHz。4G能够以100 Mbit/s以上的速度下载，比目前的家用宽带ADSL快很多，并能够满足几乎所有用户对于无线服务的要求。此外，4G可以在DSL和有线电视调制解调器没有覆盖的地方部署，然后再扩展到整个地区。4G有着不可比拟的优越性。2013年12月4日下午，工业和信息化部向中国移动、中国电信、中国联通正式发放了第四代移动通信业务牌照（4G牌照），中国移动、中国电信、中国联通三家均获得TD-LTE牌照，此举标志着中国电信产业正式进入了4G时代。

国际电信联盟在2012年将LTE-Advanced和WirelessMAN-Advanced（802.16m）技术规范确立为IMT-Advanced（4G）国际标准。但大部分建设4G网络的运营商选用的是LTE-Advanced技术。

LTE（long term evolution，长期演进）技术是由3GPP（3rd generation partnership project，第三代合作伙伴技术）组织制定的通用移动通信系统技术标准的长期演进，于2004年12月正式立项并启动。LTE引入了OFDMA和多天线MIMO等关键传输技术，显著增加了频谱效率和数据传输速率（峰值速率能够达到上行50 Mbit/s，下行100 Mbit/s），并支持多种带宽分配：1.4 MHz，3 MHz，5 MHz，10 MHz，15 MHz和20 MHz等，频谱分配更加灵活，系统容量和覆盖显著提升。LTE无线网络架构更加扁平化，减小了系统时延，降低了建网成本和维护成本。LTE的技术指标与4G非常接近，与4G相比较，除最大带宽、上行峰值速率两个指标略低于4G要求外，其他技术指标都已经达到了4G标准的要求。

为了满足IMT-Advanced 的性能要求，3GPP推出了LTE-Advanced，LTE-Advanced是对LTE技术的演进。采用技术包括载波聚合技术（carrier aggregation）、增强型上下行MIMO技术、协作多点传输与接收技术（coordinated multiple point transmission and reception，CoMP）、中继（Relay）技术等。在LTE-Advanced技术指标中，每个4G信道占用100 MHz带宽，峰值速率为下行1 Gbit/s，上行500 Mbit/s；峰值频谱效率为下行30 bit/s/Hz，上行15 bit/s/Hz。

根据双工方式不同，LTE系统分为TDD-LTE（time division duplexing）和FDD-LTE（frequency division duplexing）。TDD代表时分双工，上下行在同一频段上按照时间分配交叉进行；FDD代表频分双工，是上下行分处不同频段同时进行。这两种制式的不同点，也是各自的优缺点。TDD因为上下行在同一频段上，所以可以更好利用频谱资源，更易于布置;FDD因为上下行在不同频段同时进行，各行其是，所以数据传输能力更强，但对频谱资源的要求更高。

TDD-LTE是由中国主导的，由TD-SCDMA演进而来，FDD-LTE是由WCDMA演进而来。我国于2013年12月4日首先发放TDD-LET牌照。2015年，工信部向中国电信、中国联通发放FDD-LTE牌照。2018年4月3日，工信部向中国移动颁发了FDD-LTE牌照。目前三家电信运营商都拥有了TDD-LTE和FDD-LTE牌照。

注意：*4G技术中，TDD-LTE技术在我国政府的支持下，2014年得到了大量应用。全球采用TDD频谱的运营商也开始选择TDD-LTE技术。主流的WiMAX运营商（如Sprint）明确将演进到TDD-LET技术，也就是说，后期采用WiMAX2技术的网络将升级到WiMAX2.1，也就是TDD-LTE。*

（5）5G（5th generation）

第五代移动通信技术，是4G之后的延伸。在2015年无线电通信全会上，国际电联无线电通信部门正式确定了5G的法定名称是“IMT-2020”。2017年，我国工信部无线电管理局规划3 300～3 600 MHz和4 800～5 000 MHz频段作为5G系统的工作频段，其中，3 300～3 400 MHz频段原则上限室内使用。5G网络的理论下行速度为10 Gbit/s。2019年6月，工信部正式向中国电信、中国移动、中国联通、中国广电发放5G商用牌照，中国正式进入5G商用元年。

5G发展的驱动力主要来自两个方面：一是以LTE-advanced技术为代表的4G已全面商用，需要启动新一代移动通信技术的研究：二是随着移动数据需求大量增长，现有移动通信系统难以满足未来发展需要。5G通信的关键技术包括大规模天线技术、新型多址技术、新型信息编码技术、超密集组网技术、设备到设备（D2D）通信技术等。5G通信具有增强移动带宽、低功耗大连接、超高可靠性低延时等特点。国际标准化组织3GPP定义了5G的三大应用场景：分别是增强移动带宽场景（eMBB），如大流量移动宽带业务，侧重于人与人之间的通信；海量机器类通信场景（mMTC），也称大规模物联网业务，如智能家居等，侧重于人与物之间的通信；超高可靠性低延时通信场景（μRLLC），如无人驾驶工业自动化等业务，侧重于物与物之间的通信。

4.6.6 互联网接入

要做好互联网接入，需要首先了解网络规模、网络接入技术，然后才能结合网络规模和网络接入技术合理选择互联网接入方式。

1. 互联网接入方式选择建议

互联网接入可以采用电话线接入、混合光纤同轴电缆接入、光纤接入、双绞线接入、无线接入等多种方式，针对不同的线缆可以采用不同接入技术。表4-5给出各类网络接入方式的选择建议。

表 4-5　各类网络接入方式及选择建议

传输介质	接入技术方式	外网接口	速　率	传输距离	建　议
电话线	ADSL	RJ11	8 Mbit/s/1.5 Mbit/s 1.5 Mbit/s/512 kbit/s	5.5 km	SOHO网络 个人用户
同轴电缆	Cable Modem	CATV接口	10 Mbit/s/2 Mbit/s	10 km	SOHO网络 个人用户
光纤	IP OVER SDH	POS口(STM1)或(STM16)	155 Mbit/s 1.25 Gbit/s	80 km	大中企业
	Gigabit Ethernet	RJ-45或SFP（LC）	1 Gbit/s	5 km	大中企业
	GPON	SC/LC	1.25 Gbit/s	20 km	小型企业 个人用户
	GEPON	SC/LC	1 Gbit/s	20 km	小型企业 个人用户
双绞线	Ethernet	RJ-45	10 Mbit/s/100 Mbit/s /1 Gbit/s	100 m	个人用户
无线	WLAN	RJ-45	300 Mbit/s	100 m	个人用户
	4G	4G上网卡	100 Mbit/s/20 Mbit/s	信号覆盖	中小企业 个人用户

注意：4G基站覆盖半径根据不同应用场景而不同，城区基站间距一般400～800 m左右。

2. 互联网接入技术方案

对于用户分布较为集中的交换式网络，为提高网络的可用性和可靠性，可以考虑通过两条以上链路与互联网连接，同时配置策略路由，提高网络外网访问性能。内部网络通过三层交换机进行互联，一般通过配置NAT配置上网，节省IP地址。

对于用户分散的路由型网络，总部核心层一般考虑设计两条以上链路与互联网连接。总部与分部之间可以通过租用E1线路互联或通过VPN进行互联，为节省开支，一般采用VPN互联。

小结

网络工程物理设计包括结构化布线设计、网络中心设计、网络设备选型（通信子网部分）；网络服务器和操作系统选型、服务器部署规划（资源子网设计）、互联网接入设计等。

结构化布线设计主要介绍了结构化布线的特点、标准；结构化布线的组成；结构化布线介质材料和工具；结构化布线的概要设计和详细设计；重点掌握结构化布线的组成、结构化布线中布线材料的估算。

网络中心设计包含总体设计和详细设计，总体设计主要介绍机房设计目标，中心机房等级、位置面积、布局等内容；详细设计包括环境装饰装修、结构化布线、配供电、接地防雷、空调及新风系统、消防安全、监控管理、机柜布局等主要八个方面。

网络设备选型介绍设备选型原则、交换机选型和路由器选择，重点介绍了华为的交换机和路由器。

服务器与操作系统选型介绍了服务类型和操作系统的类型，以及选型方法。另外还重点介绍了华为服务器选型方法。

网络服务器的部署简要介绍服务器部署位置和部署方法。

互联网接入设计，在介绍互联网接入方式的基础上，给出了互联网接入的选择建议。

习题

1. 计算机网络工程项目中，楼宇结构化布线由哪几部分组成？

2. 依据楼宇中双绞线用量、跳线数量、水晶头数量、信息插座数量的估算方法，依据以下信息，对双绞线、跳线、水晶头、信息插座用量进行估算。假定有一栋8层楼，平均每层80个信息点，最长线路90 m，最短线路20 m，一箱线缆长度为305 m。

3. 简要说明网络中心的设计内容。

4. 简要介绍网络中心机房设计的八大模块。

5. 网络设备选择应遵守哪些原则？

6. 交换机选型要考虑哪些因素？

7. 路由器选型要考虑哪些因素？

8. 分别介绍交换机和路由器有哪些应用档次？

9. 常用的网络类型有哪些，如果进行设备选型？

10. 服务器选型要考虑哪些因素，服务器器有哪些应用档次？

11. 网络操作系统有哪些类型，如何选择操作系统？

12. 常用互联网接入用哪几种方式？

第5章 网络工程拓展设计

网络工程拓展设计是指对网络工程逻辑设计和物理设计内容的拓展，是针对网络高级需求进行的网络设计，包括网络可靠性、网络性能、网络安全设计、网络扩展性和网络管理设计等方面的内容。

5.1 网络可靠性设计

视频

网络可靠性设计

网络可靠性是指网络设备、线路、软件系统等在规定条件下正常工作的能力。网络可靠性设计主要体现在网络冗余（链路、设备）、网络存储、服务器群集等方面。

5.1.1 网络冗余设计

冗余设计是网络可靠性最常用的办法，冗余设计包括链路冗余和设备冗余。网络冗余设计有两个目的：一是提供网络链路备份和设备备份，避免单点故障；二是提供网络的负载均衡，提高网络性能。链路备份和设备备份与负载均衡冗余设计在物理结构上完全一样，但完成的功能不同、工作模式不同。冗余备份中，一个设备链路工作，而另一个设备链路不工作，以避免单点故障。负载均衡中冗余设备链路同时工作，提高了网络工作效率。

冗余设计的内容包括链路、网络设备、设备部件等冗余，以避免单点故障，提高网络的可靠性。网络链路冗余、设备冗余体现在网络拓扑图中。

5.1.2 网络存储设计

大型计算机网络系统中各种应用系统都包含大量数据，网络存储是必要的系统，关键是根据数据的重要性和投资多少，选择相关技术和设备对数据进行存储备份。网络存储介质主要是硬盘、磁带等。网络存储设备主要是磁盘阵列机，如图5-1所示，并通过RAID（独立冗余磁盘阵列）技术提高磁盘阵列机的读取速度。目前采用的存储技术主要有三种，分别是直接附加存储、存储区域网络、网络附加存储。

图 5-1　磁盘阵列机

1. 硬盘接口技术

常用的硬盘接口有SATA、SAS、SCSI接口。

（1）SATA接口

SATA（serial advanced technology attachment，串行高级技术附件）是一种基于行业标准的串行硬件驱动器接口，是由Intel、IBM、Dell、APT、Maxtor和Seagate公司共同提出的硬盘接口规范，2001年正式推出。串行接口结构简单，支持热插拔，传输速度快，执行效率高。使用SATA（serial ATA）口的硬盘，采用四芯接线，又称串口硬盘，是PC硬盘发展的趋势。SATA需求的电压大幅度减低至250 mV（最高500 mV），较传统并行ATA接口的5 V少近20倍。SATA1.0接口速率是1.5 Gbit/s（150 MB/s），SATA2.0的接口速率是3 Gbit/s（300 MB/s），SATA3.0的接口速率是6 Gbit/s（600 MB/s）。

（2）SCSI接口

SCSI（small computer system interface，小型计算机系统接口）是一种为小型机研制的接口技术。SCSI接口用于主机与外部设备之间的连接。外部设备通过专用线缆与SCSI适配器相连。SCSI总线的传输速率达到320 MB/s（Ultra 4 SCSI）。优点：与主机无关、多设备并行、高带宽。缺点：允许连接设备数量少、连接距离非常有限。目前SCSI技术逐渐被SAS技术取代。

（3）SAS接口

SAS（serial attached SCSI），即SCSI总线协议的串行标准，即串行连接SCSI；SAS采用串行技术以获得更高的扩充性，并兼容SATA盘。SAS和SATA有相同的物理层，因此它们的线缆和连接器相似，但电气上有些差别，点对点SAS接口传输距离可达6 m，SATA只能达到1 m。目前SAS的最高传输速率高达3 Gbit/s、6 Gbit/s，支持全双工模式。

2. RAID 磁盘阵列技术

RAID（redundant array of independent disks，独立冗余磁盘阵列）简单地说，RAID是一种把多块独立的硬盘（物理硬盘）按不同的方式组合起来形成一个硬盘组（逻辑硬盘），从而提供比单个硬盘更高的存储性能和提供数据备份的技术。

（1）RAID技术优点

RAID具有提高数据传输速率和通过数据校验提供容错功能的优点。

① 提高传输速率。RAID通过在多个磁盘上同时存储和读取数据来大幅提高存储系统的数据吞吐量。在RAID中，可以让很多磁盘驱动器同时传输数据，而这些磁盘驱动器在逻辑上又是一个磁盘驱动器，所以使用RAID可以达到单个磁盘驱动器几倍、几十倍甚至上百倍的速率。

② 通过数据校验提供容错功能。RAID容错是建立在每个磁盘驱动器的硬件容错功能之上的，所以它提供更高的安全性。在很多RAID模式中都有较为完备的相互校验/恢复的措施，甚至是直接相互的镜像备份，从而大大提高了RAID系统的容错度，提高了系统的稳定冗余性。

（2）磁盘阵列级别

组成磁盘阵列的不同方式称为RAID级别（RAID Levels）。RAID级别主要包含RAID 0～RAID 7等数个规范，以及RAID 0+1、RAID 0+5、RAID 1+5和RAID 0+6等级别组合方式。目前广泛应用的RAID级别有四种，及RAID 0、RAID 1、RAID 0+1、RAID 5。

RAID 0：连续以位或字节为单位分割数据，并行读/写于多个磁盘上，因此具有很高的数据传输率，但它没有数据冗余，因此并不能算是真正的RAID结构。RAID 0只是单纯地提高性能，并没有为数据的可靠性提供保证，而且其中的一个磁盘失效将影响所有数据。因此，RAID 0不能应用于数据安全性要求高的场合，如图5-2所示。

RAID 1：通过磁盘数据镜像实现数据冗余，在成对的独立磁盘上产生互为备份的数据。如图5-3所示。当原始数据繁忙时，可直接从镜像拷贝中读取数据，因此RAID 1可以提高读取性能。RAID 1是磁盘阵列中单位成本最高的，但提供了很高的数据安全性和可用性。当一个磁盘失效时，系统可以自动切换到镜像磁盘上读/写，而不需要重组失效的数据。

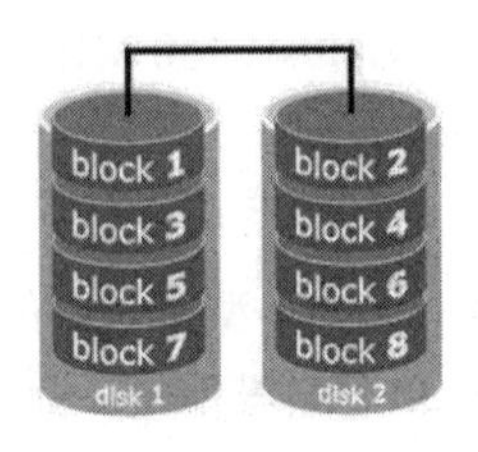

图 5-2　RAID 0

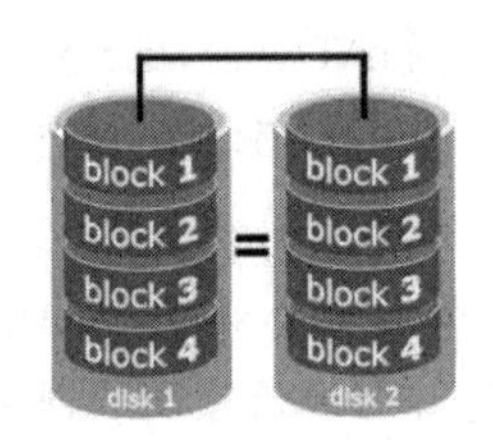

图 5-3　RAID 1

RAID 0+1：也被称为RAID 10标准，实际是将RAID 0和RAID 1标准结合的产物，在连续的以位或字节为单位分割数据并且并行读/写多个磁盘的同时，为每一块磁盘作磁盘镜像进行冗余。它的优点是同时拥有RAID 0的超凡速度和RAID 1的数据高可靠性，但是CPU占用率同样也更高，而且磁盘的利用率比较低，如图5-4所示。

RAID 5：RAID 5不单独指定奇偶盘，而是在所有磁盘上交叉地存取数据及奇偶校验信息。在RAID 5上，读/写指针可同时对阵列设备进行操作，提供了更高的数据流量。RAID 5更适合于小数据块和随机读/写的数据。如图5-5所示，图中带下标p的数据就是奇偶校验信息。

目前，磁盘阵列技术已经朝虚拟化方向发展，高端存储设备开始采用存储虚拟化技术，形成虚拟存储阵列系统。

3. 光纤通道技术

光纤通道（fiber channel，FC），是一种数据传输接口技术，主要用于计算机设备之间的数据传输，采用FCP（光纤通道协议）传输，光纤通道适合于服务器共享存储设备的连接。光纤通道硬盘是为提高多硬盘存储系统的速度和灵活性开发的，它的出现大大提高了多硬盘系统的通信速度。光纤通道的主要特性有：热插拔性、高速带宽、远程连接、连接设备数量大等。光纤通道是企业级存储SAN中的一种常见连接类型。但光纤通道组成的存储区域网，无法在因特网上运行，具有建设成本高、维护成本高的缺点。光纤通道是一个成熟的技术，被广泛采用，但FC系统对厂商的依赖性比较大，同时也存在距离的限制（10 km）。

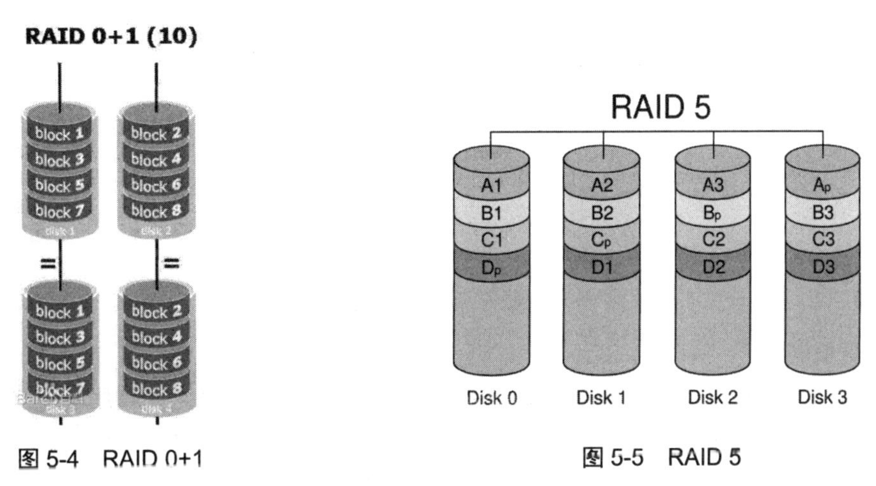

图 5-4　RAID 0+1　　　　图 5-5　RAID 5

4. iSCSI 技术

IP存储的主流技术是iSCSI技术，它将SCSI指令封装在TCP/IP协议中传输。iSCSI吸收了光纤通道的技术优点，同时也继承了以太网和IP技术的优点，具有硬件成本低、操作维护简单的特点。IP存储技术可以推广到互联网中，iSCSI采用TCP协议提供传输机制。

5. 存储技术

目前存储技术有多种，包括集中式存储、分布式存储、云存储等。分布式存储和云存储是存储技术发展的一个趋势，这里不做介绍。目前计算机网络系统建设中主要采用的还是传统的集中式存储技术等。

（1）直接附加存储

直接附加存储（direct attached storage，DAS）是直接连接在服务器上的存储设备，直连式存储与服务器主机之间的连接通道通常采用SCSI连接，采用数据块协议（block protocol）方式读/写数据。所有操作都是由CPU的I/O操作指令完成，存储设备与主机系统紧密相连。如图5-6所示，存储设备通过SCSI接口直接连接在服务器上。DAS适用于那些数据量不大，对磁盘访问速度要求较高的中小企业。

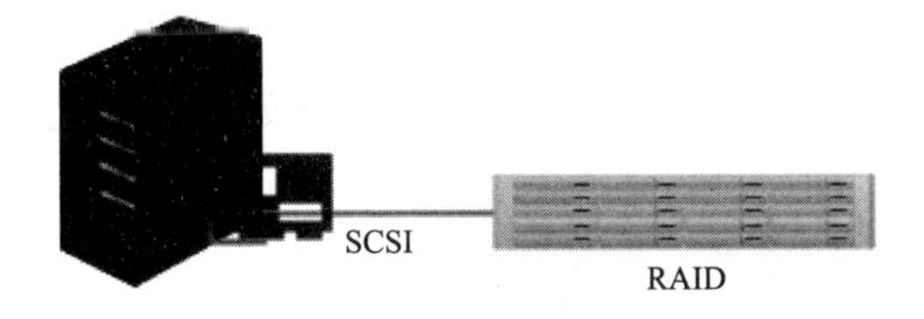

图 5-6　直接附加存储

（2）网络附加存储

网络附加存储（network attached storage，NAS）是连接在网络上专用存储设备。NAS以文件传输为主，提供跨平台的海量数据存储能力。NAS的典型应用是专用磁盘阵列机。NAS直接运行文件协议读/写数据，如NFS（网络文件系统）、CIFS（通用Internet文件系统）等。客户机可以通过磁盘映射与

NAS建立虚拟连接，主要用于文件共享、数据备份等。如图5-7所示，NAS连接在局域网中，用户通过文件系统协议与NAS交换数据。NAS多适用于文件服务器，用来存储非结构化数据。

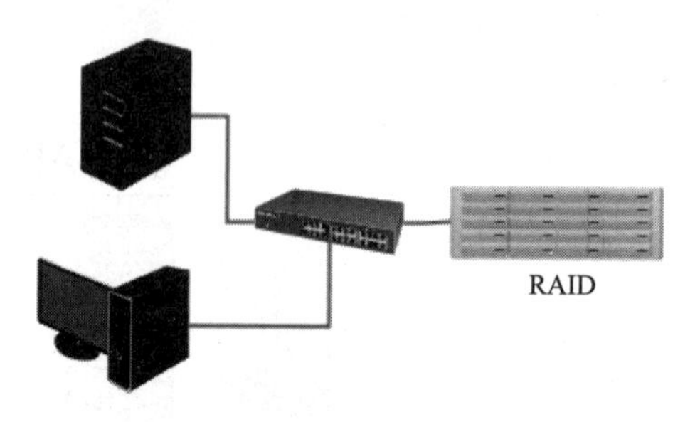

图 5-7　网络附加存储

（3）存储区域网络

存储区域网络（storage area network，SAN）是在服务器和存储设备之间利用专用技术连接的网络存储系统。目前常见的SAN有FC-SAN和IP-SAN，其中FC-SAN为通过光纤通道协议（FCP）转发SCSI协议数据，IP-SAN通过TCP协议转发SCSI协议数据。对用户操作系统来说，访问SAN存储系统与本地硬盘完全相同。SAN的关键应用有数据库系统中结构化数据的存取、数据备份等。图5-8（a）是采用FC的FC-SAN网络，图5-8（b）是采用iSCSI的IP-SAN网络。

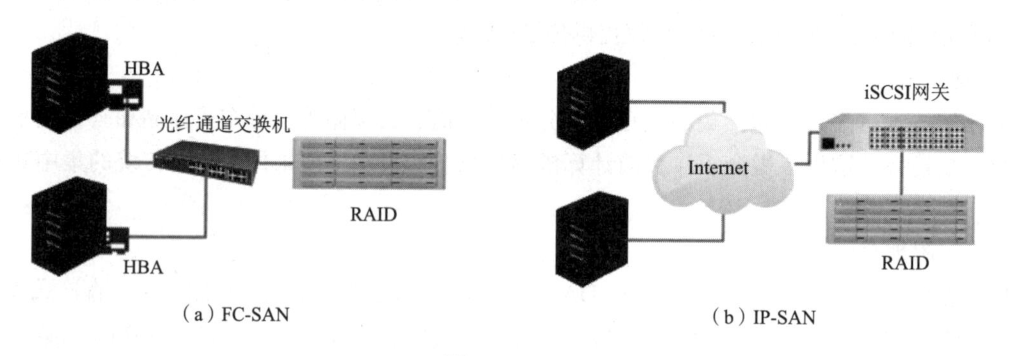

（a）FC-SAN　　（b）IP-SAN

图 5-8　SAN

6. 服务器存储的发展

早期服务器存储一般采用DAS技术。DAS适用于那些数据量不大，对磁盘访问速度要求较高的应用场合。

后来为了提高存储空间的利用及管理安装上的效率，开始采用SAN技术，SAN是DAS网络化发展趋势下的产物，早先的SAN采用的是光纤通道技术，在iSCSI出现以前，SAN多半单指FC。

再后来为了能在多用户网络环境中，做好文档集中化分享管理，采用文件协议（file protocol）数据存取方式的NAS技术也应运而生。

随着因特网的日益发展和成熟，为基于IP网络的SAN存储方案产生提供了条件，加上采用光纤通道技术的SAN的高成本及管理的障碍，推动了基于IP网络的存储技术iSCSI（internet SCSI）形成和采用iSCSI技术的SAN的出现。

IP-SAN和NAS一样通过IP网络来传输数据，但在数据存取方式上，与NAS的采用的文件协议（file

protocol）不同，而是采用与FC-SAN相同的数据块协议。IP-SAN基于十分成熟的IP技术，由于设置配置的技术简单、低成本，用户可以在任何需要的地方创建实际的IP-SAN网络，同时，因为没有光纤通道对传输距离（10 km）的限制，IP SAN使用标准的TCP/IP协议，数据可在以太网上进行传输。IP-SAN网络对于那些要求流量不太高的应用场合以及预算不充足的用户，是一个非常好的选择。

SAN与NAS并不是两种互相竞争的技术，二者通常相互补充以提供对不同类型数据的访问。SAN针对海量的面向数据块的数据传输，而NAS则提供文件级的数据访问和共享服务。越来越多的数据中心采用SAN+NAS的方式实现数据整合、高性能访问以及文件共享服务。为解决多种存储架构带来的管理问题，支持多种传输协议，同时满足不同需求的统一存储设备应运而生。统一存储（unified storage）是一种网络存储架构，它既支持基于文件的NAS存储，又支持基于块的SAN存储。

服务器存储技术的发展路线：DAS、FC-SAN、NAS、IP-SAN、统一存储（SAN+NAS）。

早期服务器存储主要采用机械硬盘HDD通过廉价磁盘冗余阵列技术构建的机械硬盘存储。随着固态硬盘（solid state drives，SSD）的推出，推动了存储产品的发展，产生了融合存储以及全闪存存储。融合存储是将固态硬盘SSD与机械硬盘HDD整合到一起，充分发挥各类硬盘优势的存储系统。全闪存存储是只使用固态硬盘（SSD）或其他闪存介质的存储系统，其最显而易见的特性在于它的高IOPS值。

固态硬盘是用固态电子存储芯片阵列而制成的硬盘，由控制单元和存储单元（Flash芯片、DRAM芯片）组成。优点是使用寿命长，不容易损坏，抗震性强。缺点是价格较贵，容量相对较小。

每秒进行读/写操作的次数（input/output operations per second，IOPS）是用于计算机存储设备性能测试的重要指标。

服务器使用的存储设备主要有三种类型，分别是机械硬盘存储、融合存储、全闪存存储。

7. 存储系统的选择

对于大中型企业网络，由于网络中心要支持许多业务和网络服务，数据量大，建议配置SAN存储系统。SAN的选择依据如下。

（1）结合传输速率和建设成本选择

如果注重网络存储系统的传输速率和集中管理，可以采用FC-SAN存储系统。

如果更注重节省网络存储系统的建设成本，建议采用iSCSI协议构建基于IP的SAN网络，即采用IP-SAN存储系统。

（2）结合应用场景选择

第一类应用场景：关键业务系统的虚拟化应用，数据类型偏结构化小文件数据，关联性较强，对系统的要求主要在可靠性、稳定性、并发响应等方面。

第二类应用场景：大文件传输存储，数据类型偏非结构化，对系统要求主要在传输带宽、系统扩展性方面。

针对第一类应用场景，采用基于传统的FC-SAN架构搭建传统结构化数据处理方法（Oracle，SQL Server等）实现；满足系统可靠性、并发响应度、响应实时性等系统要求的同时，相比IP-SAN在性能上更切合应用场景。

针对第二类应用场景，主要考虑系统的可扩展性和传输带宽需求，可以利用IP-SAN设备搭建存储区域网络，通过文件系统协议，如NFS、CIFS、FTP、HTTP等为客户端提供一个统一命名空间的共享存储，或采用IP-SAN+NAS的统一存储方式，这种方式在视频监控、流媒体播放领域比较常用。

5.1.3 服务器群集设计

服务器群集是将两台以上服务器，通过软件和网络将设备连接在一起，组成一个高可用性的计算机群组，协同完成任务。服务器群集主要有三个方面的应用：一是用于提供不间断服务，具有容错和备份机制，比如双机热备系统；二是用于高负载业务，通过负载均衡技术，保证提供良好的服务响应；三是用于科学计算，通过在服务器上运行专门软件，把一个问题计算工作分布到多台计算机共同完成。计算机网络系统中，服务器群集主要作用是提供不间断服务和负载均衡。

1. 服务器群集工作原理

图5-9是服务器群集典型结构图。服务器群集中的服务器一般包含两块网卡，一块用于连接外部网络，向用户提供服务；一块用于服务器之间的内部互联，形成心跳线，用于群集服务器之间协调工作。

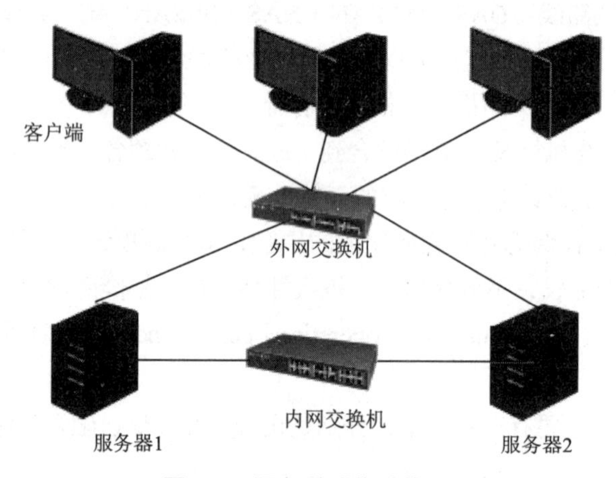

图 5-9 服务器群集结构图

服务器群集至少包含两台服务器。群集服务器在运行过程中，主服务器和备份服务器上都运行一个监控程序，通过内部互联网络相互发送报文告诉对方自己的运行状态，包括系统软件和硬件运行状态、网络通信和应用程序运行状态等。如果在指定时间内未收到对方发送的报文，就认为对方主机运行不正常。备用服务器上的监控软件就会在自己机器上启动相关应用程序，并接管故障机的工作；当备用服务器又收到主服务器的监控报文信息后，备用机就释放服务，主服务器接管服务工作。这个工作由群集软件自动完成，无须人工干预。为在主服务器失效的情况下系统能正常工作，我们在主、备份机之间实现群集系统配置信息的同步和备份，保持两者系统的基本一致。

另外服务器群集一般都需要使用存储系统，存储系统可以采用磁盘镜像和共享磁盘的方式。磁盘镜像不需要磁盘阵列设备，而是将服务器本地硬盘，通过数据镜像技术实现群集中各个节点之间的数据同步。共享磁盘采用独立的磁盘阵列设备，通过磁盘阵列实现群集中各节点的数据共享。存储系统一般采用SAN系统。

2. 服务器群集工作模式

① 主从方式（非对称方式）。主机工作，备机处于监控状况；当主机宕机时，备机接管主机的一切工作，待主机恢复正常后，按使用者的设定以自动或手动方式将服务切换到主机上运行，数据的一致性通过共享存储系统解决。

② 对称方式（互相备用）。两台主机同时运行各自的服务工作且互相检测情况，当任一台主机宕机

时，另一台主机立即接管它的一切工作，保证服务的不中断运行，应用服务系统的关键数据存放在共享存储系统中。

③ 均衡方式（多机互备方式）。多台主机一起工作，各自运行一个或几个服务，各为服务定义一个或多个备用主机，当某个主机故障时，运行在其上的服务就可以被其他主机接管。这种结构的优点是稳定性高，缺点是成本高。

目前，对于大中型企业，由于网络中心应用较多，数据量大，一般采用多机互备，共享存储的方式。

3. 服务器群集软件

服务器群集需要通过相关软件来构建。Linux平台有linux-HA软件。UNIX平台有IBM公司的HACMP（high availability cluster multi-processing）。Windows平台有MSCS（Microsoft cluster server）软件。另外，Rose HA软件是一个支持多平台的商业群集软件。

5.1.4 服务器群集与存储系统设计

对于大中型企业网络，网络中心要支持许多业务和网络服务，数据量大，往往需要采用服务器群集和存储设备。服务器群集可以采用SAN作为共享磁盘的存储系统。SAN存储系统可以采用FC-SAN，或者IP-SAN存储系统。

1. 基于不同存储系统的服务器群集

下面给出多机互备共享且共享存储的服务器群集典型的网络拓扑图。图5-10（a）采用FC-SAN存储系统，图5-10（b）采用IP-SAN存储系统。

存储系统需要相关的硬件设备支持。采用FC-SAN的存储系统包含的设备有光纤通道交换机、HBA卡（host bus adapter）、存储设备；采用IP-SAN的存储系统包含的设备有iSCSI网关、以太网卡、存储设备等。

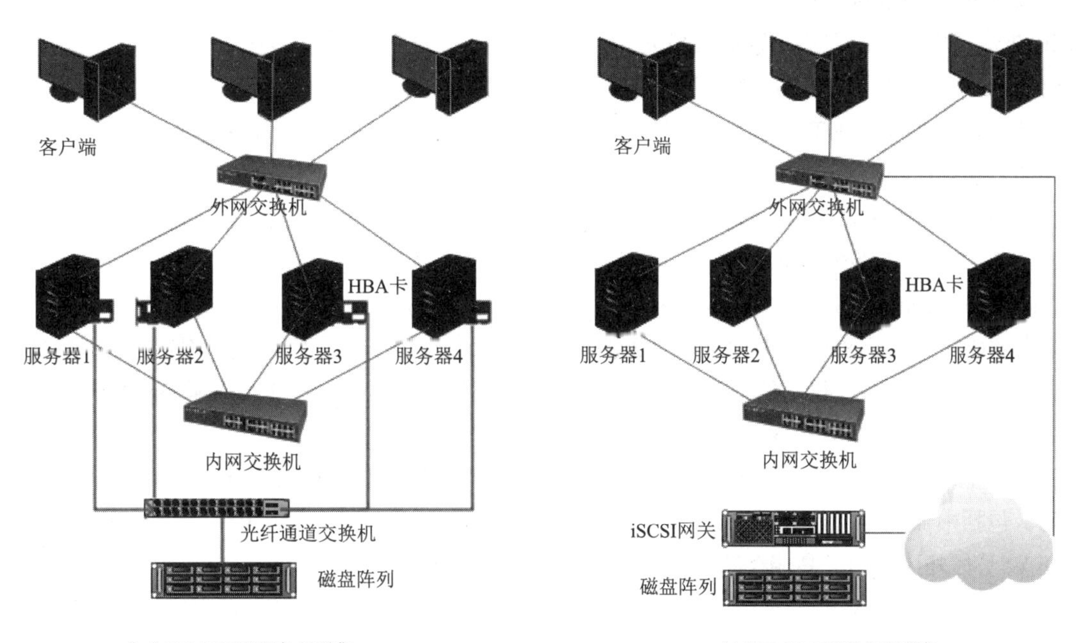

（a）FC-SAN及服务器群集　　（b）IP-SAN及服务器群集

图 5-10　服务器群集拓扑图

2. 存储设备选型

（1）存储设备国内现状

设计生产存储设备的厂商很多，包括Dell/EMC、IBM、HP等国外厂商，以及华为、联想等国内厂商，还有专注视频类存储市场的海康、大华、宇视等厂商。

在存储国产化的政策支持下，随着产品技术和研发经验的不断积累，部分国内优秀厂商已开发出更贴近本土用户需求的高性价比存储产品，因此市场份额持续上升。同时，少数技术领先的国内厂商更突破了传统技术壁垒，陆续推出了一系列高端存储产品，使得国内厂商的市场份额和产品结构逐步进入良性化的发展通道，形成了国内存储市场的整体竞争格局。以华为、联想为代表的本土优秀厂商全面进入高中低端存储市场，且市场份额增长迅速。同时，海康、大华、宇视则专注于视频监控类市场，占据了低端视频监控类存储市场的主要份额。

国内存储厂商中，华为、联想、浪潮、曙光、DCN是整体解决方案供应商，生产销售包括存储产品的各类IT产品。华为作为国产存储厂商的领头羊，在中高端存储市场国内企业占比最高。宏杉、同有属于专业通用的存储厂家，在政府和特殊行业占比高，比如同有已经成为军队信息化领域最大的国产存储系统供应商。

这里以华为存储设备为参考，对华为存储设备产品进行分析，并给出存储选型参考。

（2）华为存储产品线

华为从2002年开始进行存储技术的研究，早期生产一些存储产品，包括基于FC技术的ST1600、ST3200、ST5600等，以及基于SATA接口技术的ST2602、ST2802、ST3202等产品。后来又推出OceanStor V1系列存储产品，包括OceanStor V1000、OceanStor S2000、OceanStor S3000、OceanStor S5000、OceanStor S6000等产品。

2012年，华为推出了新一代OceanStor T系列统一存储系列产品，也就是OceanStor V2产品，包括低端存储OceanStor S2200T、S2600T，中低端统一存储产品OceanStor S5500T、S5600T、S5800T，中高端统一存储OceanStor S6800T。另外还推出了高端统一存储OceanStor 18500和18800存储；高端SAN产品HVS存储，包括HVS85T和HVS88T两种型号；高端NAS产品OceanStorN8500/N9000存储；海量存储系统UDS存储等。后来又逐步推出各类存储产品，形成比较齐全的存储产品系列。

2014年5月，华为发布OceanStor V3系列融合存储系列产品，包括低端存储OceanStor S2600 V3，中低端存储产品OceanStor S5500 V3、S5600 V3、S5800 V3，中高端存储OceanStor S6800 V3。另外还推出了高端存储OceanStor 18500 V3和18800 V3存储。华为OceanStor V3系列融合存储既是SSD和HDD的融合，也是SAN与NAS存储技术的融合。2016年，华为又发布了企业入门级低端存储OceanStor S2200 V3和支持全闪存的OceanStor F V3系列。

2018年上半年，华为发布OceanStor V5系列融合闪存阵列产品和OceanStor F V5系列全闪存阵列产品系列，包括中低端存储产品OceanStor S5500F V5、S5600F V5、S5800F V5，中高端存储OceanStor S6800F V5。另外还推出了高端存储OceanStor 18500F V5和18800F V5存储等。

2019年7月，华为对外发布全新一代全闪存存储OceanStor Dorado V6，采用华为鲲鹏920处理器，最高可达2 000万IOPS的性能。目前，OceanStor Dorado V6产品主要包括OceanStor Dorado 5000 V6、OceanStor Dorado 6000 V6和OceanStor Dorado 18000 V6等全闪存存储。

2023年11月，华为在全联接大会巴黎站上，正式发布业界首款面向中小企业的全闪存NAS存储

OceanStor Dorado 2100。OceanStor Dorado 2100是业界唯一的入门级NAS存储设备，支持多种NAS协议，为中小企业提供文件共享、网盘、文件存储和检索等服务。

（3）存储设备选型参考

结合国内存储设备现状和华为存储产品线，以及存储产品技术现状，表5-1给出当前存储设备选型参考表，以供参考选择。

表 5-1　存储设备选型参考表

类比档次	选型依据	产品型号	选型建议
低端存储	价格优先	OceanStor Dorado 2100	小型企业
		OceanStor Dorado 3000 V3	
中端存储	功能/价格平衡	OceanStor Dorado 5300 V6	中小企业
		OceanStor Dorado 5500 V6	
		OceanStor Dorado 5600 V6	
中高端存储	功能优先	OceanStor Dorado 6800 V6	大中企业
高端存储	功能、可靠性容量	OceanStor Dorado 18500 V6	行业用户

5.2 网络性能设计

这里我们采用狭义的网络性能，网络性能主要体现在网络带宽和网络的服务质量上，可以通过网络带宽设计、流量控制技术、负载均衡技术等手段提高网络性能。

视 频

网络性能设计

网络带宽是网络性能最直接的体现，包括局域网带宽和互联网接入带宽。特别是互联网接入带宽，对网络时延、时延抖动、丢包率等性能参数有最直接的影响。

流量控制是提高网络服务器质量的一种控制技术。当网络负载达到70%时，网络延迟就会急剧增加，性能下降；网络的突发流量会导致时延抖动等。可以通过流量控制技术，避免网络拥塞和时延抖动，保证网络质量。

负载均衡是提高网络性能的技术手段。为提高网络可靠性，网络中可能采取了备份链路、备份设备。可以对备份链路和备份设备使用负载均衡技术，提高网络性能。

5.2.1 网络带宽设计

网络带宽主要包括局域网带宽和互联网接入带宽。局域网带宽主要与局域网设备、接口和链路相关。互联网接入带宽与网络互联设备、接口、链路和带宽分配有关。

1. 局域网带宽设计

在分层的局域网络中，在选择链路时，要考虑采用阻塞设计和非阻塞设计两种形式，并根据实际网络需求合理选择链路带宽。

非阻塞设计：在分层网络设计中，如果上层（汇聚层）链路带宽大于或等于下层（如接入层）链路带宽的总和，称为非阻塞设计。如图5-11所示，接入层10个交换机通过100 M链路连接汇聚层交换机，汇聚层交换机通过1 000 M链路连接核心层交换机，形成非阻塞设计。

阻塞设计：在分层网络设计中，如果上层（汇聚层）链路带宽低于下层（如接入层）链路带宽的总和，称为阻塞设计。如图5-12所示，接入层20个交换机通过100 M链路连接汇聚层交换机，汇聚层交换机通过1 000 M链路连接核心层交换机，形成阻塞设计。

由于非阻塞设计链路成本较高，大型网络的建设，需要考虑成本。因此大型网络局域网设计需要根据网络实际需要，合理链路设计方式，做到部分关键链路非阻塞设计，部分非关键链路阻塞设计。

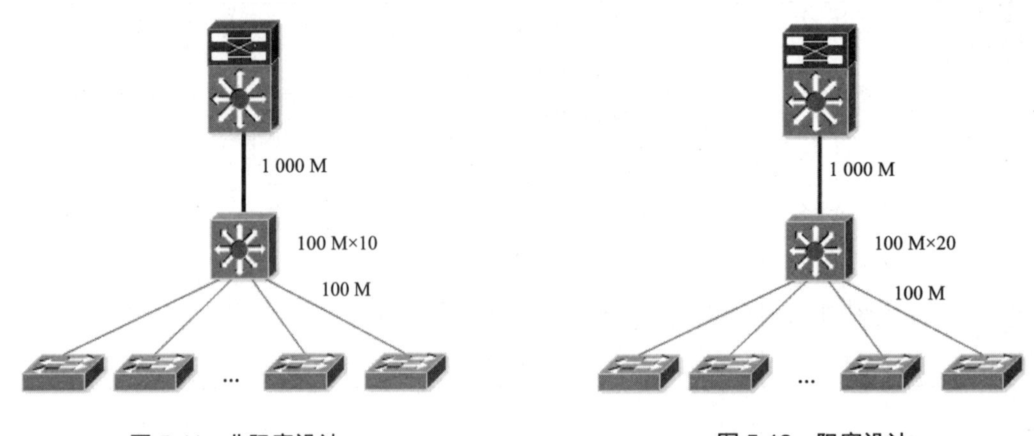

图 5-11　非阻塞设计　　**图 5-12　阻塞设计**

局域网主要通过二层交换机和三层交换机的双绞线和光纤互联组成，由于网络流量从接入层流向核心层时，流量将汇聚在汇聚层链路和核心层链路上，流量从核心层流向接入层时，流量被发散到接入层。因此可以考虑，接入层采用相对低速的接口和链路，汇聚层、核心层采用相对高速的接口和链路。比如，局域网接入层汇聚层设备要求采用100 M/1 000 M接口，链路采用双绞线或光纤，通过100 M/1 000 M带宽接入；汇聚层核心层设备要求采用1 000 M/10 G接口，汇聚层核心层链路采用光纤链路，通过1 000 M/10 G带宽接入。同时考虑采用端口汇聚技术提高汇聚链路带宽；服务器采用1 000 M/10 G网卡，提供高速网络服务。一般光纤铺设采用6芯以上光纤（做到一对使用，一对备份，一对扩展）。

2. 互联网接入带宽设计

互联网接入带宽由网络互联设备和链路带宽决定，同时网络管理者可以根据用户需求通过网络配置对互联网接入带宽进行控制。应结合网络规模和互联网应用对带宽的需求，合理选择互联网接入设计方式和接入设备，同时结合投入资金，选择满足应用需求的出口带宽。

对于企业用户来说，由于网络性能与投资成本成比例增加，因此，用户希望得到一种既能满足用户业务需求，又有较好性价比的网络接入带宽。这里给出简单的带宽估算方法。

假定：互联网应用有网页浏览（业务应用）、网络游戏、文件（音视频）下载上传、视频通话、IPTV等。同时在线人数达60%，其中网页浏览（业务应用）同时使用人数30%。网络游戏10%，IPTV（网络电视）10%，文件下载上传5%，视频通话5%，其他应用忽略。网页浏览和网络游戏忙时使用率30%，其他应用忙时使用率80%。

注意：忙时使用率是一个估计值。以网络浏览为例，网络浏览虽然在线，但不总是在下载数据，假定忙时使用率为30%。IPTV、文件下载上传、视频通话，假定忙时使用率80%。

① 网页浏览。

每个网页浏览的平均数据速率为0.5 Mbit/s。按每个网页0.1 MB，即0.8 Mbit，封装以后为1 Mbit，要求点击后显示时间不超过2 s计算（2 s下载），则每次点击需要的速率大约为0.5 Mbit/s。网络浏览带宽需求：L_1=0.5 Mbit/s × N（总人数）× 30% × 30%。

② 网络游戏。

网络游戏用户需要的数据速率为2 Mbit/s。考虑到下一代游戏大量采用实景图像，比如环游世界、遨游太空、赛车等。网络游戏带宽需求：L_2=2 Mbit/s × N（总人数）× 10% × 30%。

③ 网络电视。

高清节目编码（H.264编码）的视频数据流为10 Mbit/s。标清节目编码的视频数据流为3 Mbit/s左右。取高清电视节目作为参考，网络电视带宽需求：L_3=10 Mbit/s × N（总人数）× 10% × 80%。

④ 文件下载上传。

文件下载上传需要5 Mbit/s，比如，3小时下载1部5.4 GB的高清电影。20 s发送一封带10 MB附件的电子邮件。文件下载上传需求：L_4=5 Mbit/s × N（总人数）× 5% × 80%。

⑤ 视频通话。

视频通信双方图像始终显示，因此两个方向的流量在通信持续期间基本恒定。假定下一代视频通信图像码率是2 Mbit/s，则双向共4 Mbit/s。视频通话带宽需求：L_5=4 Mbit/s × N（总人数）× 5% × 80%。

网络总带宽需求为：$L=L_1+L_2+L_3+L_4+L_5$。

例如：某企业网络规模信息点数为500节点。根据以上出口带宽粗略估算总带宽：

L_1=0.5 Mbit/s × 500 × 30% × 30%=22.5 Mbit/s

L_2=2 Mbit/s × 500 × 10% × 30%=30 Mbit/s

L_3=10 Mbit/s × 500 × 10% × 80%=400 Mbit/s

L_4=5 Mbit/s × 500 × 5% × 80%=100 Mbit/s

L_5=4 Mbit/s × 500 × 5% × 80%=80 Mbit/s

所以，总计带宽需求：$L=L_1+L_2+L_3+L_4+L_5$=632.5 Mbit/s。

以上估算知识是简单初步估算，不一定准确，但可以作为参考依据。实际选择互联接入带宽可以参考此法简单计算，然后结合经费投入合理取舍，并在实际应用中进一步调整。比如估算中，占用带宽最多的是网络电视，使用高清视频流10 Mbit/s为依据，而如果使用标清视频流作为依据则只有3 Mbit/s左右。网络电视带宽从400 Mbit/s降低为120 Mbit/s。总带宽需求从632.5 Mbit/s下降为352.5 Mbit/s。根据这里的统计，我们甚至可以形成经验，以每用户1 Mbit/s作为出口带宽进行简单估算，后期根据实际应用进行调整。

5.2.2　流量控制设计

网络流量就是网络上传输的数据量。网络流量具有四种情况：偶尔少量流量、突发性流量、固定带宽流式流量、不定带宽数据传输流量。其中网络流量的最大特性就是流量突发性，突发流量可能会造成网络的拥塞，从而产生丢包、延时和抖动，导致网络服务质量下降。为提高网络服务质量，可以采取CAR流量控制技术。为避免用户过多占用带宽，也可以采取流量管理工具限定用户流量，即可以通过网络流量管理设备进行流量管理。

1. CAR 流量控制

CAR（committed access rate，约定访问速率）采用令牌桶机制进行流量控制，通过路由器接口配置实现。它主要有两个功能，一是对路由器端口进出的流量速率按照某个上限进行限制；二是通过对流量进行分类，划分出不同的QoS优先级，根据优先级进行转发。

2. 带宽管理器

带宽管理器（又称网络流量管理器、上网行为管理器），是Packteer公司于2000年研发。由于早期网络带宽问题不突出，企业IT部门对带宽的重视程度不够，随着各种网络新技术的应用以及网络多媒体技术的发展，网络带宽紧缺的问题才越来越明显。尤其是2005年来，P2P应用更是对带宽的管理带来了严重威胁，所以带宽管理器得到很大的发展。带宽管理器的基本功能非常简单，就是根据应用和用户进行带宽的分配与监控。由于是七层的网络管理设备，所以网络管理人员无须具备较高的网络知识就能直接对应用和用户进行带宽的分配。带宽管理器可以针对用户定制最小带宽和最大带宽。通过带宽管理，保障网络关键业务的性能，如视频会议和数据库应用等。同时可以抑制非关键业务的带宽占用，比如P2P下载、网络电影电视、网络游戏等。

上网行为管理器能够有效地规范用户上网行为、保障内部信息安全、防止带宽资源滥用、防止无关网络行为影响工作效率、记录上网轨迹满足法规要求、管控外发信息、降低泄密风险、防止病毒木马等网络风险等，是一种网络安全设备，但同时也能提供带宽管理功能。常用的上网行为管理器有华为ASG产品、深信服SANGFOR AC产品、网康科技NI产品等，如图5-13所示。

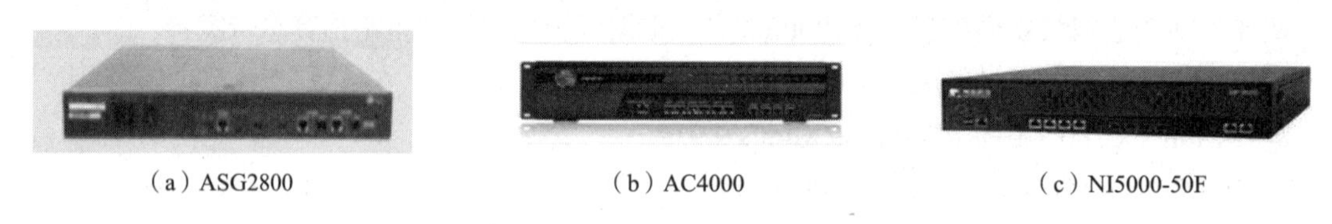

（a）ASG2800　　（b）AC4000　　（c）NI5000-50F

图 5-13　上网行为管理器

上网行为管理器可以采用两种接入方式：一是上网行为管理器放在路由器与内部网络互联的接口上，如图5-14（a）所示；二是上网行为管理器在路由器与外部网络互联的接口上，通过上网行为管理器对用户带宽进行分配管理，如图5-14（b）所示。

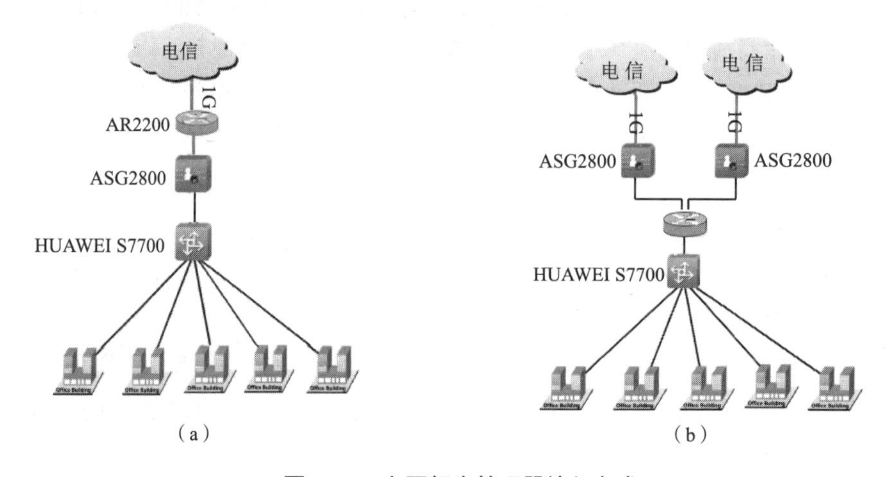

（a）　　（b）

图 5-14　上网行为管理器接入方式

5.2.3　负载均衡设计

网络负载均衡是在网络结构上，采用一组设备和多条通信链路，将通信量和其他工作智能地分配到整个设备组中不同的网络设备和服务器上，扩展网络设备和服务器的带宽、增加吞吐量、加强网络数据处理能力、提高网络的性能和可用性。负载均衡技术分为针对通信子网的负载均衡技术和针对资源子网的负载均衡技术。通过负载均衡可以提高网络吞吐量、缩短响应时间。

1. 网络负载均衡

针对资源子网的负载分担也可以称为网络负载均衡。网络中链路冗余、设备冗余可以提高网络的可靠性。但冗余设备起到的是备份作用，没有充分利用备份设备的功能。通过相关负载均衡技术，对冗余设备进行配置，可以充分发挥备份设备的作用。例如：

① 主机采用双网卡双链路，使用网卡负载平衡技术（adapter load balancing，ALB）或快速以太通道（fast ether channel，FEC）技术。

② 交换机链路冗余，可以采用链路汇聚技术，实现负载均衡。

③ 多台核心交换机通过汇聚链路互联，作为局域内部的多个路由，通过虚拟路由冗余技术，既提供默认路由备份，又提供负载均衡。

④ 互联网接入连接，通过多条链路与外部互联，同时使用策略路由技术实现负载均衡。

2. 服务器负载均衡

针对资源子网的负载均衡主要是针对提供资源的各类服务器来实现负载均衡，也可以称为服务器负载均衡。可以采用负载均衡器、软件技术实现负载均衡功能。

（1）硬件负载均衡器

通过硬件负载均衡设备实现服务器负载均衡。典型的负载均衡设备有F5（F5 Network公司）负载均衡器、A10（A10 Network公司）负载均衡器、Array（Array Network公司）负载均衡器、深信服负载均衡器等，其中F5负载均衡器影响最大。负载均衡设备有多种形式，可以采用L4和L7层交换机形式。通过负载均衡器连接多台服务器实现负载均衡。图5-15是采用四层交换机形式的F5 BIG负载均衡器。

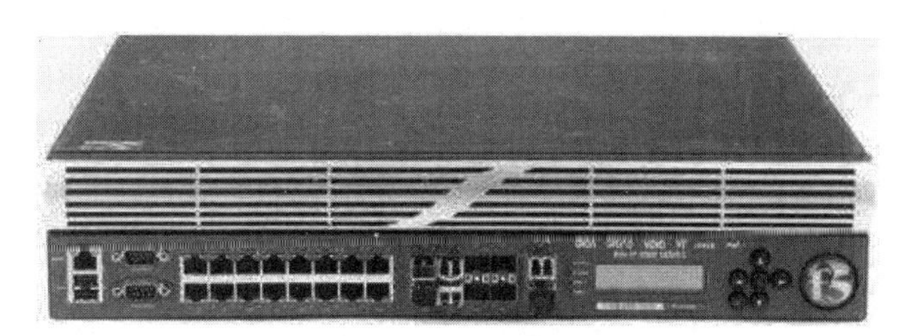

图 5-15　F5 BIG 四层交换式负载均衡器

（2）软件负载均衡

软件负载均衡实现的方式较多，主要分类两大类：一类是利用专门负载均衡软件实现负载均衡，比如Windows服务器群集负载均衡；另一类是利用已有的网络功能软件通过技术转换而实现的负载均衡，比如DNS负载均衡技术、NAT负载均衡技术、HTTP反向代理负载均衡技术等。

① 服务器集群负载均衡。

将两台以上的服务器通过网络连接在一起，组成一个高可用性的计算机群组，协同完成任务，利用专门的负载均衡软件实现负载均衡。比如采用Windows Server服务器提供的负载均衡（network load-balancing，NLB）功能。

② DNS负载均衡。

最早的负载均衡技术是通过DNS来实现的，在DNS中为多个地址配置同一个名字，因而查询这个名字的客户机将得到其中一个地址，从而使得不同的客户访问不同的服务器，达到负载均衡的目的。DNS负载均衡是一种简单而有效的方法，但是它不能区分服务器的差异，也不能反映服务器的当前运行状态。

DNS负载均衡是通过循环复用实现的，如果DNS发现主机名的多个地址资源记录，则可针对多个地址资源记录使用循环复用。在默认情况下，DNS服务器的服务使用循环复用对资源记录进行排序。该功能提供了一种非常简便的方法，用于对客户机使用 Web 服务器和其他频繁查询的多宿主计算机的负载平衡。

要使循环复用正常工作，必须做到：在该区域中注册所查询名称的多个主机资源记录；启用DNS服务器循环复用。如果DNS服务器禁止循环复用，那么这些查询的响应顺序以应答列表中资源记录在区域中存储时的静态排序为基础。

③ NAT负载均衡。

NAT是将一个IP地址转换为另一个IP地址，一般用于未经注册的内部地址与合法的、已获注册的Internet IP地址间进行转换。适用于解决Internet IP地址紧张、不想让网络外部知道内部网络结构等场合下。

NAT负载均衡是利用NAT技术将客户端请求发送给服务器群前端的负载均衡设备，负载均衡设备上的虚服务接收客户端请求，通过调度算法，选择真实服务器，再通过网络地址转换，用真实服务器地址重写请求报文的目标地址后，将请求发送给选定的真实服务器；真实服务器的响应报文通过负载均衡设备时，报文的源地址被还原为虚服务的IP地址，再返回给客户，完成整个负载均衡过程。注意，NAT负载均衡只适用于TCP连接，对于非TCP连接请求，NAT进程将不会对其进行转换。

④ HTTP反向代理负载均衡。

HTTP反向代理采用类似HTTP代理的技术，只不过代理的方向不同。普通的代理是为本地客户端提供代理服务，反向代理是为远程客户访问本地的Web服务器提供代理。当使用反向代理实现负载均衡时，远程客户端只需要向代理服务器发送HTTP请求，由代理服务器向随机选择的一台本地的Web服务器转发HTTP请求，并将处理的结果下载到本地，然后再转发给远程客户。

5.2.4 网络性能设计示例

局域网带宽设计。对于某企业大型网络，由于局域网内部接入设备较多，不可能做到完全的非阻塞设计，一般会采取阻塞设计。根据分层结构，上层带宽高于下层带宽一个数量级即可。方案一，用户接入采用百兆接入，接入层与汇聚层之间采用千兆链路，汇聚层与核心层之间采用多条千兆链路或10 G链路。方案二，用户接入采用千兆链路，接入层与汇聚层采用多条千兆链路（链路汇聚），汇聚层与核心层之间采用10 G链路。这里建议采用方案二的链路带宽方案。

互联网接入带宽设计。对于计算机信息点数为500左右的计算机网络，根据前面简述的互联网接入带宽的简单估算方法，需要分配互联接入带宽为500 Mbit/s左右。

流量控制设计。网络流量控制器是一种可选设备，可以根据后期网络实际应用需要决定是否采用网络流量控制。

负载均衡设计。负载均衡能够明显提高网络的性能，充分发挥备用设备作用，对于备份链路、备份设备、服务器群集，都需要通过相关技术手段实现负载均衡。

5.3 网络扩展性设计

网络系统的可扩展性决定了新设计的网络系统适应用户企业未来发展的能力，也决定了网络系统对用户投资保护能力，主要包括网络接入能力扩展、网络带宽扩展、网络规模扩展、网络服务业务功能拓展等。

5.3.1　网络接入能力扩展

网络接入能力主要是指各层交换机端口数量的扩展。网络接入能力的扩展性，一是指在设计时考虑网络规模扩展的需要，各层交换机要预留部分端口。二是后期用户的增加超过预留端口，需要更换高密度端口交换机或增加交换机数量的能力。

5.3.2　网络带宽扩展

网络带宽的扩展性包括内部网络带宽的扩展，以及互联网接入带宽的扩展。内部网络设备要预留接口以便增加链路提高带宽，采用模块化接口以便更换模块提高连接带宽等。比如，内部网络互联光纤采用6芯3对光纤，一对使用，一对别用，一对扩展；互联接入采用高带宽链路，为后期提高接入带宽预留空间；互联网接入设备要预留接口，为增加多链路接入做好准备等。

5.3.3　网络规模扩展

网络设计要考虑网络建设单位未来的发展，随着网络建设单位规模的扩展，网络规模可能会扩展，因此，网络拓扑结构、IP地址规划、VLAN划分要便于网络规模的扩大。比如，核心层设备要预留增加子网的接口，IP地址规划、VLAN划分要预留扩展空间等。

5.3.4　网络服务业务功能扩展

在网络服务系统和业务系统功能配置上，一方面要全面满足当前及可预见的未来一段时间内的应用需求，另一方面要能方便地进行功能扩展，可灵活地增减功能模块。另外，服务器设备选型也需要考虑满足网络服务和业务扩展。

5.3.5　网络扩展性设计示例

网络系统的可扩展性最终体现在整个网络设计过程中。比如，当网络规模扩大时，采用分层拓扑结构以及核心层和汇聚层设备预留的接口可以方便地增加子网。IP地址规划、VLAN划分要预留网段地址和预留VLAN编号，有助于IP地址的连续性和VLAN编号的连续性，避免IP地址和VLAN编号的混乱，等等。这里不一一列举。总之，在具体网络设计过程中要考虑网络接入能力扩展、网络带宽扩展、网络规模扩展、网络服务业务功能扩展的需要。

5.4 网络安全设计

网络安全是指计算机网络系统的硬件、软件及其系统中的数据受到保护，不因偶然的或者恶意的原因而遭受到破坏、更改、泄露，系统连续可靠正常地运行，网络服务不中断。

网络安全包括系统软硬件安全、系统信息安全、信息传播安全等。主要的网络攻击手段有端口扫描、网络窃听、口令入侵、DDoS攻击、特洛伊木马、IP欺骗、病毒攻击等。为计算机网络系统提供安全保障，需要合适的网络安全设备，并采用与设备相适应的网络安全技术手段予以解决。

网络安全技术主要包括数据加密技术（encryption）、身份认证技术（authentication）、资源授权使用（authorization）、防火墙技术（firewall）、入侵检测技术（intrusion detection）、VPN技术、防病毒（anti-virus）技术等。

网络安全设备主要有防火墙、入侵检测系统、VPN网关、防病毒软件、上网行为管理器、漏洞扫描器等。

网络安全设计是网络设计的重要组成部分，它是计算机网络系统的安全保证，涉及的安全技术与安全产品较多。这一节简要介绍目前网络主要使用的网络安全技术和设备，包括防火墙、入侵检测系统、VPN网关，以及如何进行网络安全设备选型。

5.4.1 网络安全设计原则

网络安全设计的重点在于根据安全设计的基本原则，制定出网络各层次的安全策略和措施，然后选取合适的网络安全设备，采用合适技术手段加以实施。

没有绝对安全的网络，但如果在网络方案设计之初就遵从一些安全原则，那么网络系统的安全就会有保障。从工程技术角度出发，在设计网络方案时，应该遵守以下原则：

1. 网络安全前期防范

强调对信息系统全面地进行安全保护。攻击者使用的是“最易渗透性”，自然在系统中最薄弱的地方进行攻击。因此，充分、全面、完整地对系统的安全漏洞和安全威胁进行分析、评估和检测(包括模拟攻击)，是设计网络安全系统的必要前提条件。

2. 网络安全在线保护

强调安全防护、监测和应急恢复。要求在网络发生被攻击、破坏的情况下，必须尽可能快地恢复网络信息系统的服务，减少损失。所以，网络安全系统应该包括三种机制：安全防护机制、安全监测机制、安全恢复机制。安全防护机制是根据具体系统存在的各种安全漏洞和安全威胁采取的相应防护措施，避免非法攻击的进行；安全监测机制是监测系统的运行，及时发现和制止对系统进行的各种攻击；安全恢复机制是在安全防护机制失效的情况下，进行应急处理和及时地恢复信息，减少攻击的破坏程度。

3. 网络安全有效性与实用性

网络安全应以不能影响系统的正常运行和合法用户方的操作活动为前提。网络中的信息安全和信息应用是一对矛盾。一方面，为健全和弥补系统缺陷的漏洞，会采取多种技术手段和管理措施；另一方面，势必给系统的运行和用户方的使用造成负担和麻烦，越安全就意味着使用越不方便。尤其在网络环境下，实时性要求很高的业务不能容忍安全连接和安全处理造成的时延。网络安全可以采用分布式监控、集中式管理。

4. 网络安全等级划分与管理

良好的网络安全系统必然是分为不同级别的，包括对信息保密程度分级（绝密、机密、秘密、普密），对用户操作权限分级（面向个人及面向群组），对网络安全程度分级（安全子网和安全区域），对系统结构层分级（应用层、网络层、链路层等）的安全策略。针对不同级别的安全对象，提供全面的、可选的安全算法和安全体制，以满足网络中不同层次的各种实际需求。

5. 网络安全经济实用

网络系统的设计是受经费限制的。因此在考虑安全问题解决方案时必须考虑性能价格的平衡，而且不同的网络系统所要求的安全侧重点各不相同。一般园区网络要具有身份认证、网络行为审计、网络容错、防黑客、防病毒等功能。网络安全产品实用、好用、够用即可。

5.4.2 网络安全技术及设备

网络安全相关技术有防火墙技术、入侵检测/入侵防御技术、VPN技术、防病毒技术、漏洞扫描技术等。对应的安全设备分别为防火墙，入侵检测/入侵防御设备、VPN网关、防病毒软件、漏洞扫描器的网络安全产品。另外还有具备流量管理、上网行为管理等功能的上网行为管理器等。

针对网络某种安全需求，设计具体某种安全需求的安全设备，是早期网络安全设备的实现方式。这种方式下，如果用户有多种安全需求，就需要购买多种安全设备，这样会导致网络拓扑变得复杂，网络管理难度加大，网络建设成本增加。

随着网络技术的发展，人们开始考虑将多种安全功能集中的网络安全产品方案，于是集多种安全功能于一身的安全设备产生了。2004年，IDC首度提出“统一威胁管理”的概念，即将防病毒、入侵检测和防火墙安全设备划归统一威胁管理（unified threat management，UTM）新类别。2009年，著名咨询机构Gartner提出下一代防火墙（next generation fireWall，NGFW）概念。NGFW有标准的防火墙功能，如网络地址转换、状态检测、VPN等，以及大企业需要的安全功能如入侵防御系统IPS、防病毒AV、行为管理等功能，NGFW也是一种多功能一体化安全设备。目前，NGFW得到广泛认可和大量使用。

5.4.3 防火墙技术

防火墙指的是一个在内部网和外部网之间、专用网与公共网之间的界面上构造的保护屏障，是一种获取安全性方法的形象说法，它是一种计算机硬件和软件的结合，用于保护内部网和专用网免受非法用户的侵入。防火墙是一种隔离技术，它能允许你允许的人和数据进入网络，同时将不允许的人和数据拒之门外，最大限度地阻止网络中的黑客来访问网络。

1. 防火墙技术的发展历程及分类

20世纪80年代，最早的防火墙几乎与路由器同时出现，第一代防火墙主要基于包过滤（packet filter）技术，是依附于路由器的包过滤功能实现的防火墙功能。

1989年，美国贝尔实验室最早推出了第二代防火墙，即电路层防火墙（用来监控受信任的主机与不受信任的主机间的TCP握手信息，本质也是代理防火墙，典型例子是SOCKS代理软件），同时提出了应用层防火墙（应用代理防火墙）的初步结构，20世纪90年代初，开始推出第三代防火墙，即应用代理防火墙。

1992年，南加利福尼亚大学（USC）信息科学院开发出了基于动态包过滤（dynamic packet filter）

技术，后来演变为目前所说的状态检测（stateful inspection）技术，1994年以色列的CheckPoint公司开发出了第一个采用这种技术的商业化产品。状态检测防火墙称为第四代防火墙。

1998年，NAI公司（Network Associates，网络联盟公司）推出了一种自适应代理（adaptive proxy）技术，并在其产品中得以实现，给代理类型的防火墙赋予了全新的意义，可以称之为第五代防火墙。

另外，1998年，NETSCREEN公司推出了基于ASIC（application specific integrated circuit，特定应用集成电路）的真正意义上的硬件防火墙。NETSCREEN硬件防火墙，与其他的硬件防火墙相比有本质的区别。其他的硬件防火墙实际上是运行在计算机平台上的一个软件防火墙，而NETSCREEN防火墙则是由ASIC芯片来执行防火墙的策略和数据加解密，因此速度比其他防火墙快。

根据防火墙发展历程，形成了四种技术类型的防火墙，分别是：

- 包过滤防火墙：作用在网络层，它根据分组包头源地址、目的地址和端口号、协议类型等标志确定是否允许数据包通过。只有满足过滤逻辑的数据包才被转发到相应的目的地出口端，其余数据包则从数据流中丢弃。
- 代理防火墙：包括电路层防火墙和应用层防火墙。电路层防火墙工作在传输层，在TCP协议上实现，本质上是一种代理软件，典型例子是SOCKS代理软件；应用层防火墙也称为应用代理防火墙，作用在应用层，其特点是完全“阻隔”了网络通信流，通过对每种应用服务编制专门的代理程序，实现监视和控制应用层通信流的作用。实际中的应用层防火墙通常由专用工作站实现。
- 状态检测防火墙：状态检测防火墙工作于网络层，与包过滤防火墙相比，状态检测防火墙判断允许还是禁止数据流的依据是源IP地址、目的IP地址、源端口、目的端口和通信协议等。与包过滤防火墙不同的是，状态检测防火墙是基于会话信息做出决策的（结合前后分组的数据进行综合判断），而不是包的信息。
- 自适应代理防火墙：自适应代理技术是应用代理技术的一种，它结合代理类型防火墙的安全性和包过滤防火墙的高速度等优点。组成这种类型防火墙的基本要素有两个：自适应代理服务器（adaptive proxy server）与动态包过滤器。在自适应防火墙中，在每个连接通信的开始仍然需要在应用层接受检测，而后面的包可以经过安全规则由自适应代理程序自动选择是使用包过滤还是代理。

传统防火墙的关键技术有两种：包过滤技术，代理技术。其中包过滤防火墙和状态检测防火墙本质上采用的是包过滤技术。代理防火墙和自适应代理防火墙本质上是代理技术。状态检测技术是目前防火墙产品的基本功能，也是防火墙安全防护的基础技术。

2. 防火墙的基本功能

防火墙是网络安全策略的有机组成部分，它通过控制和监测网络之间的信息交换和访问行为来实现对网络安全的有效管理。从总体上看，防火墙应具有以下五大基本功能：

- 过滤进、出网络的数据；
- 管理进、出网络的访问行为；
- 封堵某些禁止的业务；
- 记录通过防火墙的信息内容和活动；

- 对网络攻击进行检测和报警。

为实现以上功能，在防火墙产品的开发中，人们广泛应用网络拓扑技术、计算机操作系统技术、路由技术、加密技术、访问控制技术、安全审计技术等。

3. 防火墙现状

当前，防火墙设备的主要形式是多种安全功能汇集的一体化安全设备形式，包括统一威胁管理UTM防火墙、下一代防火墙NGFW、AI防火墙等。

（1）防火墙统一威胁管理UTM防火墙

UTM防火墙的优点是在网络边界采用统一风险管理，节省机架空间（一个设备可替代多个设备）。节省安全边界上的整体投入成本。降低管理员安全工作的技术成本与维护成本。

传统UTM防火墙对数据包的深度检测采取串行方式，存在安全处理能力比较分散的缺点。UTM防火墙的内核引擎是基于路由引擎构造的，然后其他的功能模式（比如IPS、AV、上网行为管理等）是叠加或者插入到路由引擎上，这样进入UTM的数据必须经过路由引擎才能进入各个安全模式。在这种情况下意味着传统的UTM防火墙对数据包的深度检测采取的是一种串行方式，也就是说数据包在进入不同安全模块时，要分别执行多次解码，不能达到“一次识别，并行处理”的效果，这对于设备的性能消耗很大。另外，UTM防火墙过渡集中化的安全防御会带来单点故障问题和内部攻击防范不足的问题。

UTM防火墙并不是下一代防火墙（NGWF），它应该属于NGFW防火墙的雏形。

（2）下一代防火墙NGFW

2009年，咨询机构Gartner提出下一代防火墙（next generation fireWall，NGFW）概念。NGFW必须有标准的防火墙功能，如网络地址转换、状态检测，以及VPN和大企业需要的功能如入侵防御系统IPS、防病毒AV、行为管理等功能。NGFW也是一种多功能一体化安全设备。理解NGFW需要从三个方面来入手：一是引擎的识别方式与性能；二是支持NGFW的硬件架构的先进性；三是对当前云计算和虚拟化环境的支持方式。

NGFW架构是建立在智能感知引擎之上，能做到一次应用识别与解码，并行处理送不同安全模块，避免将数据包送到不同安全模块反复解码串行处理的缺点，优化了CPU的处理性能，消耗明显降低。

NGFW在硬件架构上，采用MIPS多核处理器、具备基于硬件的协处理器、采用高速的交换矩阵等硬件来合力支撑NGFW。（MIPS多核架构的CPU内部是由多个嵌入式CPU组成的，同时兼顾高可编程性和高报文处理性能。从而使得设备在保证高吞吐的前提下可以进行更复杂的智能处理动作。因为多核CPU中每个CPU可以独立运行不同业务，从而实现了复杂业务的并发处理。MIPS多核CPU是网关设备CPU未来发展的主流趋势。）

在当前云计算和虚拟化时代的大背景下，NGFW除了需要比传统的防火墙有更先进、更快速的硬件支持，使用比传统UTM更高效的识别与解码方式以外，还需要支持一个非常重要的特性，那就是防火墙自身能否被虚拟化来满足不同的逻辑环境。

UTM和NGFW的共同点在于它们都是基于OSI模型的2～7层进行防御，都将多种安全功能集于一身，都具有防火墙功能、入侵检测/入侵防御功能、VPN功能、上网行为管理、防病毒功能等。仅从功能上来看，UTM和NGFW两者是非常相似的设备。UTM和NGFW不能从功能上进行简单的区分，UTM和NGFW关键的核心差异在于识别与解码的方式不同、硬件的高效性差异等。可以说，NGFW是UTM演进的一种高级形态，UTM是传统的防火墙演变为下一代防火墙的一个过渡形态。

（3）AI防火墙

AI防火墙通过智能检测技术提升防火墙对高级威胁和未知威胁的检测能力，是下一代防火墙NGFW的高端产品。与NGFW防火墙通过静态规则库检测威胁，难以应对变种的高级威胁不同，AI防火墙引入智能检测引擎，通过海量样本训练威胁检测模型并不断根据实时流量数据优化模型，从而提升威胁检测能力。AI防火墙在提供NGFW能力的基础上，能够联动其他安全设备，主动防御网络威胁，增强边界检测能力，有效防御高级威胁。

5.4.4　安全设备选型

计算机网络的安全，主要是防止外部攻击和内部非法访问。传统的网络安全设备主要包括防火墙，入侵检测/入侵防御设备、VPN网关等。通过防火墙防止网络外部攻击，通过入侵检测/入侵防御设备预防内部攻击和非法访问，对于有分支机构的网络，还需要通过VPN设备将分支机构安全连接。

随着安全设备向着多功能汇集的发展，出现的统一威胁管理设备UTM和下一代防火墙NGFW。用户既可以采用多种单一功能设备，分别实现不同功能，也可以采用多功能防火墙设备，以便统一风险管理，减少安全边界的整体投入成本。

1. 思科安全设备概览

思科的安全产品有防火墙、IDS/IPS、VPN等产品。早期的思科安全产品有PIX500系列防火墙、IPS4200系列IDS/IPS、VPN 3000。这里主要介绍思科UTM和NGFW产品。

（1）思科UTM安全设备

2004年以后，思科推出属于统一威胁管理的UTM安全设备，Cisco ASA 5500系列自适应防火墙安全设备。Cisco ASA 5500系列包括Cisco ASA 5505、5510、5520、5540和5550自适应安全设备。每个版本都综合了一套Cisco ASA 5500系列的重点服务（如防火墙、IPSec和SSL VPN、IPS，以及Anti-X服务等），能够提供主动威胁防御，在网络受到威胁之前就能及时阻挡攻击，控制网络行为和应用流量，并提供灵活的VPN连接。ASA 5500多功能网络安全设备不仅能为保护中小企业和大型企业网络提供广泛而深入的安全功能，还能实现这种安全性相关的总体部署和降低运营成本及复杂性。

（2）思科NGFW防火墙

后来，思科推出了下一代防火墙cisco ASA 5500-X系列防火墙，Cisco ASA 5500-X系列包括Cisco ASA 5512-X、5515-X、5525-X、5545-X和5555-X等五款下一代防火墙。Cisco ASA 5500-X支持除ASA 5500防火墙应具备的功能外，还包括思科的AVC（Cisco application visibility and control，应用可视化与控制）、IPS（入侵防御系统）、WSE（web security essentials，Web安全基本组件）等下一代防火墙功能。Cisco ASA 5500-X防火墙提供的吞吐量是旧版防火墙吞吐量的四倍。随着思科下一代防火墙Cisco 5500-X推出，2013年3月，思科宣布终止Cisco ASA 5500防火墙平台的销售。

2013年9月，思科通过收购Sourcefire公司，推动cisco网络安全技术研发。在此基础上，2014年9月，思科推出具有Firepower服务的下一代防火墙ASA 5500-X系列。2016年2月，思科推出Firepower4100系列防火墙和Firepower9300系列防火墙。2017年2月，思科又推出Firepower2100系列防火墙。2019年5月，思科推出Firepower 1000系列防火墙。

2022年4月，思科又推出Cisco Secuce Firewall 3100系列新一代防火墙。Cisco Secuce Firewall 3100

系列默认搭载下一代IPS引擎Snort3，在不降低网络流量性能的情况下，相比Firepower 2100和Firepower 4100在安全性和加密处理性能上均有大幅度提升。

目前，思科下一代防火墙产品主要有Firepower 1000系列防火墙、Firepower 2100系列防火墙、Cisco Secuce Firewall 3100系列防火墙、Firepower 4100系列防火墙和Firepower 9300系列防火墙。Firepower 1000系列防火墙适用于中小企业和分支机构，Firepower 2100系列是专为需要执行大量敏感交易的企业而设计的防火墙产品，例如银行和零售企业等。Cisco Secuce Firewall 3100系列防火墙适用于中型企业增强性能并为未来发展提供灵活性；Firepower 4100系列防火墙适用于大型企业、园区和数据中心环境等；Firepower 9300系列防火墙适用于电信运营商和高性能数据中心等。

2. 思科下一代防火墙 NGFW 选型参考

结合思科的下一代防火墙NGFW产品介绍，同时结合网络规模，可以形成大致的思科下一代防火墙NGFW选择参考数据，具体选型参考见表5-2。

表 5-2　思科下一代防火墙选型参考表

思科防火墙	防火墙吞吐量 /Gbit/s	最大 VPN 对等点数	选型建议
Firepower 1010 Firepower 1120	0.9 2.3	75 150	小型企业网 分支机构
Cisco Secuce FW 3105	10	3 000	中小企业网
Cisco Secuce FW 3110/3120	17～21	3 000～6 000	中型企业网
Cisco Secuce FW 3130/3140	38～45	15 000～20 000	大中型企业
Firepower 4112/4115 Firepower 4125/4145	19～33 45～53	10 000～15 000 20 000	大型企业网 数据中心
Firepower 9300	55～190		运营商网络
Firepower 2100	2.6～10.4	1 500～10 000	敏感交易行业 银行/零售业

3. 华为安全设备产品线

华为的安全产品包括华为防火墙、入侵检测防御系统、上网行为管理器、安全接入网关等。下面先简要介绍入侵检测防御系统、上网行为管理器、安全接入网关等产品，后面重点介绍华为防火墙产品。

① 华为入侵检测防御系统，包括NIP2000系列、NIP5000系列、NIP6000系列，以及NIP6000E系列、IPS6000E系列、IPS6000F、IPS12000系列。其中NIP2000系列、NIP5000系列属于传统入侵防御系统IPS，NIP6000系列属于下一代入侵防御系统NGIPS。NIP2000有NIP2100（出口带宽800 Mbit/s）和NIP2200（1.2 Gbit/s）两个型号，适合中小企业。NIP5000有NIP5100（3 Gbit/s）、NIP5200（6 Gbit/s）、NIP5500（10 Gbit/s）三个型号，适合大中企业、运营商以及数据中心等。NIP6000是下一代入侵防御系统，包含NIP6300、NIP6600、NIP6800系列，共计13个型号，出口流量从500 Mbit/s到60 Gbit/s不等，包括适合各种场合的产品。NIP6000E系列、IPS6000E系列、IPS6000F系列、IPS12000系列是华为推出的新一代专业入侵防御产品。其中NIP6000E、IPS6000E和IPS6000F系列主要应用于企业、互联网数据中心、校园网和运营商等环境。IPS12000系列主要应用于大型企业、大型互联网数据中心和运营商等环

境，为客户提供运营安全保障。

② 华为上网行为管理器，包括ASG2000系列和ASG5000系列等，其中ASG2000系列包括ASG2050、ASG2100、ASG2150、ASG2200、ASG2600、ASG2800等六个型号产品；ASG5000系列包括ASG5300、ASG5500和ASG5600系列等。ASG2000系列中，低端百兆级ASG2050/2100适合于小型企业和分支机构，标准百兆级ASG2150/2200适合于中小企业，低端千兆级ASG2600适合于中型企业，标准千兆级ASG2800适合于大型企业。ASG5000系列是千兆级甚至万兆级产品，适合于大企业、大中型数据中心和运营商等环境。上网行为管理器可用于政府机构上网行为管理和企业上网行为管理，比如：对企业员工上班时间从事办公无关行为影响办公效率，大量网络视频和P2P下载导致网络不稳定，时常发生设计图纸和财务报表等敏感数据外泄事故等行为进行管理等。

③ 华为安全接入网关，包括SVN3000、SVN5300、SVN2200、SVN5500，以及SVN5600和SVN5800系列。SVN3000和SVN5300是华为公司早期安全接入网关产品。SVN2200系列包括SVN2230和SVN2260，SVN5500系列包括SVN5530和SVN5560，华为公司于2020年6月30日停止了SVN2200和SVN5500系列产品的服务。当前华为安全接入网关产品主要是SVN5600系列和SVN5800系列，SVN5600系列包括SVN5630和SVN5660，SVN5800包括SVN5850和SVN5860。SVN5600系列和SVN5800系列产品是华为公司面向运营商推出的新一代安全接入网关。采用华为成熟的电信级硬件平台和安全的实时嵌入式操作系统，具有完备的安全防护能力、丰富的终端支持、灵活的组网适应能力，为运营商、政府、企业提供远程接入、移动办公、分支机构互联、云接入等安全解决方案。

4. 华为防火墙

华为公司从2000年开始启动网络安全产品的研发，到目前，华为推出了两个系列防火墙产品，分别是Eudemon防火墙和USG防火墙。Eudemon防火墙包括传统防火墙、UTM防火墙、NGFW防火墙、AI防火墙，是面向电信运营商推出的防火墙设备。USG防火墙包括UTM防火墙、NGFW防火墙、AI防火墙，是面向大中型企业、小型企业或分支机构推出的防火墙设备。

（1）Eudemon防火墙

2003年，华为推出低端防火墙Eudemon100/200，2004年推出了基于NP处理器架构的中低档Eudemon500/1000防火墙，后期又推出了Eudemon8040/8080系列高端防火墙。

Eudemon系列防火墙属于改进的状态检测防火墙，采用华为特有的ASPF（application specific packet filter）状态检测技术和华为专有的ACL加速算法的包过滤技术，结合了代理型防火墙安全性高、状态防火墙速度快的优点，因此安全性高、处理能力强。

Eudemon100/200定位中小企业，出口带宽100 Mbit/s、400 Mbit/s，并发连接数20万/50万条。Eudemon500/1000定位于大中型企业，出口带宽3 Gbit/s，并发连接80万条。Eudemon8040/8080定位于大型企业和行业用户，以及数据中心，属于万兆防火墙，可用于大型企业和数据中心出口防火墙。

随着UTM概念的推出，华为推出了Eudemon200E、Eudemon1000E和Eudemon8000E系列防火墙，这一系列防火墙属于UTM防火墙。

2013年以后，华为推出Eudemon200E-N和Eudemon1000-N系列防火墙，这两个系列防火墙属于下一代防火墙NGFW。

2018年以后，华为推出了Eudemon200E及Eudemon1000E系列AI防火墙。Eudemon200E及Eudemon1000E系列AI防火墙是华为面向电信运营商推出的新一代AI防火墙，其在NGFW安全检测及处置能力的基础上，还支持与安全分析器（HiSec Insight安全态势感知系统、FireHunter沙箱）、SecoManager安全控制器等其他网络安全设备进行联动，对高级威胁进行主动、智能检测。

（2）统一安全网关防火墙（USG防火墙）

2008年，华为通过与赛门铁克联合成立华赛公司后，加强了安全产品的研发，推出了命名为统一安全网关USG的防火墙，包括UTM防火墙、NGFW防火墙、AI防火墙。

2008—2011年，华为分别推出USG50、USG2100/2200、USG3000、USG5100/5300/5500、USG9300/9500等系列防火墙。这一系列的防火墙属于UTM安全产品，具备防火墙、防病毒、入侵防御、应用控制、URL过滤、VPN等多种安全功能。USG安全产品防火墙功能采用华为ASPF(application specific packet filter）状态监测技术和华为专有的ACL加速算法包过滤技术。产品定位分别是小型企业和分支机构，中小企业、大中型企业、大型企业以及行业用户和数据中心出口防火墙。其中USG50是华为推出的第一款新一代统一安全网关防火墙，适用于小型企业和分支机构。USG9500系列属于高端防火墙产品，包括USG9520、USG9560和USG9580三种型号产品。

2013年后，华为推出USG下一代防火墙NGFW,包括USG6300/6600等系列型号，分别是USG6306/6308、USG6320、USF6330/6350/6360、USG6370/6380/6390、USG6620/6630、USG6650/6660、USG6670/6680。华为USG下一代防火墙NGFW吞吐量覆盖600 Mbit/s至40 Gbit/s。产品定位分别是小型企业和分支机构，中小企业、大中型企业、大型企业以及行业用户和数据中心出口防火墙。

2018年10月，华为发布业界首款AI防火墙，首推USG6000E系列低端款型，随后又发布了高端AI防火墙USG12000系列和新一代中低端AI防火墙USG6000F系列。华为AI防火墙在提供NGFW能力的基础上，联动其他安全设备，主动防御网络威胁，增强边界检测能力，有效防御高级威胁，同时解决性能下降问题。当前，华为AI防火墙主要产品是HiSecEngine系列AI防火墙，主要产品包括HiSecEngine USG6300E系列AI防火墙、HiSecEngine USG6500E系列AI防火墙、HiSecEngine USG6500F系列AI防火墙、HiSecEngine USG6600E系列AI防火墙、HiSecEngine USG6600F系列AI防火墙、HiSecEngine USG6700E系列AI防火墙、HiSecEngine USG6700E系列AI防火墙,以及HiSecEngine USG12000系列AI防火墙。

5. 华为 AI 防火墙选型参考

结合华为的AI防火墙产品介绍，同时结合网络规模，可以形成一个大致的华为AI防火墙选择参考数据,具体选型参考见表5-3。

表 5-3　华为下一代防火墙选型参考表

华为 AI 防火墙	选 型 建 议
HiSecEngine USG6300E系列（桌面型） HiSecEngine USG6500E系列（桌面型）	小型企业网 分支机构
HiSecEngine USG6300E系列（盒式） HiSecEngine USG6500E系列（盒式） HiSecEngine USG6500F系列（盒式）	中小企业网
HiSecEngine USG6600E系列 HiSecEngine USG6600F系列	大中型企业网 数据中心

续表

华为AI防火墙	选型建议
HiSecEngine USG6700E系列 HiSecEngine USG6700F系列	大型企业网 数据中心
HiSecEngine USG12000系列	云计算数据中心 大型企业园区网

5.5 网络管理设计

网络管理是监视和控制网络，以确保网络正常运行，或当出现故障时尽快发现故障和修复故障，使之最大限度地发挥其作用和效能的过程。为保证网络的正常运行，通常网络中心需要配备多名网络管理员负责网络和服务器的管理与维护。网络管理系统和服务器管理系统是协助网络管理员进行网络和服务器管理和维护的工具。

在网络规划和设计阶段考虑网络管理是非常重要的。很多网络设计人员在网络建设初期忽略了网络管理设计，导致网络管理的建设落后于网络本身的建设，常常是网络设计建设完成后才考虑网络管理的设计建设，这样会给网络管理带来麻烦和困难，同时也影响网络预期目标和网络管理的效果。

本节首先介绍网络管理的基础知识，然后介绍网络管理设计需要考虑的内容，最后结合实际对网络管理系统和服务器管理系统进行分析和选择设计。

5.5.1 网络管理体系

对网络设备的管理，可以采取网元管理系统或网络管理系统。

网元是指网络管理中可以监视和管理的最小单位，简单理解就是网络中的元素，网络中的设备。网元管理系统（element management system，EMS）一般由设备生产厂商开发，用于对单个或多个网络设备进行管理。功能包括对设备的配置管理、故障管理、性能管理、安全管理、计费管理等，并提供多种北向接口，如SNMP（simple network management protocol，简单网络管理协议）接口、CORBA（common object request broker architecture，公共对象请求代理体系）、FTP（file transfer protocol，文件传输协议）等，用于实现EMS与NMS互联。

网络管理系统（network management system，NMS）是一种结合软件和硬件来对网络状态进行调整的系统，以保障网络系统能够正常、高效运行，使网络系统中的资源得到更好的利用，是在网络管理平台的基础上实现各种网络管理功能的集合。大型网络一般包括许多网络设备，既需要对单个设备进行管理，也需要对网络整体进行管理，因此需要网络管理系统。网络管理系统也分为两种类型：一种是设备厂商提供的专用网络管理系统，这类网络管理系统一般既包括网元管理功能，也包括整体网络管理；另一种是第三方网络管理软件开发商开发的通用网络管理系统，这一类支持对所有SNMP设备的发现和监控，可集成厂商设备的私有MIB库，实现对全网（多厂商）设备进行识别和统一的管理。

注意，设备厂商开发的网络管理系统一般都提供北向接口和南向接口。北向接口（northbound interface）是为厂家或运营商进行接入和管理网络的接口，即向上提供的接口，是用于网络管理系统NMS与运营支撑系统OSS（operation support system）快速集成、融合共管的接口，支持SNMP、

CORBA等多种形式的北向接口协议。南向接口是管理其他厂家网管或设备的接口，即向下提供的接口，提供对其他厂家网元的管理功能，支持SNMP、CORBA、TELNET/SSH等多种形式的南向接口协议。

网元、网元管理系统、网络管理系统的关系如图5-16所示。

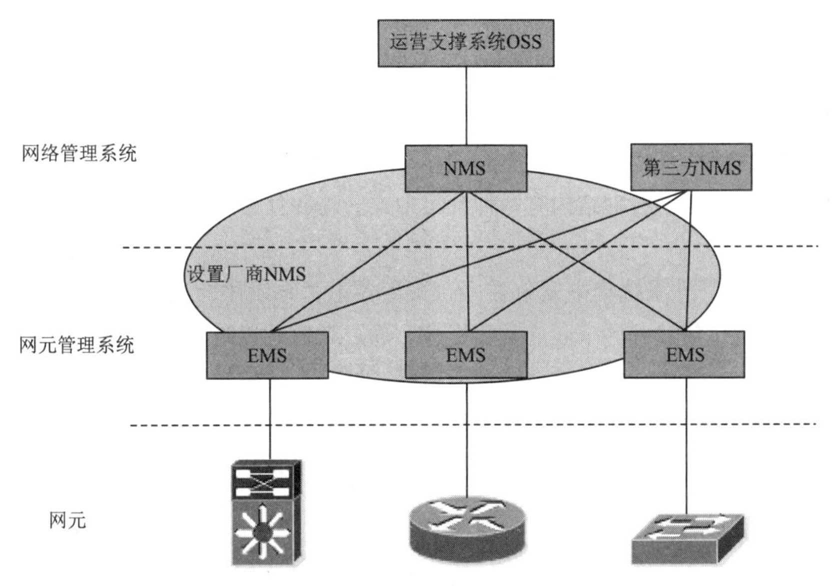

图 5-16　网络管理体系

5.5.2　网络管理系统组成

网络管理系统一般至少包括四个部分：一个网络管理工作站（manager）、多个设备代理（agent）、一个或多个管理信息库（MIB）和网络管理协议，如图5-17所示。

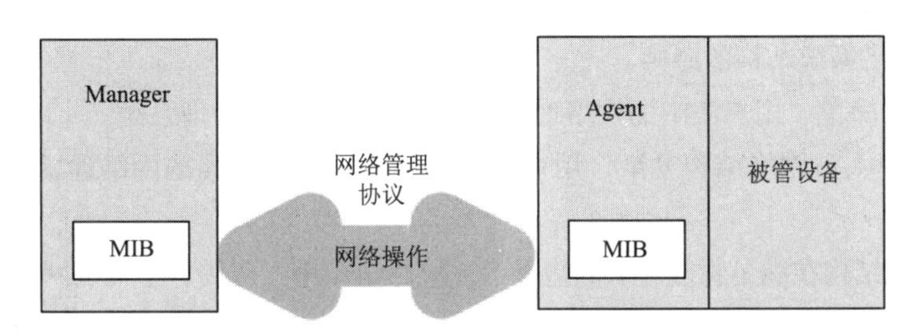

图 5-17　网络管理系统组成

网络管理工作站，是网络管理员和网络管理系统的接口，网络管理者通过网络管理工作站来完成管理工作。

设备代理，是一个应用程序（也可以由网元管理系统提供），通常驻留在被管网络设备（网元）上，对管理者信息查询和动作执行请求做出响应，同时还能够异步向管理者报告重要消息。

管理信息库，要对网络资源进行管理，必须首先将网络资源以计算机能够理解的方式表示出来，对计算机资源表示出来的形式称为管理信息结构（structure of management information，SMI），用抽象语法表示语言ASN.1（abstract syntax notation one）描述。通过将被管理资源抽象成若干个能够被计算机理解的被管对象，这些被管对象信息组成的集合就是管理信息库。

网络管理协议，是管理者和被管理者之间传输管理信息的一种传输协议，较为流行的协议为

SNMP，当管理者由于管理协议的异构而无法管理某个网元时，可以通过委托代理（proxy agent）提供的协议转换和过滤操作来实现对网元的管理。

5.5.3 网络管理设计考虑内容

网络管理设计要和其他网络设计内容放在一起考虑，要充分考虑网络管理设计对整体网络设计、设备选择的影响。网络设计中应主要考虑：网络管理结构、网络管理协议、网络管理功能、带内/带外管理。

1. 网络管理结构

由于企业网络的规模、行业性质等存在差异，对网络管理的需求也各不相同。从网络管理系统的角度出发，目前使用最广泛的管理结构有两种，集中式管理和分布式管理。

（1）集中式管理

集中式管理方式将管理系统集中安装在一台服务器上，系统用户通过广域网来登录使用系统。实现共同操作同一套系统，使用和共享同一套数据库，通过严密的权限管理和安全机制来同样实现符合现有组织架构的管理权限。集中式管理具有管理成本低，便于发现故障以及排除故障，给网络管理工作带来方便等优点。缺点是网络管理系统过于集中，容易形成单点故障，导致工作不能正常开展。

集中式管理适合于网络结构简单、用户分布集中、管理工作相对简单的网络。

（2）分布式管理

分布式管理方式是将地理上分布的网络管理客户机与一组网络管理服务器交互作用，共同完成网络管理的功能。分布式管理方式一直是推动网络管理技术发展的核心技术，也越来越受到业界的重视。在分布式网络上，节点之间互相连接，数据可以选择多条路径传输，分布式管理不依赖单一的系统，网络管理任务是分布的，因而具有更高的可靠性。缺点是分布式网络管理体系结构发展、管理难度加大。

分布式管理适合网络规模大、用户较为分散、管理工作较为复杂的网络。

总之，在规划网络管理系统时，要根据所设计的网络结构、考虑用户需求来确定网络管理系统结构。下面给出确定网络系统结构的原则。

① 对于网络结构简单、用户集中的网络通常采用集中式的网络管理系统。

② 对于网络规模大、网络结构复杂、用户分散、网络管理要求高的网络通常采用分布式的网络管理系统。

③ 网络管理系统结构在满足管理需求的情况下，应尽量简单、实用，不增加网络管理工作的复杂度。

2. 网络管理协议

网络管理协议是保证网络管理工作站和设备代理之间实现互操作的基础，根据网络管理需求，选择适当的标准化的网络管理协议是非常重要的。常用的网络管理协议有两个，分别是CMIP（common management information protocol，公共管理信息协议）和SNMP。

CMIP是国际化标准组织ISO制定的公共管理信息协议，是基于OSI七层协议参考模型设计的，与SNMP几乎同时成为网络管理标准协议。但由于CMIP实现过于复杂，因此没有得到广泛应用。

SNMP是互联网工程工作小组（internet engineering task force，IETF）定义的Internet协议簇的一部分。SNMP的目标是管理互联网上众多厂家生产的软硬件平台，目前得到了广泛的应用，是TCP/IP体系事实上的网络管理标准协议。SNMP的版本有SNMP V1、SNMP V2、SNMP V3，其功能较以前已经大大地加强和改进。

SNMP运行在TCP/IP协议之上，属于应用层协议，使用UDP作为下层支持协议。SNMP协议主要用于网络管理。SNMP V1包括五种协议数据单元，分别是GetRequest、GetNextRequest、GetRespone、Setrequest、Trap等。SNMP使用轮询（请求/响应）和事件驱动两种访问方式。轮询访问即管理站不断发送请求，代理不断响应。轮询对应的操作有get和set等操作。事件驱动方式对应Trap消息，当代理发现不正常情况出现时，向管理者发送Trap消息。

3. 网络管理功能

根据国际标准化组织的定义，一个专业的网络管理系统应包括五个方面的基本管理功能：配置管理、故障管理、性能管理、安全管理和计费管理。网络管理的五个方面的功能全面概括了网络管理系统的功能，实际的网络管理系统一般是五个功能域定义的一个子集。一般来讲，电信级网络要求比较全面的网络管理功能，对配置管理、故障管理、性能管理、安全管理要求非常高，且计费管理通常作为一个独立的系统存在。而企业级的网络管理功能要求则比较低，一般只涉及配置管理、故障管理、性能管理、安全管理。其中比较紧迫的是故障管理。对网络管理系统的选择，要根据实际用户实际的功能需求以及投资规模，选择满足需求的网络管理系统。

4. 带内 / 带外管理

带内管理是指网络管理通信信息流与用户间进行通信的应用数据流采用相同的网络进行传输。采用带内管理简化的网络管理结构，不需要单独的网络传输管理数据流。带内管理方式下，数据通信和管理信息采用同一网络，可能存在网络管理工作站收不到管理信息的情况。在带宽资源有限的情况下，网络管理信息会占用数据带宽，影响用户使用网络。基于IP的数据网络管理通常采用带内管理方式。

带外管理是指使用单独的网络传输管理数据流。带外管理使得数据通信与网络管理分开，保证网络的可靠性和安全性。但存在需要另外建立一个管理网，增加网络的复杂性和投资成本。电信网络的管理通常采用带外管理方式。在电信网络中，专门用于管理的网络称为管理网。

企业计算机网络是基于IP的数据网络，一般采用带内管理方式。

5.5.4　网络管理规划设计

为保证网络的可用性，网络管理人员需要使用网络管理工具的协助完成网络的监督和控制工作。网络管理工具需要支持丰富的功能，一个基本的网络管理工具应该包括监视、诊断、报告问题的功能，能够帮助及时发现问题并使故障可以快速排除和恢复。这里主要介绍常用网络管理系统和服务器管理系统，在此基础上给出网络管理工具选择的一些建议。

1. 常用网络管理系统

网络管理系统一般分为两种类型：一种是设备厂商提供的专用网络管理系统，比较典型的是Cisco公司的Cisco Prime Infrastructure、华为公司的eSight和IManager U2000、中兴公司的Netnuman N31综合网络管理系统；另一种是第三方网络管理软件开发商开发的通用网络管理系统，如惠普公司的HP OpenView、CA公司的Unicenter、IBM公司的Tivoli NetView、安奈特公司的SNMPc、北京游龙科技的SiteView、网强信息技术（上海）有限公司的网强NetMaster等。另外还有Solarwinds公司的SolarWinds Orion Network Performance Monitor、Solarwinds网络性能监控（简称NPM）等。

（1）思科公司网络管理系统

① Ciscoworks与Ciscoworks LMS。

思科的网络管理软件是Ciscoworks，包括Ciscoworks for windows（适合于中小企业）和Ciscoworks2000（适合于大中型企业）。Ciscoworks2000由三个部分组成：

- RWMS（routed wan management solution，路由广域网管理解决方案）：管理广域网络的企业级网络管理解决方案。
- SMS（service management solution，服务管理解决方案）：监视网络系统服务级别的企业级网络管理解决方案。
- LMS（LAN management solution，局域网管理解决方案）：管理包含路由器和交换机的局域网络，是企业级的解决方案。

其中，Ciscoworks LAN Management Solution（Ciscoworks LMS）是一套完整的网络管理系统，可以单独使用。Ciscoworks LMS提供的综合管理工具使得管理员可以轻松地对网络系统进行配置、管理、监测及故障排除，同时对设备的自动发现、管理、网络中共享信息的交叉应用管理等提供综合的管理平台。Ciscoworks LMS包括Ciscoworks LMS 2.x，Ciscoworks LMS 3.x，Ciscoworks LMS 4.0等版本。Ciscoworks LAN Management Solution（Ciscoworks LMS）一般由以下几个模块组成：CiscoWorks Device Fault Manager（DFM）、CiscoWorks Campus Manager（CM）、CiscoWorks Resource Manager Essentials（RME）、CiscoWorks Internetwork Performance Monitor（IPM）、CiscoWorks Common Services with CiscoView（CiscoView）。

② Cisco Prime Infrastructure。

Ciscoworks LMS推出多个版本，最后的版本为Ciscoworks LMS 4.0，思科在2012年2月停止销售Ciscoworks LMS 4.0。

思科局域网管理解决方案的下一个版本改为Cisco Prime LAN Management Solution，即思科Prime局域网管理解决方案（Cisco Prime LMS）。先后推出Cisco Prime LMS 4.1和4.2版本。

再后来，思科推出了Cisco Prime Infrastructure（思科Prime基础设施），其中包含Cisco Prime LMS，且不再单独发售Cisco Prime LMS软件。思科Prime基础设施针对融合的有线网络和无线网络提供完整的生命周期管理，提供故障、配置、计费、性能和安全（FCAPS）管理。思科Prime基础设施包括下面两个产品：

思科Prime网络控制系统（Cisco prime network control system）：融合用户和访问管理功能，提供完整的无线生命周期管理，并对分支机构路由器进行集成配置和监控。

思科Prime局域网管理解决方案（Cisco Prime LMS）：管理包含路由器和交换机的局域网络，是企业级的解决方案。可以根据网络运营商的工作方式调整网络管理功能，从而简化思科无边界网络管理并降低运营成本。

思科Prime基础设施是一个捆绑式解决方案，它具有以下特点：融合式管理，让用户轻松地实施监控、排除故障和制作报告；改善配置、应对变动情况并增强遵从性管理，进而降低总拥有成本；整齐划一的外观，改善用户体验和工作流程管理。

另外，思科还推出面向中小企业网络管理的网络管理产品——思科FindIT管理器。

（2）华为网络管理系统

华为网络管理系统包括企业网络管理系统和电信行业网络管理系统。

电信行业的网络管理系统为华为iManager综合网络管理系统，包括iManager N2000 DMS数据通信网络管理系统，以及华为iManager U2000统一网络管理系统。IManager U2000采用C/S架构，主要应用于电信运营商主干网和广域网等，包括广域网传输、接入设备管理，部分路由器、部分交换机管理等，但不包含WLAN的管理等。

企业网络管理系统包括Quidview和eSight产品。

① Quidview网络管理系统。

Quidview网络管理系统是华为早期对数据通信设备如交换机、路由器的统一管理和维护的管理软件，位于网络解决方案的管理层，能够实现网元管理和网络管理的功能。它包括网元管理平台、广域网管理系统、局域网管理系统、资源管理系统。此外，Quidview能够集成到SNMPc、HP Openview、IBM Tivoli Netview等网络管理系统中，能够实现网络拓扑管理、设备管理、Traffic View、资源管理系统等功能。

② eSight网络管理系统。

eSight包括eSight Network和eSight两个产品。eSight Network网络管理系统是华为公司研制的面向企业网络、企业分支机构的网络管理系统，eSight Network主要通过SNMP方式对交换机、路由器、防火墙、WLAN等设备统一管理，主要支持功能如下：网元管理、性能、告警、配置文件管理、终端资源等基础管理能力，支持WLAN业务管理、安全策略管理、日志管理等业务。eSight Network采用B/S架构，是企业园区网络的管理平台，适用于企业计算机网络。

eSight主要应用于数据中心融合运维、平安城市智能运维、WLAN全生命周期管理等场景。eSight可实现对服务器、存储、虚拟化、交换机、路由器、防火墙、WLAN、机房设施、PON网络、无线宽带集群设备、视频监控、IP话机、视讯设备等多种设备的统一管理。其中包括计算机网络管理、网络服务器管理、存储管理等多种业务功能。

2. 常用服务器管理系统

服务器管理系统一般也分为两种类型：一种是设备厂商提供的服务器管理系统，例如，华为eSight服务器管理组件、浪潮猎鹰服务器管理软件（LCSMS）、戴尔的OpenManage、IBM Tivoli、HP Openview；另一类是第三方开发的通用服务器监控管理系统，例如，网强网络管理系统（NetMaster包含服务器管理）、CactiZE系统监控软件，以及Solarwinds公司提供Orion Application Performance Monitor、Solarwinds应用性能监控等。

（1）华为eSight服务器管理组件

华为eSight是一个ICT统一管理平台，包括服务器管理组件。eSight服务器管理组件向企业用户提供了兼并OS和服务器硬件管理的统一运维解决方案，实现服务器的运行状态以及部件状态的实时监控，可视化的批量配置部署和批量固件升级以及服务器的即插即用能力，帮助企业用户有效简化了服务器的运维管理，提升了服务器的运维效率。eSight服务器管理模块特点见表5-4。

表 5-4　eSight 服务器管理模块特点

OS 自动监控	• 通过SNMP/WMI/SSH/Telnet等方式对Windows、IBM-AIX、Linux、Solaris、HP-UX等各种操作系统主机的自动监控，帮助管理员及时发现故障和故障隐患。 • 提供服务器CPU、内存、磁盘、系统状态、硬件监控，确保实时了解服务器各部件的健康状态
硬件信息管理	• 服务器动态信息监控，包括CPU、内存、磁盘、风扇、电源等零部件的健康状态。 • 服务器静态信息监控，包括名称、IP地址、在线状态、健康状态、类型、型号、描述、信息刷新时间等基本信息以及电源、风扇、CPU、内存、硬盘、主板、交换板等部件信息
批量配置	• 提供快速服务器设备批量OS安装部署功能，支持Windows、Suse、Redhat等主流操作系统。 • 提供服务器固件批量自动升级，包括iBMC、BIOS、RAID等，提升维护效率、节约人力费用。 • 基于模板的批量配置部署，包括BIOS系统启动选项配置，基于LSI2208、LSI2308卡的RAID配置、端口VLAN配置以及HBA SAN Boot信息配置

续表

远程维护	• 提供远程KVM（keyboard video mouse）集成功能，方便管理人员远程操作服务器
可视化面板	• 提供服务器状态面板图展示状态信息，以可视化方式展现服务器的实时状态
无状态计算	• 抽取服务器硬件属性信息统一进行管理，如MAC地址、IP地址、WWN号等；实现硬件属性的无状态。 • 无状态计算通过配置的绑定，更换计算节点后，完全继承原有配置，达到即插即用。 • 服务器上电后，配置自动下发并生效，无须人工操作

iBMC（intelligent baseboard management controller，服务器智能管理系统）是面向服务器全生命周期的服务器嵌入式管理系统，提供硬件状态监控、部署、节能、安全等系列管理工具，标准化接口构建服务器管理更加完善的生态系统。iBMC基于华为自研的管理芯片Hi1710，采用多项创新技术，全面实现服务器的精细化管理。

（2）浪潮LCSMS

浪潮猎鹰服务器管理软件V4.0是浪潮服务器研发人员在多年的技术积累和用户需求分析调研的基础上，经过多年的研发改进而发布的服务器管理软件版本。LCSMS V4.0可对服务器节点状态进行实时监控和资源管理，为系统管理员提供一个统一的、集中的、可视化的和跨平台的管理工具。LCSMS V4.0在跨平台（Windows、Linux）、远程故障报警、Raid监控、资产管理等方面取得突破，从而可以极大降低用户的管理成本，同时也提高了用户的管理效率，降低系统维护成本。

浪潮LCSMS管理软件由三部分组成:Web Server、子管理节点（Sub management，SM）和被管理节点（Node Managed，NM）。Web Server：提供Web管理站点，管理员通过IE浏览器访问此Web Server站点，登录猎鹰服务器管理系统，对被管理节点进行管理和监控。Web Server 由JSP /Java+Tomcat实现，可以部署到Windows和Linux系统。Web Server可以直接管理每一个NM节点，也可以通过SM来管理NM节点。SM主要是在系统比较复杂时，安装在Web Server和NM之间，为Web Server和NM提供一个中转站的功能。NM：被管理节点运行在被管理服务器上，提供管理和监控告警功能。

（3）网强Netmaster

网强Netmaster涵盖了网络管理、服务器管理、数据库管理、中间件管理、通信管理、安全管理、机房环境管理及运维管理等，针对服务器的管理系统，它的主要功能模块包括服务器基本信息管理（安装程序、CPU、内存、进程、磁盘分区信息管理）、各种服务的管理（HTTP、FTP、SMTP、POP3、DNS服务管理）、数据库管理（Oracle性能、表空间等管理、Sybase、MS SQLServer、MySQL管理）、性能分析（实时、当日、统计性能分析）等等。

3. 网络管理平台选择

网络管理系统包括配置管理、故障管理、性能管理、安全管理和计费管理五大功能。而对于一般的企业网络来说，通常不需要计费管理。计费管理主要应用于ISP级的大企业，如电信运营网络商。安全管理则属于网络安全建设领域。所以，企业网络管理系统主要功能包括配置、故障和性能管理三个方面。

配置管理是指对企业所有设备配置的统一管理。目前，管理员大多通过登录方法对网络设备进行配置，并利用设备提供的配置命令完成。这也是唯一能够完成所有配置任务的方式。设备制造商会针对不同型号的设备推出一些辅助的配置管理软件工具，简化设备的配置过程。但这往往只能实现部分配置功能，而且只针对特定型号的设备，缺乏通用性。由于设备的配置参数、方式没有通用的标准和协议，所以没有通用的设备配置管理软件，管理员只能通过各自产品的软件对所有设备分别配置。

性能管理是管理员通过对网络、系统产生的报表数据进行实时的分析与管理。性能管理系统会保存大量采样数据，同时定期对原始数据进行汇总，生成汇总化报表，以减少存储资源占用，提高数据质量。性能报表报告是性能管理的核心。性能报表直观易懂是基本要求，报表内容是否有效，能够对系统性能调整起到指导作用是性能管理系统有用的关键。当然，网络性能超出限制值产生性能故障报警，并通过网络故障管理统一处理也是性能管理的基本要求。另外，有一些高端的网络性能管理软件还具有自动分析预测功能，可以自行学习和分析网络性能的历史和现状，给出将来可能出现的性能问题预测。

故障管理是整个网络管理的重中之重。因为对于大多数管理员来说，主要任务就是对整个企业网络系统的管理维护，保障网络的正常运行。因此，网络故障管理首先能够自动发现、生成和维护网络拓扑结构，形成网络模型。通过核对该网络拓扑结构，可以纠正错误，或者发现用户私自增加和改变的网络连接。一般网管软件可以生成基于IP网络的拓扑结构图，高级网管软件则可以生成和维护基于交换机物理连接、存储区域网SAN等的拓扑结构图。然后，故障管理以此拓扑结构图为基础，自动定期轮询网络设备，监视线路、设备的运行状况和故障情况。故障管理的核心是对采集到的故障信息进行处理。网管软件可以理解网络拓扑结构和故障来源，自动地、直观地在网络拓扑界面表示出该故障。

目前，市场上各种网管产品主要是针对网络故障管理和网络性能管理这两个方面的。网络故障管理主要侧重于实时的监控，而网络性能管理更看重历史分析。目前，网络管理的软件很多，在市场上经常使用的有惠普公司的HP OpenView、CA公司的Unicenter、IBM公司的Tivoli NetView、安奈特公司的SNMPc、北京游龙科技的SiteView、网强信息技术（上海）有限公司的网强NetMaster，以及设备厂商的网络管理产品如CicsoPrime Infrastructure和华为的eSight平台。

（1）网络管理系统选择

对于大量采用同一家品牌厂商设备的网络工程项目，可以采用设备厂商提供的网络管理系统，提高网络管理效率。比如采用华为网络设备的计算机网络可以选择使用华为的eSight Network或eSight统一管理软件（建议选择eSight统一管理软件，它同时包含网络管理、服务器管理和存储系统管理等功能）。

如果网络工程项目中采用多家厂商的网络设备，可以采用第三方网络软件开发商提供的通用网络管理软件。

（2）服务器管理系统选择

当网络规模较小，服务器数量较少时，服务器管理工作相对简单，可能不需要服务器管理系统，但对于大中型网络系统，可能有许多的服务器，这时采用专门的服务器管理系统，可以提高管理水平和效率。服务器管理系统通常是针对具体的应用服务器开发的，用于对具体应用服务器功能进行全面的管理。

5.6 网络设计报告

网络工程项目建设，必须在需求分析的基础上，做好网络设计工作。网络设计是在网络规划的指导下进行具体的逻辑设计和物理设计，逻辑设计在网络拓扑、传输技术、IP地址、路由选择、网络管理和网络安全等方面给出具体的设计方案；物理设计在结构化布线设计、网络机房系统设计、网络设备选型、服务器设备选型和服务器部署规划，以及互联网接入等方面给出具体的方案。另外还需要针对高级需求进行网络可靠性、网络性能、网络安全、网络扩展性、网络管理等方面的设计，并最终形成设计报告。本节给出设计报告的格式文档内容要求和网络设备报告示例。

5.6.1　网络设计报告提纲示例

网络设计报告格式文档提纲示例如下：

计算机网络系统设计报告

1. 网络工程项目概述（项目简要说明）

1.1 项目单位概况

1.2 项目名称及建设内容

2. 网络工程需求分析（简化的需求分析）

2.1 网络基本需求（业务、服务、传输、环境平台）

2.2 网络高级需求（性能、可靠性、安全、扩展性、管理）

3. 网络工程设计（设计报告的主体内容）

3.1 网络设计概述（设计原则等）

3.2 网络工程逻辑设计（网络结构、拓扑图、VLAN设计、IP地址设计）

3.3 网络工程物理设计（网络环境、网络设备、服务器选型）

3.4 网络工程扩展设计（可靠性、性能、安全、扩展性、管理设计）

4. 网络接入设计

4.1 互联网接入设计

4.2 无线网络接入设计

5.6.2　网络设计报告示例

计算机网络系统设计报告

1. 网络工程项目概述

公司主要从事信息通信产品的研发、生产、销售工作，为提高企业核心竞争力，促进企业管理、生产和经营的高效迅速，计划建立一个便捷安全的计算机网络系统，为企业的研发、生产、销售提供服务。

1.1　项目单位概况

公司主要从事信息通信产品的研发、生产、销售工作，包括一个总部和三个分部。总部位于工业园北部大楼，包括行政部门、财务部门、后勤部门、人力资源等管理服务部门等。分部A为研发部门，位于工业园西部大楼，主要负责产品研发；分部B为生产部门，位于工业园东部大楼，主要负责产品生产；分部C为销售部门，位于工业园南部大楼，负责公司产品销售。

公司各部门位置分布及人员情况：公司共有540多人，其中总部的行政部30人，财务部20人，后勤部40人，人力资源部20人。分部A包括管理人员10人，研发部150人。分部B包括管理人员10人，生产人员200人。分部C包括管理人员10人，营销人员50人。

1.2　项目名称及建设内容

项目名称：公司计算机网络系统。

为提高公司的核心竞争力，企业领导层决定建立“公司计算机网络系统”，以提高企业的工作效率和核心竞争力。公司计算机网络系统项目分两个部分：一部分为网络服务平台建设，包括网络环境平台和网络传输平台建设，以及网络公共服务系统构建；一部分为公司业务平台建设，包括支持公司管理、生产、研发等的多个信息系统。各种业务平台在网络服务平台完成后，根据业务发展需要逐步建设。先期完成网络服务平台建设，计划投资***万元。

公司计算机网络系统平台，要求连接研发、生产、销售、后勤、人力资源等各个部门（网络规模）；能够提供各部门无阻塞信息、资源交互（性能需求）；信息平台要保证网络的不间断运行，提供稳定可靠的运行环境（可靠性需求）；为保证公司的后续发展，平台要求具有一定的先进性，能够保证后续公司扩展的需要（扩展性需求）；要保证各部门子系统的运行安全和稳定（安全性需求），网络平台管理方便（管理需求）。

2. 网络工程需求分析

通过对项目单位实地考察、与管理层和职员交流等方式获取需求信息，通过表格收集单位组织结构、楼宇信息及节点信息，并对获取信息进行分析得到需求信息。

2.1 网络基本需求

（1）用户业务平台需求

企业计算机网络系统，需要提供与研发、生产、销售、管理相关的业务软件，要求提供MIS系统、CAD系统、ERP系统等业务平台，以及数据存储平台、以提高研发、生产、管理效率。

（2）公共服务平台需求

公司构建网络系统，既要提供有利于企业研发、生产、销售等，又要服务于企业员工，方便企业员工的信息交流，丰富企业员网络文化生活。因此企业网络系统同时要提供一系列公共服务，如Web服务、E-mail服务、FTP服务、DNS服务、DHCP服务等。作为企业信息系统平台，根据企业规模，用户业务采用企业级服务器或高档部门级服务器；企业虽然提供公共服务，但实际用户较少，流量较少，采用部门级服务。服务器数量、性能要满足需要并适当预留扩展空间。

（3）网络传输平台需求

根据企业物理环境，网络采用TCP/IP体系结构，总部建立网络中心，企业业务和公共服务分别采用多台服务器提供业务支持和公共服务，并放置于网络中心。总部采用交换式三层结构网络，通过防火墙与互联网相连。由于总部与分部都在一个工业园内，因此各分部通过光纤与企业总部互联，并通过总部访问外网。网络设备包括传输设备和安全设备，网络设备在数量、性能、可靠性、安全等方面要能够满足网络平台稳定可靠运行的需要，并适当预留扩展空间。

（4）网络环境平台需求

根据公司规模、组织机构和物理分布，公司网络计划采用三层结构。核心层与汇聚层之间采用光纤互联；汇聚层与接入层一部分部分采用光纤连接、一部分采用双绞线连接；终端接入采用双绞线。信息节点总数为540个节点。各楼栋信息节点数分布见详细的需求分析统计表。网络中心位于总部六层，分为运行空间和管理空间。

2.2 网络高级需求

（1）网络性能需求

公司计算机网络系统平台的性能有如下要求：

① 在内部网络访问中，能够同时满足企业员工无阻塞开展网络业务，同时支持300人并发访问业务系统；

② 在访问外部网络时，要求响应时间短、网络时延小；

③ 对于网络语音视频业务，要尽量减少时延抖动（突发业务会引起时延抖动，时延抖动会导致视频中断），而且能够满足50%用户同时无阻塞访问。

（2）网络可靠性需求

企业网络信息系统正式启用以后，需要保证全天24小时无故障运行，因此必须有较高的网络可靠性和可用性。为此：

① 需要企业的业务服务具有高可用性，采用高可用性群集技术，考虑服务器和应用的可用性、并发数；

② 核心设备、核心链路要避免单点故障；

③ 要对关键数据、系统进行备份冗余，一旦出现故障，系统具有快速恢复能力。

（3）网络安全需求

企业网络信息系统正式启用以后，需要提供网络安全保证。

① 要进行用户登录认证，对于企业用户，还要进行认证授权，分级别管理，避免企业信息系统被分发访问；

② 开启防火墙功能，避免企业网络受到外部攻击，导致信息泄露、网络瘫痪或无法提供服务；

③ 对关键信息和数据开启入侵检查和入侵防护，避免非授权用户非法访问或越级访问，窃取信息。

（4）网络扩展性需求

公司是一个不断发展壮大的企业，目前企业人数是540人，未来5—10年内计划发展到800～1 000人，组织结构、业务规模和范围也会进行适当扩展。因此网络信息平台的设计要考虑网络扩展性需求，要适应企业未来5—10年的发展需要，包括网络设备增加、节点数量扩展、应用业务拓展等。

（5）网络管理需求

公司没有专门的网络管理人员，系统建设完成后，需要配置网络管理人员。为保障网络信息平台可靠运行，要求配置网络管理系统，具备配置管理、故障管理、性能管理、安全管理和计费管理功能，管理简单方便，且能够对多厂商设备进行统一管理。

3. 网络工程设计

3.1 网络设计概述

（1）网络工程设计总体说明

网络工程设计包括网络工程逻辑设计和物理设计，逻辑设计包括网络拓扑图设计（拓扑图设计要考虑网络性能、可靠性、安全、扩展性）；VLAN规划、IP地址规划、路由设计、广域网连接等；物理设计包括网络环境平台设计、网络设备选型（通信子网），网络服务器和操作系统选型、服务器部署规划（资源子网）等。

（2）网络工程设计原则

计算机网络系统建设关系到几年内用户网络信息化水平和网上业务应用系统的成败。在网络设计前对主要设计原则进行选择和平衡，并排定其在方案设计中的优先级，对网络设计和实施将具有指导意义。

① 实用够用性原则。

计算机、网络设备、服务器等设备的技术性能在逐步提升的同时，其价格却是在逐步下降的，对计算机网络系统中涉及的各类设备不可能也没必要实现一步到位。所以，计算机网络系统方案设计中，应采用成熟可靠的技术和设备，适当考虑设备的先进性，充分体现计算机网络系统中，实用够用的网络建设原则。切不可为了所谓的计算机网络系统的先进性和超前性，购买超过实际性能需求的高档设备，避免投资浪费。

② 开放性原则。

计算机网络系统采用开放的标准和技术，比如采用国际通用标准的TCP/IP网络协议体系，采用标准的动态路由协议等。环境平台、资源系统建设要采用国家标准，有些还要遵循国际标准。其目的包括两个方面：第一，有利于计算机网络系统的后期扩充；第二，有利于与外部网络互联互通。

③ 先进性原则。

计算机网络系统应采用国际先进、主流、成熟的技术。比如，计算机网络系统中内部网络可采用千兆以太网或万兆以太网全交换技术，选用支持多层交换技术，支持多层干道传输、生成树等协议的交换设备。

④ 可靠性原则。

网络的可靠性是网络设计中需要考虑的一个主要原则。计算机网络系统的可靠性往往是一个网络工程项目成功与否的关键所在。特别是政府、教育、企业、税务、证券、金融、铁路、民航等行业网络系统中的关键设备和应用系统，如果出现故障，可能产生的是灾难性的事故。所以在计算机网络系统设计过程中，要选择高可用性网络产品，关键链路、关键设备要提供冗余备份和容错技术。另外还要考虑是否提供网络存储系统，提高系统数据可靠性，确保计算机网络系统具有很高的系统可用性。

⑤ 安全性原则。

网络的安全主要是指计算机网络系统防病毒、防黑客等破坏系统、窃取数据，破坏数据的机密性、完整性、不可否认性、可用性、真实性等的安全问题。为了网络系统安全，在方案设计时，应考虑用户方在网络安全方面可投入的资金，建议用户方选用网络防火墙、网络防杀毒系统等网络安全设施；网络信息中心对外的服务器要与对内的服务器隔离。

⑥ 可扩展性原则。

网络设计不仅要考虑到近期目标，也要为网络的进一步发展留有扩展的余地，因此要选用主流产品和技术。若有可能，最好选用同一品牌的产品或兼容性好的产品。比如，对于多层交换网络，若要选用两种品牌交换机，一定要注意它们的VLAN干道传输、生成树等协议是否兼容，是否可无缝连接。另外，网络建设要能满足用户当前需求以及将来一段时间网络扩展的需要。要能够保证用户数增加，以及用户设备和网络业务应用的增加，而不影响原有的网络投资和网络功能。

⑦ 可管理维护性。

计算机网络系统的设备和系统应易于安装、管理和维护，避免设备和系统故障，影响计算机网络系统的运行。应配备先进的网络管理平台和服务器管理平台，对各种主要设备如核心交换机、汇聚交换机、接入交换机、服务器、大功率长延时UPS等设备进行集中监测和管理。

3.2 网络工程逻辑设计

3.2.1 网络拓扑结构设计

（1）网络拓扑结构选择

根据公司规模、组织机构和物理分布，公司内部网络采用以太网技术，拓扑结构采用交换式三层树状结构。核心层与汇聚层之间采用光纤互联；汇聚层与接入层一部分部分采用光纤连接、一部分采用双绞线连接；终端接入采用双绞线，会议室、休闲场所接入无线网络。内部业务服务器与核心交换机相连，外部公共服务器接入防火墙DMZ区域。

（2）网络拓扑结构影响因素

考虑到网络性能、可靠性需求，对于内部网络，核心层与汇聚层之间采用1 000 M光纤通过双链路互联；网络中心核心交换机通过光纤连接。考虑到安全方面需求，对于外部网络，主要防止外部的黑客攻击和病毒攻击。对于内部网络，主要防止非法访问。因此公司网络配备下一代防火墙系统，支持防病毒和入侵防御功能。

（3）绘制网络拓扑图

结合公司规模、用户分布，以及对网络性能、可靠性、安全的需求，公司网络拓扑图设计如图5-18所示。

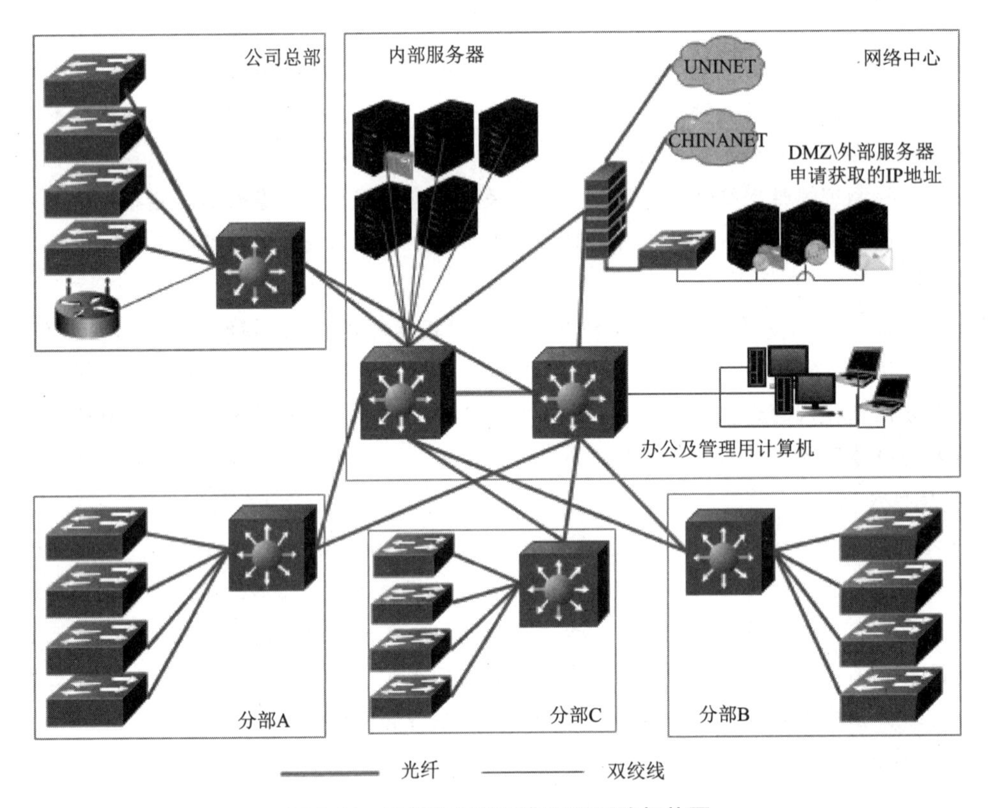

图 5-18　计算机网络工程项目网络拓扑图

3.2.2 VLAN设计

划分VLAN原则如下：应尽量避免在同一交换机中配置太多的VLAN；尽量避免VLAN跨越核心交换机和网络拓扑结构的不同分层。

计算机网络工程项目中划分VLAN往往结合组织结构或楼宇分布进行。

（1）VLAN命名

为便于管理，可以对VLAN进行命名，命名应尽量简洁、有意义、无二义性并易于辨认，可以采用一定规则进行命名，如“VLAN_部门”。

（2）VLAN设计

根据某公司组织结构和地理环境，结合网络拓扑图设计，在遵循VLAN设计原则的基础上，对VLAN划分做出如下规划：

① 网络中心需要管理网络设备、网络服务器，以及管理用计算机等，VLAN编号0～9提供给网络中心使用，其中默认VLAN1用作网络设备管理，VLAN2用作内部服务器，VLAN3用作网络中心管理用计算机，VLAN4～9预留备用。

② 公司总部使用VLAN号10～29，行政部门、财务部门、后勤部门、人力资源等管理服务部门各使用一个VLAN号，并预留一些VLAN编号。

③ 研发分部A使用VLAN号30～49，管理人员和研发人员各使用一个VLAN号，并预留一些VLAN编号。

④ 生产分部B使用VLAN号50～69，管理人员和生产人员各使用一个VLAN号，并预留一些VLAN编号。

⑤ 销售分部C使用VLAN号70～89，管理人员和营销人员各使用一个VLAN号，并预留一些VLAN编号。

具体VLAN编号分配及命名见表5-5。

表5-5 项目VLAN编号分配及命名表

部 门	VLAN	VLAN命名	设备数	备 注
设备管理	VLAN1	VLAN_SBGL	22	
内部服务器	VLAN2	VLAN-SERVER	6	
网络中心	VLAN3	VLAN-XTGL	10	
…	…	…	…	
行政部门	VLAN10	VLAN_XZ	30	
财务部门	VLAN11	VLAN_CW	20	
后勤部门	VLAN12	VLAN_HQ	40	
人力资源	VLAN13	VLAN_RL	20	
…	…	…	…	
分部A管理	VLAN30	VLAN_A_GL	10	
研发人员	WLAN 31	VLAN_YF	150	
…	…	…	…	
分部B管理	VLAN50	VLAN_B_GL	10	
生产人员	VLAN51	VLAN_B_YF	200	
…	…	…	…	
分部C管理	VLAN70	VLAN_C_GL	10	
营销人员	VLAN71	VLAN_C_YF	50	
…	…	…	…	

3.2.3 IP地址规划

IP地址规划总体来说包含两个部分：计算机网络系统网络地址整体规划；网络设备接口固定IP地址规划。

（1）计算机网络系统网络地址整体规划

根据公司网络拓扑图设计和VLAN划分情况，在遵循IP地址分配原则的基础上，对公司网络的IP地址分配做如下总体规划：

① 公司内部采用192.168.0.0开始的私有地址进行地址分配，所有内部机器通过网络地址转换（NAT）方式上网。

② 网络设备的管理VLAN采用默认VLAN1，管理地址使用192.168.1.0/24网段地址。网络内部服务器地址采用VLAN2，网段地址采用192.168.2.0/24。网络中心管理用计算机使用VLAN3，网段地址采用192.168.3.0/24。网段地址192.168.4.0~192.168.9.0/24保留。

③ 公司总部使用192.168.10.0~ 192.168.29.0/24的网段地址，其中行政部门、财务部门、后勤部门、人力资源，分别是192.168.10.0~ 192.168.13.0/24的网段地址，并预留一部分网段地址。

④ 研发分部A使用192.168.30.0~192.168.49.0的网段地址，其中管理人员和研发人员各使用一个网段，其他网段地址预留。

⑤ 生产分部B使用192.168.50.0~192.168.69.0的网段地址，其中管理人员和生产人员各使用一个网段，其他网段地址预留。

⑥ 销售分部C使用192.168.70.0~192.168.89.0的网段地址，其中管理人员和销售人员各使用一个网段，其他网段地址预留。

项目网络IP地址整体规划表见表5-6。

表 5-6　项目网络 IP 地址整体规划表

部　门	VLAN	VLAN 命名	网 络 地 址	网 关 地 址	子 网 掩 码
设备管理	VLAN1	VLAN_SBGL	192.168.1.0	192.168.1.1	255.255.255.0
内部服务器	VLAN2	VLAN-SERVER	192.168.2.0	192.168.2.1	255.255.255.0
网络中心	VLAN3	VLAN-XTGL	192.168.3.0	192.168.3.1	255.255.255.0
…	…	…			
行政部门	VLAN10	VLAN_XZ	192.168.10.0	192.168.10.1	255.255.255.0
财务部门	VLAN11	VLAN_CW	192.168.11.0	192.168.11.1	255.255.255.0
后勤部门	VLAN12	VLAN_HQ	192.168.12.0	192.168.12.1	255.255.255.0
人力资源	VLAN13	VLAN_RL	192.168.13.0	192.168.13.1	255.255.255.0
…	…	…			
分部A管理	VLAN30	VLAN_A_GL	192.168.30.0	192.168.30.1	255.255.255.0
研发人员	VLAN31	VLAN_A_YF	192.168.31.0	192.168.31.1	255.255.255.0
…	…	…			
分部B管理	VLAN50	VLAN_B_GL	192.168.50.0	192.168.50.1	255.255.255.0

续表

部　门	VLAN	VLAN 命名	网 络 地 址	网 关 地 址	子 网 掩 码
生产人员	VLAN51	VLAN_B_YF	192.168.51.0	192.168.51.1	255.255.255.0
…	…	…			
分部C管理	VLAN70	VLAN_C_GL	192.168.70.0	192.168.70.1	255.255.255.0
营销人员	VLAN71	VLAN_C_YF	192.168.71.0	192.168.71.1	255.255.255.0
…	…	…			

在网络IP地址规划的过程中，绘制一幅准确的网络拓扑图是不可缺少的。好的网络拓扑图应包含连接不同网段的各种网络设备的信息，比如路由器交换机的位置、IP地址，并用相应的网络地址标注各网段，如图5-19所示。

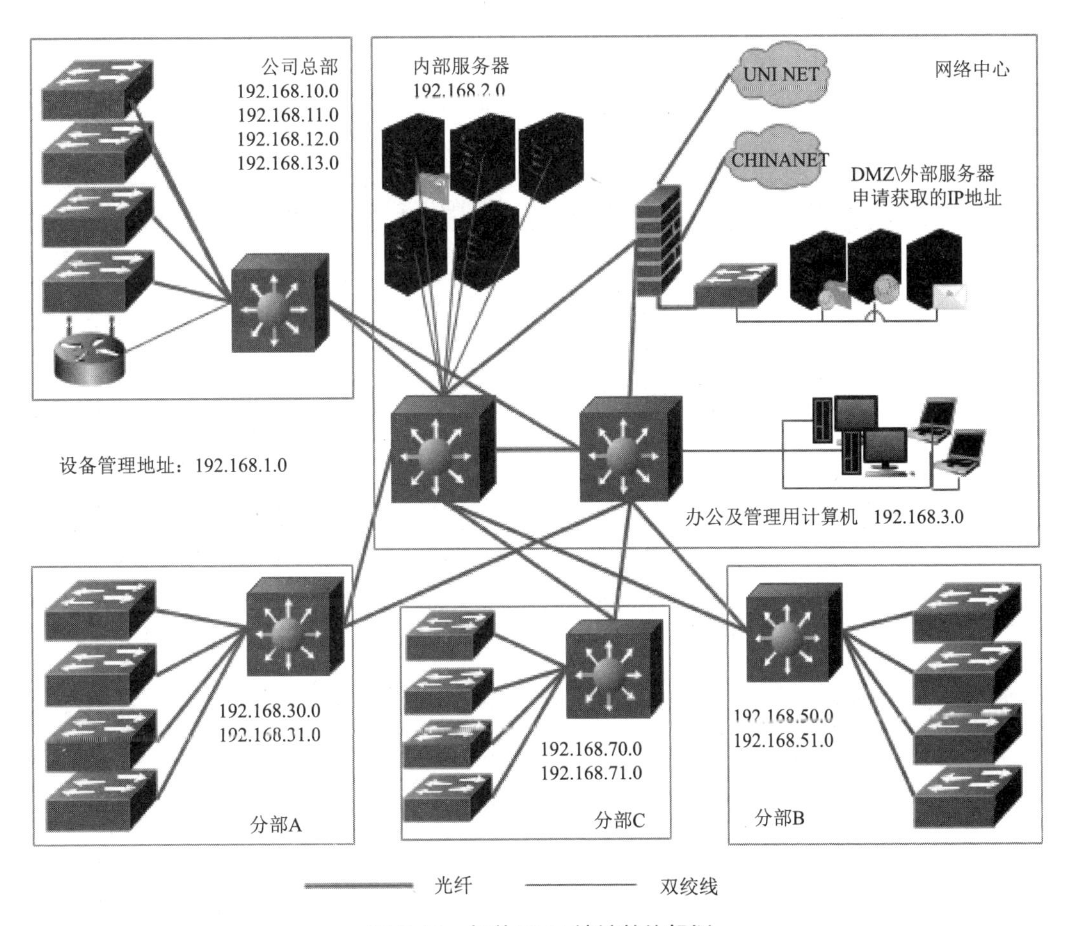

图 5-19　拓扑图 IP 地址整体规划

（2）设备命名及网络设备接口固定IP地址规划

① 交换设备管理地址（见表5-7）。

表 5-7　项目交换设备管理地址表

地　点	设备名称	设备型号	设备命名	管理地址	子网掩码
网络中心	核心交换机1	HUAWEI	MSW_WLZX_L6-1	192.168.1.1	255.255.255.0
网络中心	核心交换机2	HUAWEI	MSW_WLZX_L6-2	192.168.1.2	255.255.255.0
总公司	汇聚交换机3	HUAWEI	MSW_ZGS_L3-1	192.168.1.3	255.255.255.0
	接入交换机4	HUAWEI	SW_ZGS_L1-1	192.168.1.4	255.255.255.0
	接入交换机5	HUAWEI	SW_ZGS_L2-1	192.168.1.5	255.255.255.0
	接入交换机6	HUAWEI	SW_ZGS_L4-1	192.168.1.6	255.255.255.0
	接入交换机7	HUAWEI	SW_ZGS_L5-1	192.168.1.7	255.255.255.0
分部A	汇聚交换机8	HUAWEI	MSW_FGSA_L3-1	192.168.1.8	255.255.255.0
	接入交换机9	HUAWEI	SW_FGSA_L1-1	192.168.1.9	255.255.255.0
	接入交换机10	HUAWEI	SW_FGSA_L2-1	192.168.1.10	255.255.255.0
	接入交换机11	HUAWEI	SW_FGSA_L4-1	192.168.1.11	255.255.255.0
	接入交换机12	HUAWEI	SW_FGSA_L5-1	192.168.1.12	255.255.255.0
分部B	汇聚交换机13	HUAWEI	MSW_FGSB_L3-1	192.168.1.13	255.255.255.0
	接入交换机14	HUAWEI	SW_FGSB_L1-1	192.168.1.14	255.255.255.0
	接入交换机15	HUAWEI	SW_FGSB_L2-1	192.168.1.15	255.255.255.0
	接入交换机16	HUAWEI	SW_FGSB_L4-1	192.168.1.16	255.255.255.0
	接入交换机17	HUAWEI	SW_FGSB_L5-1	192.168.1.17	255.255.255.0
分部C	汇聚交换机18	HUAWEI	MSW_FGSC_L3-1	192.168.1.18	255.255.255.0
	接入交换机19	HUAWEI	SW_FGSC_L1-1	192.168.1.19	255.255.255.0
	接入交换机20	HUAWEI	SW_FGSC_L2-1	192.168.1.20	255.255.255.0
	接入交换机21	HUAWEI	SW_FGSC_L4-1	192.168.1.21	255.255.255.0
	接入交换机22	HUAWEI	SW_FGSC_L5-1	192.168.1.22	255.255.255.0

② 网络中心服务器地址（见表5-8）。

表 5-8　项目网络中心服务器地址

服务器名称	服务器型号	OS 类型	IP 地址	子 网 掩 码	备　注
WSV_CR11_1	RH5885H V5	Windows	192.168.2.11	255.255.255.0	MIS
WSV_CR11_2		Windows	192.168.2.12	255.255.255.0	ERP
WSV_CR11_3		Windows	192.168.2.13	255.255.255.0	CAD
WSV_CR11_4		Windows	192.168.2.14	255.255.255.0	VOD
WSV_CR11_5		Windows	192.168.2.15	255.255.255.0	DHCP
LSV_CR12_1	RH2488 V5	Windows	221.239.56.131	255.255.255.0	www/DB
LSV_CR12_2		Linux	221.239.56.132	255.255.255.0	FTP/DNS
USV_CR12_3	Sun服务器	Solaris	221.239.56.133	255.255.255.0	E-mail/other
（假定网络中申请获得公网地址：221.239.56.128-143）					

③ 用户主机固定地址分配（见表5-9）。

表 5-9　项目用户注意固定地址分配表

部　门	设备名或用户	IP 地址	子 网 掩 码	网　关
网络中心	Computer 1	192.168.3.11	255.255.255.0	192.168.3.1
网络中心	Computer 2	192.168.3.12	255.255.255.0	192.168.3.1
网络中心	Computer 3	192.168.3.13	255.255.255.0	192.168.3.1
网络中心	Laptop 4	192.168.3.14	255.255.255.0	192.168.3.1
网络中心	Laptop 5	192.168.3.15	255.255.255.0	192.168.3.1
……				
其他-略				

为避免IP地址冲突，部分经常变动的上网设备采用DHCP方式分配IP地址，这里暂不列出详细IP地址列表。

3.2.4 路由设计

根据网络拓扑设计，公司网络通过防火墙利用两条链路分别与UNINAT（联通网络）和CHINANET（电信网络）连接。公司网络属于末节网络，没有针对自身网络的特需路由策略，不需要使用BGP路由协议。为提高网络带宽利用率和节省IP地址，公司网络对外访问计划采用策略路由（PBR）、网络地址转换（NAT）技术，并配置默认路由。

公司内部网络为用户分布较为集中的交换式网络，其中核心层为两台三层交换机，公司总部、设计分部A、生产分部B、销售分部C所在的四栋楼宇的汇聚层也采用三层交换机，共有六个三层交换机，内部网络规模较大，结构相对复杂。需要配置内部路由协议。根据路由协议选择建议，计划采用OSPF协议，同时在三层交换机中配置默认路由。

整个网络需要配置OSPF路由协议的设备为六台三层交换机和防火墙内部接口，路由设备数量较少，因此，本网络中OSPF协议采用单区域AREA 0的配置方案，所有三层交换机都位于主干区域。所有三层交换机开启OSPF协议，并通告所连接的内部网络，使内网络互联互通。所有三层交换机都要配置默认路由并指出网络出口，路由设计如图5-20所示。

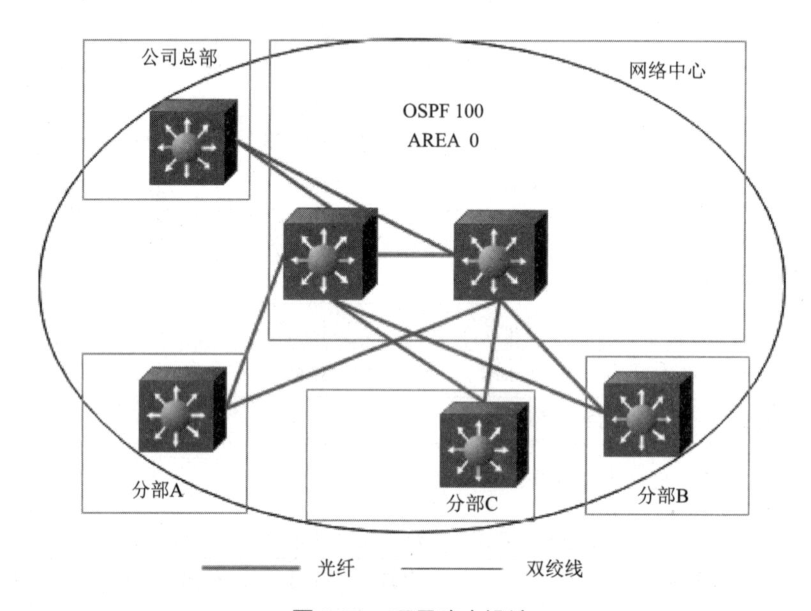

图5-20　项目路由设计

3.3 网络工程物理设计

3.3.1 网络环境平台设计

网络环境平台主要包括结构化布线系统、网络中心机房系统。

（1）结构化布线系统

根据结构化布线标准和原则，在总体规划的基础上进行六个子系统的详细设计。

① 综合布线标准与设计原则。

主要参考标准有：

- 《ISO/IEC 11801：信息技术-用户基础设施结构化布线》。
- 《ANSI/EIA/TIA-568-B》、《ANSI/TIA-568-C》。
- 《综合布线系统工程设计规范》（GB/T 50311—2016）。
- 《综合布线系统工程验收规范》（GB/T 50312—2016）。

综合布线具体设计应满足六大原则：标准化、实用性、先进性、可靠性、扩展性和经济性原则。

② 结构化布线总体规划。

根据项目需求分析信息，项目涉及四栋楼，分别是总部大楼、分部A大楼、分部B大楼、分部C大楼。根据项目需求分析，项目总信息点数为540点，其中总部大楼110信息点，分部A大楼160信息点，分部B大楼210信息点，分部C大楼60信息点。

根据需求信息，项目综合布线总体规划如下：核心层与汇聚层交换机互联采用双链路光纤；汇聚层与接入层交换机互联采用单链路光纤；用户桌面计算机接入采用百兆双绞线；内部服务器和外部服务器以千兆光纤连接；室外光纤采用地下管道或直埋方式铺设；室内光纤垂直铺设，通过弱电井中垂直金属线槽，每10 m固定一次；水平铺设每1 m固定一次。光缆穿墙或穿楼层时，要加带护口的保护用塑料管。

综合布线既要考虑楼层配线架的安装位置尽量不占用办公区域，便于管理，也要考虑使用上的灵活性及水平线缆小于等于90 m的要求。为此，对项目进行优化设计，总部大楼设置一个网络中心（5楼），设置1个配线间（与设备间共用，位于3楼，连接1～4楼信息点）；分公司A大楼设置2个配线间（2楼、5楼，2楼配件间与设备间共用）；分公司B大楼设置2个配线间（2楼、5楼，2楼配件间与设备间共用）；分公司C大楼设置1个配线间（3楼，与设备间共用）。这样既满足实际需求，同时又降低成本。

③ 详细设计。

综合布线涉及公司4栋大楼，每栋楼宇综合布线都涉及6个子系统，工作区子系统、水平子系统、管理子系统、垂直子系统、设备间子系统、建筑群子系统。

a. 工作区子系统。

工作区子系统由终端设备到信息插座的连线和信息插座组成，包括各个不同功能的工作区域。在相应办公区域的墙面或地面上安装信息插座，信息出口采用单口墙面型面板和6类模块。在工作区内的每个信息插座都是标准的8芯、RJ-45模块化6类插座，支持近1 000 M以上的带宽。

在设计中，大多采用墙面型插座进行设计，机房采用地面弹起型插座。部分较大面积的办公室，根据装修情况建议将墙面型插座更换为地面弹起型插座，该插座由全铜质制成，其外观美观大方，经久耐用。不用时盖起，与地表平行成一体，用时向上弹起。

b. 配线（水平）子系统。

配线子系统是指为连接工作区信息出口与管理区子系统而水平敷设的线缆。在本方案中，根据TIA/EIA568-B的水平线独立应用原则，水平子系统采用超5类4对（UTP）线缆，铜缆总信息点数为540点。

配线子系统设计中，需要对水平铜缆用量进行计算。另外需要对信息模块数量、跳线数量、RJ-45头用料进行预算。下面，根据需求分析提供，信息点数量n为540点，给出项目总用线箱数、信息模块数量、跳线数量、RJ-45头用料预算方法及数量。

总用线箱数：$T=(n\times[0.55\times(L+S)+6])/305+1=540\times(0.55\times100+6)/305+1=109$（箱）。

信息模块用料：$M=n+n\times3\%=540+540\times3\%=557$。

跳线线数量：$J=n\times2=540\times2=980$。

RJ-45头数量：$R=n\times4+n\times4\times5\%=2\,268$。

c. 电信间子系统（楼层配线间）。

电信间子系统由交连、互联配线架组成，设在各楼层配线间。管理间为连接其他子系统提供连接手段，交连和互联允许将通信线路定位或重定位到建筑物的不同部分，以便能更容易地管理通信线路。

楼层配线间所有网络系统配线架统一安装在42U标准机柜中，以达到保护、防尘的目的；楼层配线间将工作区的水平线缆与配线间引出的垂直线缆相连接，形成网络链路。

电信间应用的设备有42U标准机柜、接入交换机、水平铜缆配线架、铜缆跳线、垂直光缆配线架、光纤跳线。

电信间环境要求。由于电信间内要安装网络设备，因此电信间需进行必要的装修，并配备照明设备以便于设备维护。同时为保证网络的可靠运行，电信间内的电源插座宜按计算机设备电源要求进行部署，便于交换机等设备的使用。

本项目中，总部大楼设置一个配线间（与设备间共用，位于3楼，连接1～4楼信息点）；分公司A大楼设置2个配线间（2楼、5楼，2楼配件间与设备间共用）；分公司B大楼设置2个配线间（2楼、5楼，2楼配件间与设备间共用）；分公司C大楼设置1个配线间（3楼，与设备间共用）。这样既满足实际需求，同时又降低成本。

d. 干线（垂直）子系统。

干线子系统是用来连接设备间和管理区子系统之间的线缆。本方案的干线子系统光纤采用6芯多模室内光缆（1000Base-SX，50 μm多模光纤，550 m），可提供高品质数据传输通道，支持千兆位以太网的传输。

楼层配线间的主干光缆按2条配置，保证每台楼层交换机都有1对独立光纤连接，并留有余量。采用光纤作为主干传输介质具有：支持距离长、频带宽、通信容量大、不受电磁干扰和静电干扰的影响；在同一根光缆中，具有邻近各根光纤之间没有串扰、保密性好、线径细、体积小、重量轻、衰耗小、误码率低等优点，大大提高网络可靠性，同时使系统具备极高的升级能力。

干线布线所需6芯多模光纤主要分布在每栋楼宇中设备间与楼层配线间，本项目涉及4栋楼垂直布线，所需6芯多模光纤小于等于1 000 m。

e. 设备间子系统（楼宇设备间）。

设备间子系统由主配线机柜中的电缆、连接模块和相关支撑硬件组成，它负责把中心机房中的公共设备与各管理间子系统的设备互联，从而为用户提供相应的服务。

本项目的每栋楼宇设置一个设备间，所有数据主干全部连到该设备间配线机柜的相应模块配线架上。主配线机柜采用19英寸42U规格机柜，除安装配线设备外，还可放置网络设备；机柜材料选用金属喷塑，并配有网络设备专用配电电源端接位置。此种安装模式具有整齐美观、可靠性高、防尘、保密性好、安装规范的特点。

设备间包括42U标准机柜、交换设备、铜缆配线架 、铜缆跳线、光纤配线架、光纤跳线等。

设备间环境要求。设备间室内应按机房要求装修，配备照明设备以便于设备维护，铺设防静电架空地板，为地下配线提供方便。设备间内的电源插座宜按计算机设备电源要求进行工程设计，便于交换机、服务器等设备的使用。

本项目中，公司总部大楼、分部A大楼、分部B大楼、分部C大楼各设置1个设备间。

f. 建筑群子系统。

建筑群子系统将一个建筑物的线缆延伸到另外一些建筑物中的通信设备和装置上，是结构化布线系统的一部分，支持提供楼群之间通信所需的硬件。本项目中，建筑群子系统主要包括楼宇间互联用光纤，以及在各楼宇设备间的交换机与网络中心核心交换机互联进行互联的相关配线设备和光纤跳线等。

本项目中建筑群连接采用6芯单模室外光纤（1000Base-LX，9 μm单模光纤，5 000 m），室外部分光纤，采用地下管道或直埋方式铺设。室内部分光纤，通过金属线槽垂直铺设，每10 m固定一次；水平铺设每1 m固定一次。光缆穿墙或穿楼层时，要加带护口的保护用塑料管。

建筑群子系统布线所需6芯单模光纤主要用于网络中心与每栋楼宇中设备间设备互联，本项目涉及4栋楼宇的互联，所需6芯单模光纤小于等于2 000 m。

g. 标记管理设计。

为提高管理水平和工作效率，为今后的项目管理和维护提供方便，需要对设备间、配线间、工作区的配线设备、线缆、信息插座模块等设施按照一定的模式进行标记和记录。常用的标记有三种：线缆标记、场地标记、插入标记。

所有电缆、光缆的起始点和终节点要进行线缆标记，并通过命名区分光缆、电缆；通过颜色区分水平跳线和垂直跳线；通过数字序号对线缆进行编号。

网络中心、设备间、配线间等采用场地标签进行标识，合理命名和编号。

面板、配线架一般使用连续的标签，采用插入标记。

标记是管理综合布线的重要组成部分，标记方案作为技术文档的一个重要部分存档，可以方便日后对线路的有效管理。

（2）网络中心机房系统

网络中心位于公司总部大楼5楼。它既用于部署业务平台和服务平台，又作为网络核心层设备部署点和与互联网连接的网络出口接入点，还是整个网络信息系统平台的管理部门。结合网络中心运行和管理的需要，对网络中心空间进行功能区划分。网络中心划分为两个部分，一个网络中心管理区和一个机房系统。

网络中心管理区可以根据网络中心组织结构、房间布局、信息点数进行综合布线。管理区域共有10个信息点。

网络中心机房系统包括机柜系统、配供电系统、空调系统、接地防雷系统、监控管理系统、综合布线系统等。网络中心机房系统计划采用华为IDS2000模块化数据中心机房整体方案，一共12机柜，双排+通道封闭组成模块。如图5-21所示，集机柜、配电、制冷、防雷接地、监控、综合布线等系统于一体，满足机房高密低耗、快速部署、灵活扩展、智能监控的需求。

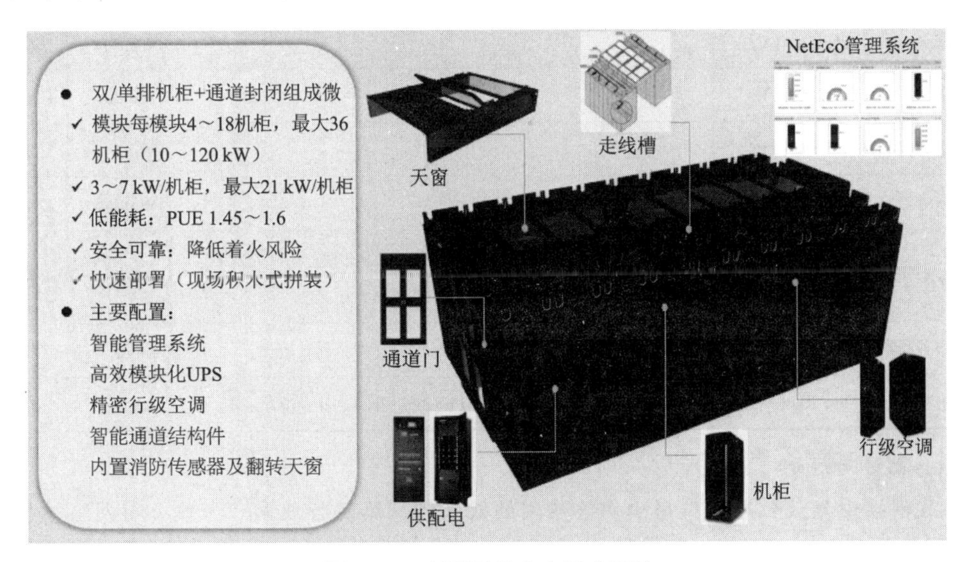

图 5-21　项目网络中心机房系统

3.3.2 网络设备选型

网络设备主要是指交换机、路由器。网络设备选型需要结合网络规模、网络结构、设备性能进行选择。公司计算机网络系统属于中型网络，网络结构复杂，用户分布较广，网络应用复杂等。经综合考虑，计划选择华为设备，具体网络设备选型见表5-10。

表 5-10　项目网络设备选型表

序　号	设备名称	设备型号	配置参数	单　位	数　量
1	核心交换机	S9700	S9706千兆以太网交换机	台	2
2	汇聚交换机	S5700	S5700-28C-EI-24S	台	4
3	接入交换机	S3700	S3700-28TP-SI(AC)	台	18
4	防火墙	USG6350	USG6350，2 Gbit/s FW+应用识别，1G全威胁，1U	台	2
5	无线路由器	华为WS832	WS832（双频/四天线）	台	2
…	…				

3.3.3 服务器和操作系统选型

服务器的选择结合服务器外观结构、处理器架构、性能、品牌等。

网络中心服务器一般包括内部服务器和外部服务器。内部服务器用于部署企业业务平台，并需要具有较大的扩展性，计划采用高性能的部门级服务器，并采用同一品牌型号，以利于服务器采用虚拟化技术部署，这里计划选用华为服务器产品。外部服务器部署公共服务平台，公司对公共服务要求的性能相对低一些，计划采用中等性能的部门级服务器。具体服务器选型见表5-11。

表 5-11　项目服务器选型表

序号	服务器名称	服务器型号	配置参数	OS类型	备　注
1	内部服务器1	华为 RH5885H V5	RH5885H V5 4U四路机架式服务器主机4 × 5115 CPU，64GB，5 × 600GB，SR450C 2G，双电源（10万）	Windows	MIS
2	内部服务器2	RH5885H V5		Windows	ERP
3	内部服务器3	RH5885H V5		Windows	CAD
4	内部服务器4	RH5885H V5		Windows	VOD
5	内部服务器5	RH5885H V5		Windows	DHCP
6	外部服务器1	RH2488 V5	RH2488 V5 2U四路机架式服务器主机2 × 5118 CPU，64GB，600GB，SR450C 2G，双电源（6万）	Windows	www/DB
7	外部服务器2	RH2488 V5		Linux	FTP/DNS
8	外部服务器3	Sun T5140系列	Sun SPARC Enterprise T5140(SETPBGE2Z)（10万）	Solaris	E-mail/OTHER

3.3.4 服务器部署规划

服务器在网络中摆放位置直接影响网络应用的效果和网络运行效率。考虑公司网络维护管理人员的情况，为保证服务器的正常运行，本项目内部服务器和外部服务器统一集中部署，放置于公司网络中心机房。

3.4 网络安全设计与管理设计

3.4.1 网络安全设计

当前，企业网络正向移动宽带、大数据、云计算服务为核心的下一代网络演进。对于外部网络，主要防止外部攻击、病毒攻击。对于内部网络，主要防止非法访问。因此要考虑网络部署防护墙、网络防病毒系统、入侵检测系统等。华为USG6000系列下一代防火墙为企业提供全面一体化的网络安全防护。USG6000系列下一代防火墙集传统防火墙、VPN、入侵防御、防病毒、数据防泄漏、带宽管理、上网行为管理等功能于一身，简化管理。为此，结合公司网络规模，计划选用华为USG6350防火墙。

3.4.2 网络管理设计

在一些大的网络系统中，配置一个专业的网络管理系统是非常必要的，否则一方面网络管理效率非常低，另一方面也可能有些网络故障仅凭管理员经验难以发现，可能因一些未能及时发现和排除的故障给企业带来巨大损失。

本项目计划选用华为eSight ICT统一网络管理平台。eSight ICT统一网络管理平台包含了多厂商网络设备管理、有线无线融合管理、网络流量管理、网络质量监控、MPLS VPN管理以及安全策略管理等功能，提供存储、服务器、应用、交换机、路由器、防火墙、WLAN、机房设施、PON网络、无线宽带集群设备、视频监控、IP话机、视讯设备等多种设备的统一管理，支持多厂商设备统一视图、资源、拓扑、故障、性能以及智能配置功能，同时为客户提供第三方设备的定制能力与接口，帮助客户打造专属的统一管理系统，帮助管理者有效简化网络运维，提升企业运维效率。

4.网络接入设计

4.1　互联网接入设计

公司网络为用户分布较为集中的交换式网络，为提高网络性能和网络服务的可靠性，公司通过电信和联通两个出口与互联网连接，假定中国电信分配出口地址：221.239.56.128/28；假定中国联通分配出口地址：112.111.26.16/28。企业内部服务器采用私有IP地址，企业公共服务器采用电信IP地址。

对于多出口网络，需要在出口网关上采用策略路由和NAT技术实现外网访问。为简化路由配置，采用基于源地址的策略路由，网络中心和总公司设备通过联通（UNINET）访问外网，各子公司设备通过电信访问外网。为避免某一链路出现故障而无法访问网络，在出口网关上同时配置默认路由，当策略路由失效后，通过默认路由访问外网。

4.2 无线网接入设计

企业内部无线组网主要采用WLAN技术，可以采用两种方式：基础架构模式和瘦AP＋无线集中控制器组网模式，可以根据无线网络的规模，合理选择无线组网方式。

本网络用户比较固定，需要配置无线网络的场所不多，为节约投资，本项目计划只在公司总部会议室部署无线网络，因此，可以采用基础架构模式，实际通过无线路由接入形式部署。根据总部会议室面积，计划配置两台无线路由器，型号为华为WS832（双频/四天线）。

小结

网络工程拓展设计是针对网络高级需求进行的网络设计，包括网络可靠性、网络性能、网络安全、网络扩展性和网络管理设计等方面的内容。

网络可靠性是指网络设备、线路、软件系统等，在规定条件下正常工作的能力。网络可靠性设计主要体现在网络冗余（链路、设备）、网络存储、服务器群集等方面。

网络性能主要体现在网络带宽和网络的服务质量上，可以通过网络带宽设计、流量控制技术、负载均衡技术等手段提高网络性能。

网络安全是指计算机网络系统的硬件、软件及其系统中的数据受到保护，不因偶然的或者恶意的原因而遭受到破坏、更改、泄露，系统连续可靠正常地运行，网络服务不中断。

网络系统的可扩展性决定了新设计的网络系统适应用户企业未来发展的能力，也决定了网络系统对用户投资保护能力。主要包括网络接入能力扩展、网络带宽扩展、网络规模扩展、网络服务业务功能拓展等。

网络管理维护是监视和控制网络，以确保网络正常运行，或当出现故障时尽快发现故障和修复故障，使之最大限度地发挥作用和效能的过程。网络管理系统和服务器管理系统是协助网络管理员进行网络和服务器管理和维护的工具。

习题

1. 网络可靠性、网络性能、网络安全、网络扩展性、网络管理的定义分别是什么？
2. 简要说明硬盘接口类型，磁盘阵列技术 RAID，计算机存储技术，以及存储技术的发展等。
3. 如何进行存储系统选择？
4. 根据本书对接入带宽的估算方法，估算以下网络需要的接入带宽。

某企业网络互联网应用有：网页浏览（业务应用）、网络游戏、文件（音视频）下载上传、视频通话、IPTV 等。同时在线人数达 60%，其中网页浏览（业务应用）同时使用人数 30%。网络游戏 10%、IPTV（网络电视）10%，文件下载上传 5%，视频通话 5%，其他应用忽略。网页浏览和网络游戏忙时使用率 30%，其他应用忙时使用率 80%。假定企业网络有 1 000 个节点。注意：浏览网络速率要求 0.5 Mbit/s，网络游戏 2 Mbit/s，网络电视高清 10 Mbit/s，文件上传下载 5 Mbit/s，视频通话 2 Mbit/s。

5. 传统防火墙分为哪几类？当前主要使用哪种类型的防火墙？
6. 如何选择华为防火墙产品？
7. 网络管理的功能是什么，网络管理系统由哪几个部分组成？
8. 常用的网络管理系统和服务器管理系统有哪些？如何选择？

第6章 网络工程实施与管理

计算机网络实施部署是在需求分析和网络设计之后，通过招投标过程，确定项目系统集成商，并签订项目建设合同之后，开展的项目建设过程。

网络工程项目建设是一项综合性和专业性均较强的系统工程，涵盖了计算机技术、网络通信技术、建筑工程技术和项目管理技术等诸多领域。因此，在进行网络工程建设时，必须严格按照完整的工程项目建设过程进行科学的组织和管理。

下面从网络工程实施流程、实施项目管理、实施内容、进度计划、网络实施、初测初验、网络试运行、以及实施文档管理等几个方面对网络工程项目实施进行论述。

6.1 网络工程实施流程

用户关心的往往是项目实施完成的质量，能否达到工程建设目标，并不关心项目实施的过程。但项目实施者可以通过项目实施管理、文档材料和项目实施活动引导用户参与项目具体实施。比如，项目启动会、项目实施周报、设备初验、项目初测初验等活动邀请用户参与到项目建设的过程中。

视 频

网络工程实施流程和实施管理

项目实施是整个项目成败的关键，需要制订详细的实施方案。按照既定方案实施，并对项目实施进行过程管理，以保证项目的顺利完成。

6.1.1 项目实施阶段

这里把计算机网络系统集成商通过招投标，并签订项目合同之后，直到项目实施完成，并最终通过竣工测试验收前的这一阶段，称为项目实施过程。项目实施过程可以分为如下四个阶段。

① 实施准备阶段。实施准备阶段需要开展以下工作，分别是成立项目实施工作组，制订项目实施方案，根据项目实施内容确定项目进度，召开网络工程项目启动会，审核确认项目实施方案。

② 项目实施阶段。这一阶段是项目实施的关键阶段，包括综合布线实施、网络中心系统实施、网络设备配置与部署、服务器配置与部署等工作。

③ 初测初验阶段。这一阶段是项目整体实施完成后，对项目进行的一次全面的测试验收。

④ 试运行阶段。试运行是项目实施完成后，交付用户使用前的一项重要测试工作，是对项目的整体测试，以便发现问题、解决问题。同时用于检测计算机网络各项功能是否满足用户需求，确保网络建设目标的实现。网络工程项目试运行一般为期3个月。

6.1.2　项目实施流程

计算机网络工程项目实施流程如下：成立项目建设机构→制定实施方案→确定项目进度→召开项目启动会（审核方案）→综合布线工程实施（随工测试）→网络中心实施（随工测试）→网络设备配置部署→服务器配置部署→初测初验→网络试运行→竣工测试验收。

6.2　网络工程实施项目管理

6.2.1　项目管理

所谓项目，就是在一定的进度和成本约束下，为实现既定的目标并达到一定的质量所进行的一次性工作任务。一般来讲，目标、成本、进度三者是互相制约的，其中的目标可以分为任务范围和质量两个方面。

项目管理的目的就是谋求（任务）多、（进度）快、（质量）好、（成本）省的有机统一。通常，对于一个确定的合同项目，其任务范围是确定的，此时项目管理就演变为在一定的任务范围下如何处理好质量、进度、成本三者之间的关系。

项目管理是一种科学的管理方式。在领导方式上，它强调个人的责任，实行项目经理负责制；在管理机构上，它采用临时性动态组织形式，即项目小组方式；在管理目标上，它坚持以效益最优原则指导下的目标管理。

网络工程实施是指建设计算机网络这一具体的工作任务，构成一类项目，可以采用项目管理的思想和方法进行组织。网络工程项目建设的成功与否往往最终会表现为质量是否合格、费用是否超支和工程是否按期完成，而采用项目管理的方法进行网络工程建设，可以很好地控制网络工程建设质量、工程建设费用支出和工程建设进度。

网络工程实施管理包括多个方面的管理，其中主要内容包括：项目实施机构与职责（人力资源管理）、项目质量管理、项目进度管理、项目成本管理。

6.2.2　项目实施机构与职责

网络工程项目一般由系统集成商承建。系统集成商要在充分明确工程目标的基础上，深入、细致、全面地调查与工程相关的所有工程人员的实际情况、与施工有关的一切现场条件以及施工材料设备的采购供应情况，组成以顺利完成工程目标为目的，以项目经理为首的网络工程项目实施机构。项目实施机构的组成包括项目经理、项目技术负责人、项目协调小组、项目实施小组、质量管理小组、设备材料小组、文档管理小组，以及厂商实施工程师等。项目实施机构负责人与小组职责如下。

1. 项目经理

项目经理的主要职责是从公司整体利益出发，制订项目实施方案，确定项目实施进度和完成时间；

负责从工程实施到初测初验之间与项目建设单位的协调工作，以及组织人员解决此期间工程遗留问题；对项目的实施负主要职责；对项目中所有文档的编写、完整性和归档负责；负责项目各个方面的有关协调工作，处理突发事件，调配有关的资源以保证项目按原计划开展，对项目实施的整个过程中的重大问题进行决策。

2. 项目技术负责人

项目技术负责人由公司技术专家担任，主要职责是完成以下各项工程任务：负责项目实施方案总体设计；对现场设备安装、调试提供必要的技术支持；对各网络设备配置和网络服务系统配置予以确认；审核工程文档；协助项目负责人制订本项目的质量工作计划，并贯彻实施；贯彻公司的质量方针、目标和质量体系文件的有关规定和要求；负责对工程任务全过程的质量活动进行监督检查，参与设计评审。

3. 项目实施小组

项目实施小组主要负责现场按照实施方案对设备进行调试，包括安装、测试、初验前和试运行期间的维护、现场培训等，在工程实施前准备好所需要的实施文档、割接方案等；负责项目现场各个方面的有关协调工作，处理突发事件，调配现场有关的资源以保证项目按原计划开展。实施期间每周向项目经理和客户递交实施工作情况报告及实施计划。

4. 项目协调小组

项目协调小组负责和工程实施小组协调解决项目中需要配合的问题，推进项目的进度，包括对公司和实施厂商之间工作开展的协调，配合客户在项目范围内的其他采购等。

5. 设备材料小组

设备材料小组主要对合同签定后订货及供货、设备材料的管理等工作，以及对整个项目实施过程中的商务方面的问题进行处理，协助项目顺利进行。

6. 文档管理小组

项目实施过程中会产生大量的过程文档和交付物，这些文档和交付物都是用户信息化建设的财富。文档管理小组通过建立完备的项目过程文档管理体系，对项目实施过程中的过程文档和交付物进行收集、整理、归档等的规范和管理，并负责最终的文档验收和文档交付工作。

7. 质量管理小组

质量管理小组主要职责是确保工程项目的高质量。大型网络工程项目需要建立完善的质量管理体系，对工程过程、工程交付物、工程文档、客户满意度、流程监控等进行监管和优化。

8. 厂商实施工程师

主要对其负责的产品按照项目要求进行安装调试测试，在实施过程中负责对用户进行现场培训。

一个网络工程项目实施组织管理结构可以参考表6-1进行设计。

表 6-1 项目实施组织管理结构表

计算机网络项目实施工作组				
部　门	负责人	联系方式	成员名单	联系方式
项目经理				
项目技术负责人				
项目实施小组				

续表

部　门	负责人	联系方式	成员名单	联系方式
项目协调小组				
设备材料小组				
文档管理小组				
质量管理小组				
厂商工程师1				
厂商工程师2				

6.2.3 项目质量管理

为了确保网络工程项目实施的高质量，网络工程系统集成商应建立完善的质量管理体系，对工程过程、工程交付物、工程文档、客户满意度、流程监控等进行监管和优化。重大工程实施完成后，质量管理小组还应结合项目实施制定的项目质量检查表中所列各个质量检查项目逐一检查，并进行工程实施质量评价。还可以根据工程实施的质量来考核工程实施人员的绩效，以便提高项目实施质量。

1. 实施方案设计审查

质量管理小组要对拟定的施工方案进行审核，技术要先进，成本要合理，实用且利于操作，要严格遵守网络工程项目设计实施验收相关标准。要对关键工程的重要工序或分项工程等均制订详细具体的施工方法。

2. 施工过程质量预控

针对网络工程质量控制重点，事先分析在施工中可能发生的质量问题和隐患，分析可能的原因并提出相应的对策，采取有效的措施进行预先控制，以防止在施工中发生质量问题。质量预控是一种主动控制，属于风险管理范畴，应根据工程项目的具体情况，对关键环节、重点部位进行质量预控，以达到保证工程质量的目的。

3. 施工过程质量控制

网络工程实施过程的所有设备、线缆、布线辅助材料等应与招投标书中的确认品牌、型号一致。所有设备、线缆、辅助材料必须有合格证件、质量检验报告等。另外，质量管理小组还应监督做好材料进出库的检查登记工作，搞好材料验收、保管、发放和清点工作。督促施工小组按照施工工艺标准和操作规程施工，定期或不定期进行质量检查，及时分析、通报工程质量状况等。

4. 关键环节质量控制

质量管理小组要在不同的施工阶段对网络工程质量进行检查。检查时要准备好施工图、各种质量证明材料和试验结果等。对于隐蔽工程，如双绞线铺设和光纤线缆铺设等，要及时申请随工检查验收，待验收合格方可进行下道工序。在检查中如发现问题，要尽快提出处理意见。需要返工的应确定返工期限，需修整的要制定相应的技术措施，并将具体内容登记入册以便追踪解决情况。

5. 网络工程质量验收

对完成的网络工程分项工程，按相应的质量验收标准和办法进行检查验收，对不合格的分项工程应及时返工，对已形成的质量问题或质量事故均应进行调查、分析，并提出处理意见，质量问题或质量事故未经处理不得进入下道工序。

网络工程实施完成后，质量管理小组还应对项目整体按照质量验收标准进行测试和检查，保证项目实施符合质量标准，同时为项目测试验收做好准备。

6.2.4　项目进度管理

在网络工程项目的实施过程中，由于受到种种因素的干扰，经常造成实际进度与计划进度的偏差。这种偏差得不到及时纠正，必将影响进度目标的实现。为此，在项目进度计划的执行过程中，必须采取系统的控制措施，经常地进行实际进度与计划进度的比较，发现偏差，及时采取纠偏措施。

1. 工程项目进度控制的依据

网络工程项目进度控制的依据主要来自四个方面：项目实施进度计划；项目实施进度报告；项目实施变更申请；项目实施进度管理措施。

2. 项目进度控制的方法

在网络工程项目实施过程中，工程师应经常地、定期地对进度计划的执行情况进行跟踪检查，发现问题后，及时采取措施加以解决。对进度计划的执行情况进行跟踪检查，定期收集反映工程实际进度的有关数据，收集的数据应当全面、真实、可靠。为了进行实际进度与计划进度的比较，必须对收集到的实际进度数据进行加工处理，形成与计划进度具有可比性的数据。将实际进度数据与计划进度数据进行比较，可以确定工程项目实际执行状况与计划目标之间的差距。

在项目进度监测过程中，一旦发现实际进度偏离计划进度，必须认真分析产生偏差的原因及其对后续工作及总工期的影响，并采取合理的调整措施，确保进度目标的实现。进度调整措施具体过程如下：进度监测→出现进度偏差→分析产生偏差的原因→分析偏差对后续工作和工期的影响→确定影响后续工作和工期的限制条件→采取进度调整措施→形成调整的进度计划→采取相应的经济组织合同措施→实施调整后的进度计划→进度监测。注意：进度拖延是网络工程项目建设过程中经常发生的现象，要采取切实措施避免进度拖延。

3. 进度计划的调整方法

当网络工程项目实施中产生的进度偏差影响到总工期，且有关工作的逻辑关系允许改变时，通过改变有关工作之间的逻辑关系进行进度调整，以保证按计划工期完成项目。

通过采取增加资源投入、提高劳动效率等措施来缩短某些工作的持续时间，使工程进度加快，以保证按计划工期完成该项目。

对用于管理项目进度的资料要及时进行更新，对进度计划进行调整的要通过审批后再按新审定的进度计划严格执行实施。

6.2.5　项目成本管理

项目成本管理可以通过多种措施进行，包括组织措施、技术措施、经济措施，以及合同措施等。

1. 组织措施

组织措施主要包括：建立成本管理责任体系，确定合理的工作流程；完善规章制度等，从而达到成本管理工作的程序化、业务的标准化。

2. 技术措施

技术措施是降低成本的保证，在网络工程施工准备阶段应做不同施工方案的技术经济比较，找出既保证质量，满足工期要求，又降低成本的最佳施工方案。

3. 经济措施

做好工程成本的预测和各种计划成本编制，为成本管理打下基础；对各种支出做好资金使用计划，并在施工中进行跟踪管理，严格控制各项开支；及时准确地记录、收集、整理、核算实际发生的成本，并对后期的成本做出分析与预测，作好成本的动态管理；对各种变更，及时做好增减账。

4. 合同措施

选用合适的合同结构对工程项目的合同管理至关重要。编制严谨细致的合同条款，在工程合同的条文中细致地考虑一切影响成本、效益的因素。特别是潜在的风险因素，通过对引起成本变动的风险因素的识别和分析，采取必要的风险对策。坚持全过程的合同控制，严格采用合同措施控制项目成本，并贯彻在合同的整个生命期。在合同执行期间，积极履行合同，减少设计变更，对出现的设计变更，按规定的程序办理，为正确处理可能发生的索赔提供依据。

6.3 项目实施文档管理

在项目实施过程中，需要编制大量项目实施文档，产生大量交付材料。要特别注意做好分项实施对应的文档材料编制工作，以便项目完成后，形成项目实施报告，还要注意收集整理交付材料。

6.3.1 交付材料

交付材料主要包括网络设备的纸质和电子的说明书、操作手册；服务器产品说明书和安装操作手册等。设备提供软件光盘。施工人员在拆验设备时要收集整理好这类资料。

6.3.2 编制文档

项目实施需要编制的文档较多，不同分项的实施会产生不同的实施文档。

① 在项目具体实施前，需要编制项目实施方案，用于指导项目实施。

② 综合布线系统实施过程中，会产生楼宇布线施工图（包括信息点分布、水平布线、垂直布线的线路分布及标识），室外光缆布线施工图，隐蔽工程随工测试验收单等。

③ 网络中心系统实施过程中，会产生网络中心机房系统部署分布图（包括配电设备、空调设备、消防设备、监控设备、机柜布局），以及机柜内交换机、路由器、防火墙、服务器设备的部署分布图等。

④ 网络设备配置部署过程中，会产生设备连线标识文档、设备配置文档、网络设备使用权限表等。

⑤ 服务器配置部署过程中，会产生安装使用手册、服务器使用权限表等。

⑥ 项目初测初验过程中，项目实施完成，试运行前，需要对项目做一次完整的初步测试验收。初步测试验收会产生项目初步测试方案和初步验收报告等。

⑦ 项目试运行过程中，会监控网络运行状况，对产生的问题提出解决方案等，并最终形成项目试运行报告，对项目试运行网络监控情况进行总结。

⑧ 项目实施完成后，要对项目实施过程中产生的文档进行汇集整理成册，并根据需要编写网络工

程项目实施总结报告。

6.4 网络工程项目实施内容

结合计算机网络需求分析和网络设计，一般项目实施的内容包括四个部分，分别是网络环境平台实施、网络传输平台实施、网络服务平台实施、网络业务应用平台实施。

1. 网络环境平台实施

网络环境平台是指网络通信的基础设施，包括网络中心机房系统、结构化布线系统等。

（1）结构化布线系统

结构化布线系统包括主干网光纤路由与铺设、楼宇设备间和楼层配线间实施、楼宇干线子系统和配线子系统线缆选择与铺设、工作区信息点位置确定与部署，以及网络出口链路的铺设等。

（2）网络中心机房系统

网络中心机房系统包括机柜系统、配供电系统、空调系统、接地防雷系统、监控管理系统、网络布线系统，以及机房装修等方面。

2. 网络传输平台实施

网络传输平台是为计算机网络系统提供可靠的网络信息传输，主要包括网络协议、网络传输技术、网络设备等。网络传输平台实施主要包括：核心交换机配置部署、汇聚交换机配置部署、接入交换机的配置部署，以及出口路由器、防火墙的配置与部署等。

3. 网络服务平台实施

网络服务平台主要为计算机网络系统提供网络服务和应用支撑，是网络系统应该具备的自身功能。它主要包括网络操作系统、数据库系统、网络管理系统和服务器管理系统等网络服务系统的实现。网络服务平台的实施主要包括：服务器操作系统的安装调试、服务器数据库的安装调试、网络管理系统的安装调试、服务器管理系统的安装调试，以及各系统服务功能协同工作调试等。

4. 网络业务应用平台实施

网络业务应用主要分为两部分：一部分是网络内部业务，一部分是互联网应用。网络业务应用平台实施就是对互联网应用系统和网络内部业务系统的安装和配置。网络业务应用平台实施主要包括：互联网公共服务器的安装调试，比如Web服务、DNS服务配置，E mail、视频点播服务部署等，企业内部业务软件部署，比如办公OA安装调试、财务管理系统的安装调试等。

6.5 网络工程项目进度计划

网络工程项目施工进度控制是指在既定的工期内，编制出最优的施工进度计划，在执行该计划的施工中，经常检查施工实际进度情况，并将其与计划进度相比较，若出现偏差，便分析产生的原因和对工期的影响程度，找出必要的调整措施，修改原计划，不断循环，直至工程竣工。施工项目进度控制的总目标是确保施工项目的既定目标在计划工期内顺利实现，或者在保证施工质量和不因此而增加施工实际成本的条件下，适当缩短施工工期。

项目实施进度计划的制订可以依据项目实施的内容和项目实施工作流程，制定项目进度计划可以采用表格制订项目进度计划表，也可以采用甘特图设计绘制项目实施进度计划表。这里给出利用甘特图绘制项目实施进度表的示例。

例：有一个网络工程项目，要求采用甘特图设计绘制出项目实施进度表。项目计划总体施工时间为2个月，项目试运行时间为3个月，项目实施总计时间150天。

假定网络工程项目实施过程包括：实施准备、项目实施、项目初测初验、项目试运行，以及项目竣工测试验收等工作。其中项目实施准备工作包括现场施工勘查、制订实施方案、布线材料采购及到货、网络设备采购及到货。项目实施包括结构化布线实施、网络中心机房实施、网络设备配置部署、服务器配置部署、业务系统配置部署等。

项目实施计划：

（1）实施准备为第1～15天，其中现场施工勘查为第1～2天，制订实施方案为第2～5天，布线材料采购及到货为第2～5天，网络设备采购及到货为第2～15天。

（2）网络工程项目实施为第6～58天，其中结构化布线实施为第6～35天，网络中心机房实施为第21～40天，网络设备配置部署为第41～48天，服务器配置部署为第49～53天，业务系统安装部署为第54～58天。

（3）项目初测初验为第59～60天。

（4）项目试运行为第61～148天。

（5）项目竣工测试验收为第149～150天。

这里采用亿图图示软件中甘特图绘制项目实施进度计划表。项目实施进度计划表如图6-1所示。

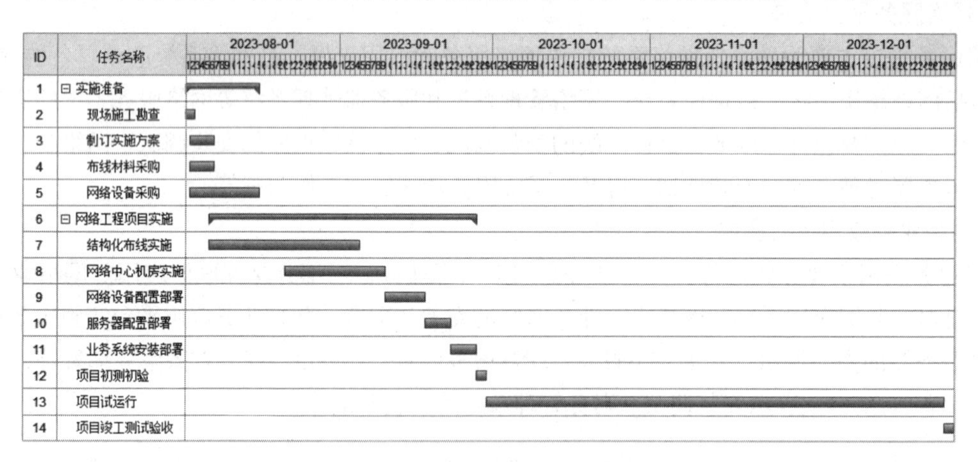

图 6-1　项目实施进度计划表

视 频

网络工程项目实施

6.6 网络工程项目实施

网络工程项目实施前，应合理安排项目实施进度计划，根据项目实施进度计划开展施工。项目实施进度计划是网络工程项目实施的行动指南，能够保证网络工程项目有序、按时、保质地完成网络工程项目实施。

项目实施的具体内容包括：网络环境平台实施（结构化布线系统实施、网络中心机房系统实施）、传输平台实施、网络服务平台的实施、网络业务应用平台实施。

6.6.1 网络环境平台实施

网络环境平台的实施主要包括结构化布线系统和网络中心机房系统的实施。这两个部分在网络工程项目实施工作中占有很重要的地位。下面介绍网络环境平台实施工作的一些施工要求。

1. 环境平台施工要求

（1）线缆敷设要求

① 线缆型号、规格、品牌与布线设计规定相同。

② 线缆两端应贴有标签，标明编号。线缆终结后，应留有余量。

③ 双绞线弯曲半径应至少为其外径4倍（非屏蔽双绞线外径0.6 cm左右），主干双绞线弯曲半径应至少为其外径10倍。

④ 光缆弯曲半径至少应为其外径15倍（光缆外径1 cm左右，光缆最小弯曲半径15 cm左右）。

（2）桥架线槽敷设要求

① 电缆桥架线槽应高出地面2.2 m以上，距离上层楼板不小于30 cm距离。

② 水平线槽内布线应顺直，不交叉，转弯处应捆扎固定；垂直线槽内布线应捆扎，捆扎距离1.5 m左右，垂直布线每隔5～10 m应进行固定，避免应线缆重力而导致接线受力。

③ 水平桥架内布线应顺直，不交叉，并按照线缆类别进行捆扎，捆扎距离1.5 m左右，每隔5～10 m应进行固定；垂直桥架内布线也应按类别进行捆扎，且每隔1.5 m左右进行固定，避免因为线缆重力而导致接线受力。

④ 楼内光缆宜在金属线槽内敷设。

（3）室外光纤敷设要求

① 每条光缆的长度要控制在800 m以内，而且中间没有中继。

② 管道敷设要求：光缆在管道管孔的排列顺序为先下后上，先两侧后中间；同一线缆在管道内的孔位不应改变；一个管孔一般只布放一根线缆，管道应预留2～3个备用孔。

③ 直埋敷设要求：避免含有酸碱强腐蚀的地段，避免热源影响区段；沿光缆全长应覆盖不小于光缆两侧各5 cm的保护板；在非冻土地区，光缆外皮至地表深度不得小于0.7 m，车道耕地不宜小于1 m；过铁路公路时应穿保护管；直埋敷设光缆严禁位于地下管道的正上方和下方；直埋铺设光缆每隔100 m应树立明显标志或标桩。

④ 架空敷设要求：当建筑物之间有电线杆时，或建筑物距离在50 m左右时，可以采用架空敷设；架空光缆通常距离地面3 m左右，每隔3～5杆，要做U形伸缩弯，每一千米预留15 m左右；靠近公路边的电线杆拉线应套发光棒，长度2 m；每隔4杆左右，或跨越路、河、桥等特殊地段时，应悬挂警示标志等。

2. 结构化布线系统实施

网络结构化布线的基本准则是：光纤优先，适当冗余，遵循规范。网络的结构化布线应根据结构布线总体设计和详细设计进行施工。

结构化布线分为六个部分，即工作区、水平布线、配线间、垂直布线、设备间、建筑群布线。总的来说，分为两大块，即楼宇内部结构化布线、室外光缆布线。

（1）楼宇内部结构化布线

楼宇内部结构化布线包括对工作区信息插座安装、水平布线、垂直布线、配线间与设备间布线、跳线制作、线缆标注等工作。

① 布线施工。工作区信息插座的安装可以采取护壁板式或嵌入式两种方式施工。水平布线可以采用线槽或桥架方式铺设。垂直光缆布线一般沿建筑物弱电竖井采用垂直桥架和线槽进行铺设。设备间和配线间要严格按照布线工艺使用，保持布线的整齐美观。

② 线缆标识。为了便于区分干线线缆和水平线缆，线缆标识采用色标和编号的形式预期区分，施工前要做好色标规划和编号规划，并严格按照线缆标识规划进行标识。

（2）室外光缆布线

室外光缆布线属于建筑群子系统建设，室外光缆布线包括室外光缆铺设、光纤配线箱固定、光纤跳线熔接等工作。光缆的选择应遵循"2应用2备份2扩展"的布线原则，选用六芯光缆。室外光纤的铺设路由应根据总体设计的规划路线进行铺设，铺设方式可以采取直埋方式、管道方式、架空方式。

（3）布线施工文档

布线施工会产生楼宇布线图（包括信息点分布、水平布线、垂直布线的线路分布及标识）、室外光缆布线图、随工测试验收单等。

① 楼宇布线图。

楼宇布线施工图包含较多信息，如图6-2所示。

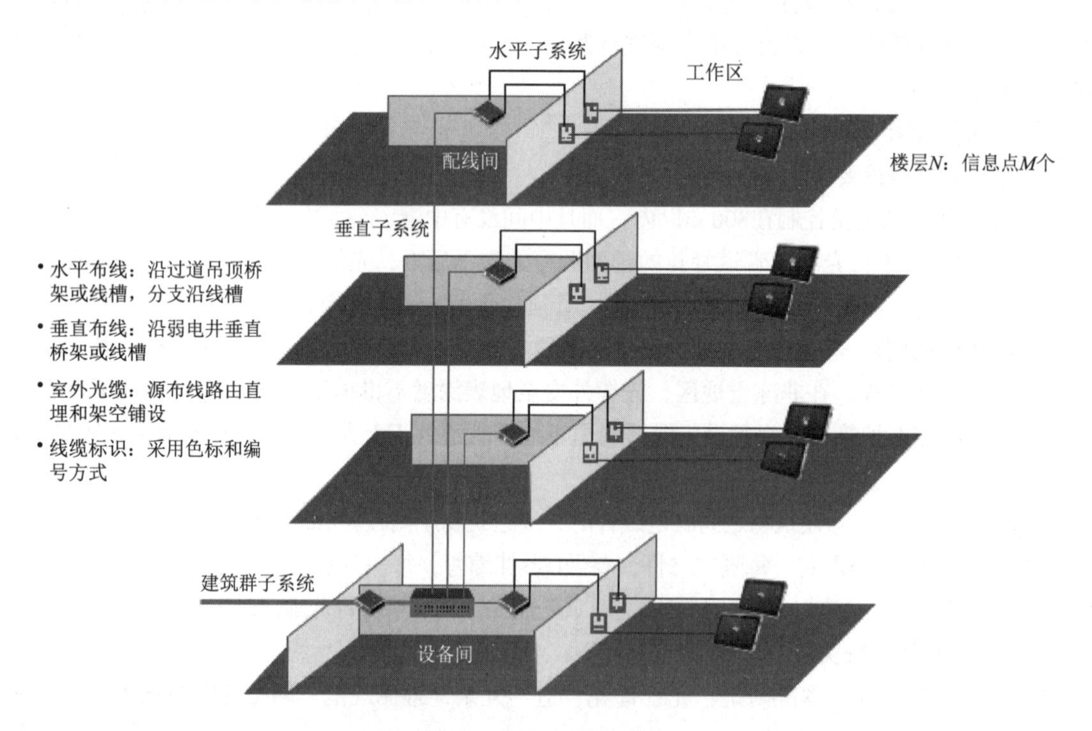

图 6-2　楼宇布线施工图

② 室外光缆布线路由图。

企业网络的室外光缆布线主要用于不同建筑汇聚交换机与网络中心所在建筑的核心交换机进行互

联。对于企业内部，建筑物一般比较集中，距离也不是太远，可以采用直埋方式敷设光缆，为便于管理和维护，一般提供室外光缆布线路由图。

假定网络工程项目企业有四栋建筑。其中公司总部设置网络中心，各楼栋设备间通过室外光缆与网络中心核心设备向连。这里通过亿图图示软件绘制楼室外光缆布线路由图如图6-3所示。

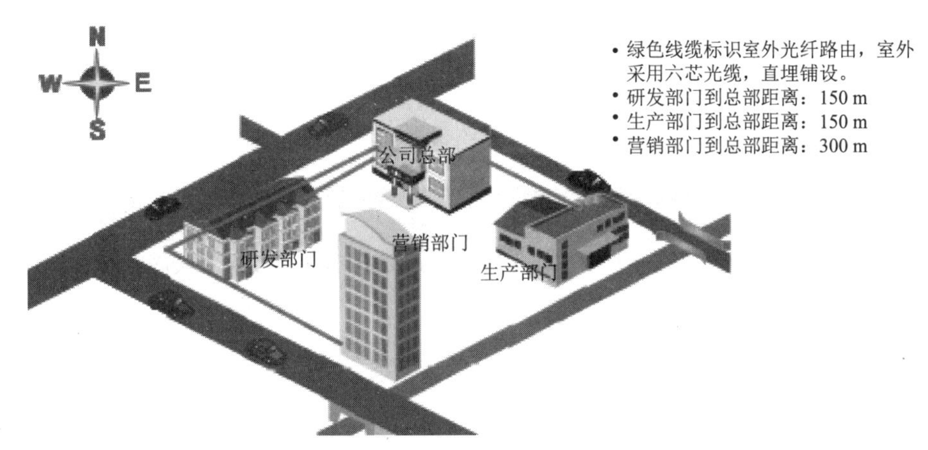

图 6-3　室外光缆布线路由图

③ 随工测试验收单。

对于综合布线，应做好随工测试验收。特别隐蔽工程，更要做好随工测试验收，避免后期无法测试验收而进行返工。综合布线电缆测试记录表见表6-2。

表 6-2　综合布线系统电缆性能指标测试记录表

<table>
<tr><td colspan="2">工程分项名称</td><td colspan="8"></td></tr>
<tr><td colspan="2">测试标准</td><td colspan="8">TIA/EIA 568B，ISO/IEC 11801标准</td></tr>
<tr><td colspan="2">测试仪器</td><td colspan="8">Fluke</td></tr>
<tr><td rowspan="2">序号</td><td rowspan="2">信息点编号</td><td colspan="7">电缆系统</td><td rowspan="2">测试结果</td></tr>
<tr><td>长度</td><td>接线图</td><td>衰减</td><td>近端串音</td><td>屏蔽层连通情况</td><td>链路连通性</td><td>其他任选项目</td></tr>
<tr><td></td><td></td><td></td><td></td><td></td><td></td><td></td><td></td><td></td><td></td></tr>
<tr><td></td><td></td><td></td><td></td><td></td><td></td><td></td><td></td><td></td><td></td></tr>
<tr><td></td><td></td><td></td><td></td><td></td><td></td><td></td><td></td><td></td><td></td></tr>
<tr><td></td><td></td><td></td><td></td><td></td><td></td><td></td><td></td><td></td><td></td></tr>
<tr><td></td><td></td><td></td><td></td><td></td><td></td><td></td><td></td><td></td><td></td></tr>
<tr><td colspan="2">测试日期</td><td colspan="8"></td></tr>
<tr><td colspan="2">处理情况</td><td colspan="8"></td></tr>
<tr><td colspan="2">测试人员
（签字）</td><td colspan="8"></td></tr>
</table>

3. 网络中心机房系统实施

网络中心往往由主机房和辅助区（监控室、配电室等）、支持区（资料室、维修开发室等）和行政管理区（会议室、办公室、休息室等）等功能区组成，其中主机房和辅助区往往作为一个整体，是网络中心机房系统。

应根据网络工程项目的规模、建筑结构，合理设置功能区和网络中心布局。主机房相关设备布局宜采用分区布置的方式，网络设备一般放入机柜系统，可以分区放置，如分为内部服务器区、外部服务器区、网络存储区、内部互联区、外部接入区，其他区域如空调区、监控调度区等。具体划分可根据系统配置和管理需要而定。

网络中心机房系统包括机柜系统、配供电系统、空调系统、接地防雷系统、监控管理系统、网络布线系统，以及机房装修等八个子系统，应严格按照设计标准进行施工。

网络中心机房系统部署分布图如图6-4所示，网络设备机架部署图如图6-5所示。

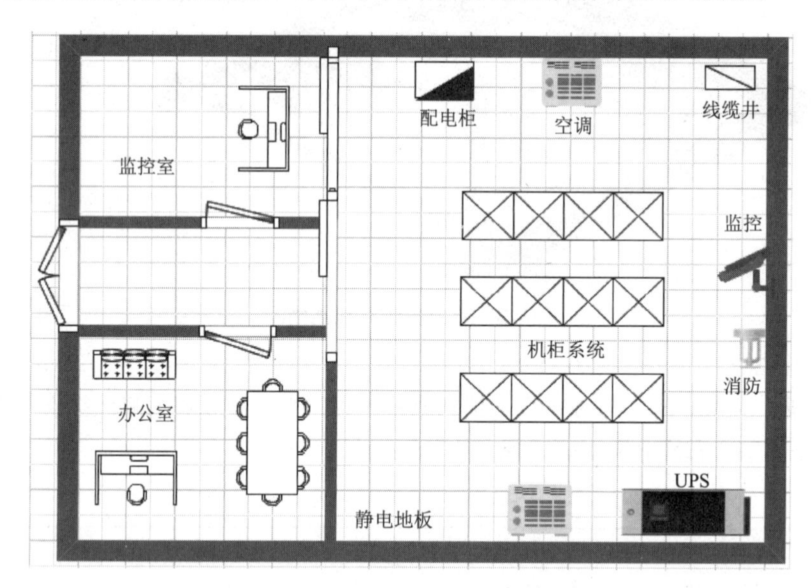

图 6-4　网络中心机房系统部署分布图

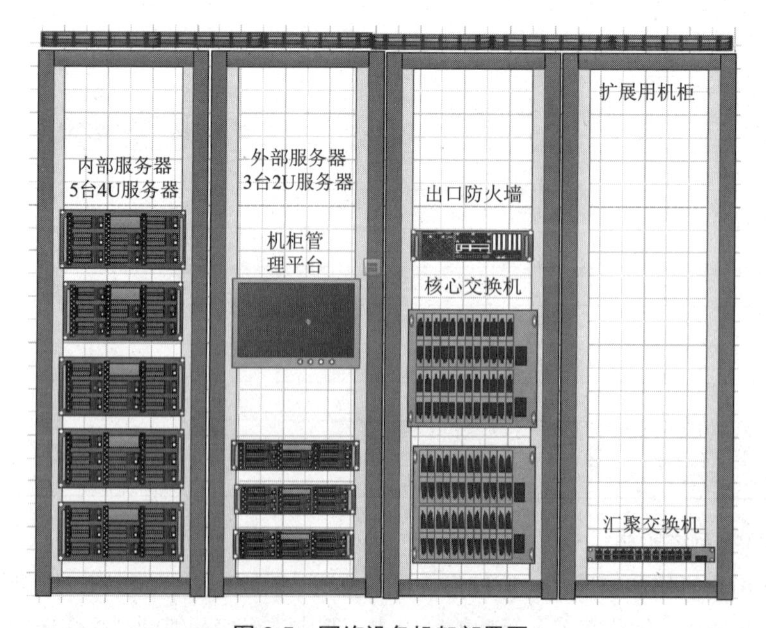

图 6-5　网络设备机架部署图

6.6.2　网络传输平台实施

网络传输平台的实施，主要是网络设备的配置部署，包括局域网中核心层、汇聚层、接入层交换机配置和部署；出口路由器、防火墙的配置和部署等。

网络设备配置完成后，应提出配置形成文档，以备查阅参考，同时应编制包含用户名和密码信息的网络设备使用权限表，以便后期网络的管理与维护。

网络设备的部署是内部网络设备互联的过程。为便于后期的维护管理，还应做好线路连接标记。同时通过表格形式记载网络设备接口与所连接设备的对应关系表，形成设备连线表，见表6-3和表6-4。

表 6-3　路由器接线表（具体项目应标识清楚设备名称）

端　口	类　型	去　向	对端设备或端口
Gigabitethernet0/0	1000BASE-T		
Gigabitethernet0/1	1000BASE-T		
Gigabitethernet0/2	1000BASE-T		

表 6-4　交换机接线表（具体项目标识清楚交换机名称）

端　口	类　型	去　向	对端设备或端口
Gigabitethernet0/1	1000BASE-T		
Gigabitethernet0/2	1000BASE-T		
Gigabitethernet0/3	1000BASE-T		
Gigabitethernet0/4	1000BASE-T		
…	…		
Gigabitethernet0/22	1000BASE-T		
Gigabitethernet0/23	1000BASE-T		
Gigabitethernet0/24	1000BASE-T		
Gigabitethernet0/25	1000BASE-LX		
Gigabitethernet0/26	1000BASE-LX		

6.6.3　网络服务平台实施

网络服务平台的实施，主要是服务器的安装与部署，以及系统支持软件的安装，系统支持软件包括数据库系统软件、网络设备管理系统和服务器管理系统等。

服务器的安装涉及多种操作系统，包括Windows Server、Linux、UNIX（Solaris）等，网络工程师（系统工程师）需要熟悉掌握多种操作系统的安装与配置。

网络管理系统和服务器管理系统等管理系统有利于管理和维护计算机网络，是用户后期维护管理经常使用的软件，因此不仅要安装到位，还需要对用户进行使用培训。

操作系统和管理系统的安装部署，会产生软件使用手册等交付物，并需要编制服务器及系统使用权限表，以便后期提供给用户用于系统管理维护。使用权限样例表见表6-5。

表 6-5　系统安装部署初始权限使用表

设备名称	系统或软件	管理用户名	密　码	备注
Server1	Windows	Administrator	Admin	三个月修改一次，并做好记录

6.6.4　网络业务与应用平台实施

网络业务与应用平台的实施，主要是企业业务系统的安装部署、互联网应用的安装部署，以及业务系统的用户培训工作，这与企业具体网络业务相关。

6.7 网络初测初验

项目初步测试、初步验收，是网络工程项目实施部署完成后，整个系统试运行前组织的一项必要过程。初步测试和初步验收也是一次全面的测试验收，以便检测发现项目实施中存在的问题，也为试运行做准备，是终验测试和项目竣工验收的必要环节。

关于测试与验收的具体内容、方法等在网络工程测试验收章节中介绍。这里简要介绍初测初验的要求和初测初验形成的记录文档。

6.7.1　初测初验的要求

① 在系统试运行前，必须进行初测初验，以检验系统及其相关设备是否符合运转要求。初测初验在计算机网络系统调试合格后进行。

② 初测初验是一次全面的测试验收，初验测试的主要指标和性能达不到要求时，应重新进行系统调试。

③ 所有初验测试都应在建设单位为主的条件下进行，施工方技术人员协作。初验不合格，应由施工方负责及时解决出现的问题，直至验收合格。

6.7.2　初测初验过程及文档

初测初验过程，需要制订初步测试验收方案，并按照初步测试验收方案进行测试验收，初步测试验收合格后，形成初步测试验收报告，并进入试运行阶段。

测试过程中，形成初步测试验收方案和初步测试验收报告两个文档。

6.8 网络试运行

网络试运行是在网络项目初测初验合格后开始的全网运行测试，是对网络整体运行状况的全面测试。网络试运行结束后，项目施工单位即可申请项目竣工测试验收，项目实施部署阶段完成。

6.8.1　网络试运行要求

① 试运行是观察网络工程质量稳定性的重要阶段，是对设备、系统设计和施工实际质量最直接的检验。

② 试运行阶段应从初验测试合格后开始，试运行时间可按合同规定的试运行期限执行，应不少于三个月。

③ 试运行期间的统计数据是最终测试验收的主要依据。试运行的主要指标和性能达到合同中的规定后，方可进行工程总验收。如果主要指标不符合要求或对有关数据有疑问，经过双方协商，应从次日开始重新试运行三个月，并对有关数据重测，以资验证。

6.8.2　网络试运行期间监测内容

网络试运行期间的主要工作包括定期对网管统计数据进行记录，测试有关网络性能指标，做好运行维护相关的记录等。

1. 网络管理统计数据

网络管理统计数据主要是与网络性能指标有关的数据，比如网络带宽、网络吞吐量、响应时间、时延抖动、丢包率、网络访问并发数等。

2. 运行维护记录

① 硬件故障率：设备因部件等损坏、失效需更换电路板的次数。

② 服务及应用软件的稳定性：试运行期间由于软件原因造成的故障次数。

③ 问题记录：发现问题迅速查明原因并予以解决，事后应有记录。

6.8.3　网络试运行相关文档

试运行期间形成的各种记录和测试数据以及运行维护记录是最终测试验收的主要依据。试运行结束，需要形成试运行报告。试运行报告主要是对试运行工作的总结。这里提供一个简要的试运行报告文档格式，以供参考。

网络工程试运行报告

1. 网络工程项目概述

主要对单位概况、项目背景、项目名称、项目建设内容的描述。

2. 网络建立历程

主要对网络工程的建设过程回顾，包括需求分析、网络设计、网络实施部署、初测初验工作过程的简要描述。

3. 项目试运行监控记录

（1）描述项目试运行期间的任务。

（2）具体监控情况。

（3）网络管理统计数据及分析。

（4）网络运维记录及分析。

4. 网络存在的问题和解决办法

5. 网络试运行总结或结论

6.9 项目实施方案

项目实施方案制订是项目实施准备阶段的工作，包括成立项目实施机构、制订项目实施进度计划，对项目实施、初测初验工作以及试运行工作进行规划安排等，这些工作前面已经讲述。这里主要讲述项目实施方案文档的撰写方法。

6.9.1 项目实施方案的内容

完整的项目实施方案应包含以下信息：

① 网络工程项目的基本信息，包括项目单位简介、项目建设内容等；

② 网络工程简要需求分析，是对需求分析报告精简提炼后的需求信息；

③ 网络工程简要设计说明，是对设备报告的精简提炼后的设计信息；

④ 项目实施过程管理，包括项目实施组织机构人员安排；

⑤ 项目实施进度计划安排，用于项目实施管理监控；

⑥ 项目实施具体内容，是对项目实施具体内容的总体概况和具体细分；

⑦ 部分关键施工分项的施工要求及施工工艺等；

⑧ 其他需要说明的问题。

6.9.2 项目实施方案文档格式

根据项目实施方案包含的具体内容，下面提供一个网络工程项目实施方案的格式文档，以供参考。

网络工程项目实施方案

1. 网络项目概述

主要对单位概况、项目背景、项目名称、项目建设内容的描述。

2. 网络工程需求

简要介绍网络工程的基本需求和高级需求信息。

3. 网络工程设计

简要介绍网络工程设计方案，包括逻辑设计的拓扑图、物理设计中的综合布线设计、网络中心机房设计，以及网络设备和服务器设备的选择等。

4. 网络工程实施

（针对具体项目，从以下几个方面对实施方案进行详细描述）

4.1 网络工程实施流程

4.2 项目实施机构及职责

4.3 项目实施内容及进度计划

4.4 项目施工要求及文档编制

包括综合布线、网络中心机房建设、网络设备配置部署、服务器配置部署等。

4.5 项目初测初验

4.6 项目试运行

5. 项目实施总体要求及注意事项

小结

计算机网络实施部署是在需求分析和网络设计之后，通过招投标，确定项目系统集成商，并签订项目建设合同之后，开展的计算机网络工程项目建设过程。

本章主要介绍了网络工程实施流程、实施管理、实施内容、进度计划、具体实施、初测初验、网络试运行，以及实施文档管理等内容。

习题

1. 网络工程项目实施的流程是什么？
2. 如何对网络工程项目实施过程进行管理？
3. 网络工程项目实施过程中会产生哪些文档？
4. 项目实施的内容有哪些？
5. 网络初步测试与试运行要注意什么？
6. 实践：利用亿图图示中甘特图进行项目实施进度管理。

例：有一个网络工程项目，要求采用甘特图设计绘制出项目实施进度表。项目计划总体施工时间为 3 个月，项目试运行时间为 3 个月，项目实施总计时间为 180 天。

假定网络工程项目实施过程包括：实施准备、项目实施、项目初测初验、项目试运行，以及项目竣工测试验收等工作。其中项目实施准备工作包括现场施工勘查、制订实施方案、布线材料采购及到货，网络设备采购及到货。项目实施包括结构化布线实施、网络中心机房实施、网络设备配置部署、服务器配置部署、业务系统配置部署等。

项目实施计划：

（1）实施准备为第 1 ～ 20 天，其中项目施工勘查为第 1 ～ 2 天，制订实施方案为第 2 ～ 5，布线材料采购及到货为第 2 ～ 5 天，网络设备采购及到货为第 4 ～ 20 天。

（2）项目实施为第 10 ～ 88 天，其中结构化布线实施为第 10 ～ 45 天，网络中心机房实施为第 40 ～ 60 天，网络设备配置部署为第 60 ～ 75 天，服务器设备配置为第 76 ～ 82 天，业务系统配置为第 80 ～ 88 天。

（3）项目初测初验为第 89 ～ 90 天。

（4）项目试运行为第 91 ～ 178 天。

（5）项目竣工测试验收为第 179 ～ 180 天。

第7章 网络工程测试与验收

网络工程测试与验收是网络工程建设的最后环节，是全面考核工程的建设工作、检验工程设计和工程质量的重要手段，它关系到整个网络工程的质量能否达到预期设计指标。

测试是依据相关的规定和规范，采用相应的技术手段，利用专用的网络测试工具，对网络设备和系统等部分的各项性能指标进行检测的过程，测试结果能够表明网络设计方案和项目实施满足用户业务目标和技术目标的程度，并以验收的形式加以确认。网络工程测试与验收的最终结果是向用户提交一份完整的系统测试验收报告。

对网络工程项目的测试和验收一般都有对应的测试验收标准，应参照标准进行。在网络工程项目实施过程中和实施完成并交付使用前需要对项目进行测试和验收。

7.1 测试验收标准规范

网络工程的测试和验收，包括结构化布线测试验收、网络设备测试验收、网络性能测试验收、网络管理功能测试，以及整体网络工程测试验收等。为保证测试验收工作的顺利开展，必须遵循一定的标准和规范。对计算机网络工程进行测试和验收，主要包含以下几个方面的标准和规划。

1. 综合布线测试标准规范

在网络工程设计章节，介绍了网络工程设计标准，主要有ISO/IEC国际标准、ANSI/TIA/EIA美洲标准、中国布线标准等。这些设计标准也是测试验收的参考标准。因此，结构化布线测试标准也包括ISO/IEC标准、ANSI/TIA/EIA 568（A\B\C）标准、国家标准。

（1）TIA/EIA 568（A\B\C）标准

2008年TIA（电信工业联盟）正式发布TIA/EIA 568-C标准。新的TIA/EIA 568-C标准包含四个部分，分别是TIA/EIA 568-C.0（用户建筑物通用布线标准），TIA/EIA 568-C.1（商业楼宇电信布线标准），TIA/EIA 568-C.2（平衡双绞线电信布线和连接硬件标准），TIA/EIA 568-C.3（光纤布线和连接硬件标准）。其中TIA/EIA 568-C.2和TIA/EIA 568-C.3分别是双绞线和光纤相关的设计和测试标准。

（2）ISO/IEC标准

ISO/IEC 11801国际标准，称为信息技术—用户基础设施结构化布线，该标准有三个版本。第一版ISO/IEC 11801—1995、第二版ISO/IEC 11801—2002、第三版ISO/IEC 11801—2017。第三版的ISO/IEC 11801—2017标准调整了标准结构，按照具体应用场景类型分成了6个部分，涵盖办公场所、工业建筑群、住宅、数据中心、分布式楼宇设施等类型，支持包括语音、数据、视频和供电等应用，同时包含结构化布线的相关测试标准。

（3）国家标准

我国结构化布线验收标准为《综合布线系统工程验收规范》（GB/T 50312），包括三个版本GB/T 50312—2000（已废止）、GB/T 50312—2007（已废止）、GB/T 50321—2016（现行）。我国与综合布线系统测试验收有关的国家标准《综合布线系统电气性能通用测试方法》（YD/T 1013—2013）等。

结构化布线的ANSI/TIA/EIA标准属于北美标准系列，在全世界一直起着综合布线产品的导向工作。我国的《综合布线系统工程验收规范》也是参照ANSI/TIA/EIA标准编制。这里，结构化布线测试有关的一些参数要求主要参考ANSI/TIA/EIA标准。

2. 网络设备测试标准规范

网络设备主要包括路由器、交换机、防火墙等，下面列出的是相关设备的测试标准文档介绍，以供参考。

①《路由器设备测试方法　核心路由器》（YD/T 1156—2009）：本标准规定了核心路由器的接口特性测试、ATM协议测试、PPP协议测试、TCP/IP协议测试、路由协议测试、组播协议测试、MPLS及MPLS VPN功能测试、网管测试、性能测试、可靠性测试等方面的测试方法，自2009年9月1日起实施。

②《路由器设备测试方法　边缘路由器》（YD/T 1098—2009）：本标准规定了边缘路由器的接口特性测试、各种协议测试、MPLS及MPLS VPN功能测试、网管测试、性能测试、网络可靠性测试等方面的测试方法，适用于支持IPv4协议的边缘路由器，自2009年9月1日起实施。

③《以太网交换机测试方法》（YD/T 1141—2022）：本标准规定了千兆位以太网交换机的功能测试、性能测试、协议测试和常规测试，自2023年1月1日起实施。

④《接入网设备测试方法——基于以太网技术的宽带接入网设备》（YD/T 1240—2002）：本标准规定了对于基于以太网技术的宽带接入网设备的接口、功能、协议、性能和网管的测试方法，适用于基于以太网技术的宽带接入网设备（如EPON设备），自2002年11月8日起实施。

3. 网络性能测试标准与规范

《IP网络技术要求》是工信部制定的一系列标准，包括计费标准（YD/T 1149—2001），网络总体（YD/T 1170—2001），网络性能参数与指标（YD/T 1171—2015），IP网与PSTN、ATM、移动网互联（YD/T 1317—2004），网络性能测量方法（YD/T 1381—2022），流量控制（YD/T 1382—2005）。其中《IP网络技术要求——网络性能参数与指标》、《IP网络技术要求——网络性能测量方法》是有关网络性能测试的标准。

《IP网络技术要求——网络性能参数与指标》（YD/T 1171—2015）：标准于2015年发布，用来代替YD/T 1171—2001。标准规定了IPv4网络性能的参数与指标，自2015年7月1日起实施。

4. 网络工程测试验收规范

《公用计算机互联网工程验收规范》（YD/T 5070—2005）：规范主要规定了基于IPv4的公用计算机互联网工程的单点测试、初验测试和竣工验收等方面的方法和标准，自2006年1月1日起实施。

7.2 计算机网络测试工具

计算机网络系统测试工具较多，下面从结构化布线测试工具、网络测试分析仪、网络性能测试软件、系统自带调测工具等方面进行介绍。

1. 结构化布线测试工具

结构化布线测试工具主要包括电缆测试工具和光纤测试工具。

这里主要介绍福禄克网络公司（Fluke）的结构化布线测试工具。Fluke网络公司生产的电缆测试仪有LANMeter网络测试仪Fluke 67x、Fluke 68x，网络故障一点通OneTouch，便携式网络分析仪OptiView，网络通EtherScope，DSP网络测试仪，DTX线缆认证测试仪，电缆连通性测试仪MicroScanner Pro等。

Fluke网络公司生产的光缆测试仪包括光万用表工具和光时域反射器。光万用表工具包括Fluke DSP-FTK光缆测试工具和Fluke DTX-FTK光缆测试工具，以及Fluke SimpliFiber Pro光缆测试工具包配置等。光时域反射器为Fluke OptiFiber Pro 系列OTDR。

（1）电缆测试仪

电缆测试仪主要包括电缆验证测试仪和电缆认证测试仪。电缆验证测试仪用于测试电缆的连通性。电缆认证测试仪用于测试电缆性能参数。

① Fluke电缆连通性测试仪：Fluke MicroScanner Pro如图7-1所示，是专为防止和解决电缆安装设计而设计，使用线序适配器可以迅速检验4对线的连通性，电缆线序的正确性，以及线缆故障位置，从而确保基本的连通性和端接正确性。

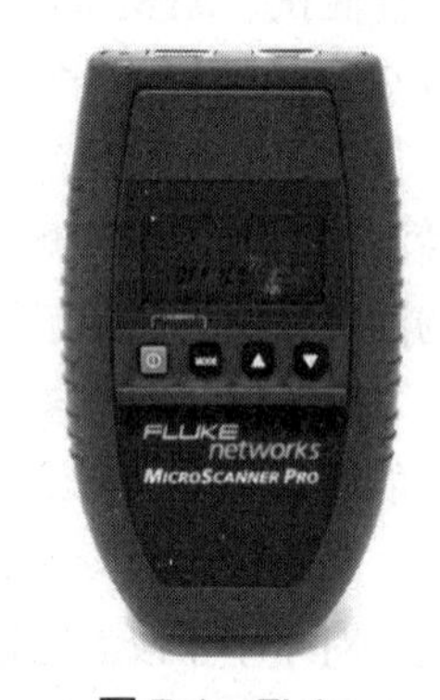

图 7-1　Fluke MicroScanner Pro

② Fluke DSP电缆测试仪：FLUKE公司第一台数字式电缆测试仪，是1995年推出的DSP-100，随后陆续推出了DSP-4x00系列产品（见图7-2），包括DSP-4000，DSP-4100和DSP-4300等型号。DSP-4x00数字式综合电缆测试仪是手持式工具，能满足ANSI/EIA/TLA 568B规定的3、4、5、6类及ISO/IEC 11801规定的B、C、D、E级通道进行认证和故障诊断的精度要求。通过配置多模光缆测试适配器（DSP-FTA420S）或单模光缆测试适配器（DSP-FTA430S），支持对单模光纤和多模光纤长度和衰减的测试。

③ Fluke DTX线缆认证分析仪：福禄克网络公司推出Fluke DTX系列电缆认证分析仪，包括Fluke DTX 1200（见图7-3）、Fluke DTX-1800、Fluke DTX LT等几款型号，支持电缆和光缆认证测试。Fluke DTX线缆认证分析仪可以通过购买Fluke DTX电缆测试模块和Fluke DTX光缆测试模块，同时支持电缆和光缆两种介质。

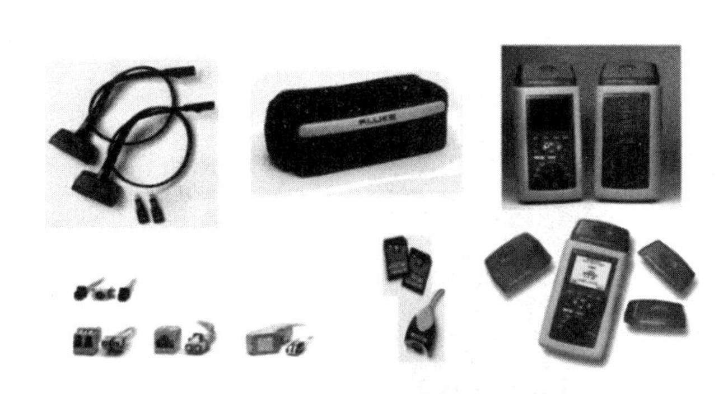

图 7-2　Fluke DSP-4x00 数字式电缆测试仪及配件

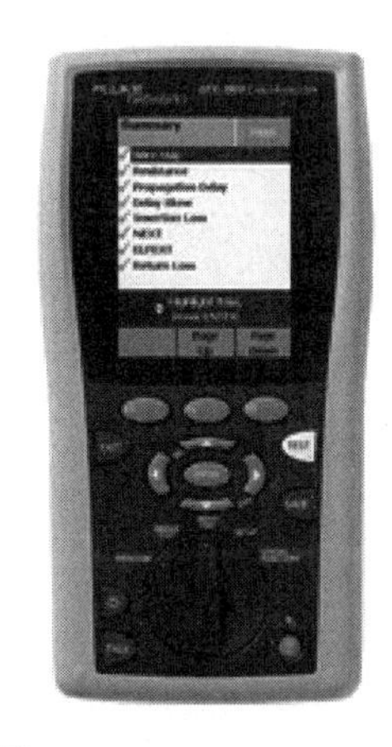

图 7-3　Fluke DTX-1200

（2）光缆测试仪

光缆测试仪是测量光缆性能参数的仪器。根据测试目的不同，光缆测试仪分为光功率计、稳定光源、光万用表和光时域反射仪等。

① 光功率计，用于测量绝对光功率或通过一段光纤的光功率相对损耗。在光纤系统中，光功率测量是最基本的测量，光功率计能够评价光端设备的性能。光功率单位为dBm。接收端能够接收的最小光功率称为灵敏度，发光功率减去接收灵敏度是允许的光纤衰减值。测试时实际发光功率减去实际接收到的光功率的值就是光纤衰减，一般允许的光纤损耗为15～30 dB。

② 稳定光源，是对光系统发射已知功率和波长的光的设备，稳定光源和光功率计结合在一起，可以测量光纤系统的光损耗。

③ 光万用表，将光功率计和稳定光源组合在一起就称为光万用表，能够测量光缆链路的连接损耗、检查连续性并帮助评估光纤链路传输质量。对于短距离的光纤链路测试，可以使用组合的光万用表，可以在一端使用稳定光源，另一端使用光功率计；对于长距离的光纤链路测试，应当使用将光功率计和稳定电源集成在一起的集成光万用表。

④ 光时域反射仪（optical time domain reflectometer，OTDR）是用来测量光纤特性的仪器。OTDR利用光在光纤中传播时产生的后向散发光来获取衰减的信息，可用于测量光纤衰减、接头损耗、光纤故障点定位以及了解光纤沿长度的损耗分布情况等，是光纤施工、维护及监测中必不可少的工具。

Fluke网络公司光万用表工具包括Fluke DSP-FTK光缆测试工具和Fluke DTX-FTK光缆测试工具，以及Fluke SimpliFiber Pro光缆测试工具包配置等。Fluke网络公司光时域反射器为Fluke OptiFiber Pro 系列OTDR。

① Fluke DSP-FTK光缆测试工具，包括光功率表（DSP-FOM）、850/1 300 nm LED组合光源（DSP-FOS）、测试连接光缆、适配器和便携箱等，DSP-FTK是配套DSP系列电缆测试仪所使用的光缆测试工具。

② Fluke DTX-FTK光缆测试工具，包括DTX光功率表（DTX-FOM）、SimpliFiber 850/1 300光源、测试连接光缆、适配器和便携箱等，DTX-FTK是配套DTX系列电缆认证分析仪使用的工具。

③ Fluke SimpliFiber Pro Kit光缆测试工具，包括基本验证工具包（FTK1000-MM和FTK2000-SM）、全功能检验和多模光纤验证工具包（FTK1300和FTK1350）和全套光纤检验工具包（FTK1450）。其中

包括SimpliFiber Pro 光功率计、SimpliFiber Pro 单模/多模激光光源等，如图7-4所示。

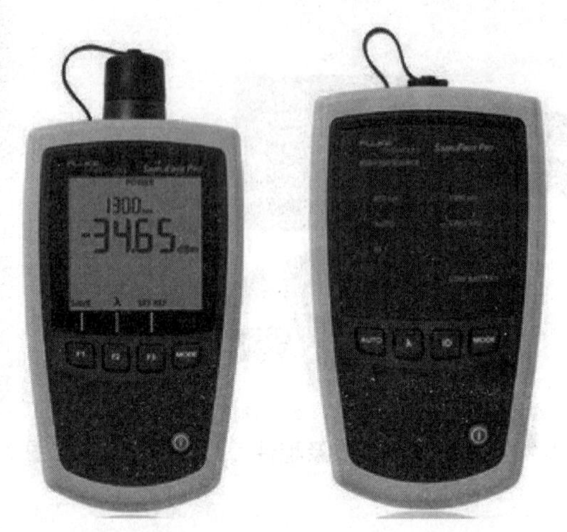

图 7-4 SimpliFiber Pro 光功率计

④ Fluke OptiFiber Pro OTDR，包括OFP-100-Q、OFP-100-S、OFP-100-M三种型号。FLuke OptiFiber Pro OTDR光纤测试仪是专为企业光纤设施设计的全新型OTDR，是用于光纤故障排除及验证的工具，不仅功能强大、效率极高，而且包含有对校园网、数据中心以及存储光纤网络进行故障排除全部所需功能。

2. 网络测试分析仪

网络测试分析仪通常也称专业网络测试仪或网络检测仪，是一种可以检测OSI模型定义的物理层、数据链路层、网络层运行状况的可视智能检测设备，主要适用于网络故障检测、维护和综合布线施工中。有些网络测试仪的检测还涵盖传输层和应用层。

① Fluke EtherScope Series II系列网络通（有线/无线）：是由Fluke公司推出的一款手持便携式网络分析仪，用于外派现场测试和桌面网络测试。它提供有线/无线局域网的安装、监测和故障诊断等方面的各种关键的性能量度，其自动测试特性可以快速地验证物理层的性能，搜索网络和设备，并找出配置和性能问题。

② Fluke OptiView集成网络分析仪：是平板电脑式手持集成网络分析仪，主要用于网络的故障排除和监测。OptiView XG网络分析仪能够提供可连接、分析、处理任何位置的故障，支持有线和无线网络问题的分析，减少用户在故障诊断方面所耗费的时间；支持新技术的部署和故障诊断，包括统一通信、虚拟化、无线技术以及10 Gbit/s Ethernet等。

③ Agilent J6800系列网络分析仪：Agilent（安捷伦）网络测试类的仪器有J6800系列网络分析仪，包括J6800B、J6801B、J6802B、J6805B等几款型号。Agilent J6800系列网络分析仪支持所有主要的数据网络协议，包括LAN、WAN、ATM及相关的业务协议；内置网络分析专家系统，可有效提高网络故障分析的速度；支持64 kbit/s ～1 000 Mbit/s的所有数据通信接口，可以在任何低层局域网或广域网技术上全面统一地测试网络，完成高层性能测量和协议分析。

④ Spirent SmartBits系列网络分析仪：Spirent（思博伦）公司推出的网络分析仪常用的型号有SMB-200（4槽位）、SMB-2000（20槽位）、SMB-600（2槽位）、SMB-6000（12槽位），是用于测试和分析网

络性能的一种工具，可以对10/100/1 000 Mbit/s以太网、ATM、帧中继等网络及设备进行吞吐量、网络时延、丢包率、背靠背性能等测试。注意：背靠背性能测试是通过以最大帧速率发送突发传输流并测量无包丢失时的最大突发长度（总包数量），以此来测试网络设备的缓存容量。

⑤ IXIA系列网络分析仪：常见的型号有IXIA1600和IXIA400、IXIA100，可用于对多层10/100 Mbit/s以太网、千兆以太网、POS（Packet over SONET）网络以及相关设备的性能测试。IXIA的测试软件还支持Web性能测试，适用于Web交换机、Web服务器、Web服务器负载均衡系统和防火墙等设备的性能测试。IXIA的Web测试系统可以模拟几十万用户以及几百万的并发呼叫连接。IXIA的网络监测与优化软件可以用于监测网络时延、包丢失率、包抖动等性能指标。

3. 网络性能测试软件

网络性能测试，可以采用网络分析仪进行，也可以使用网络性能测试软件。网络性能测试软件有Charoit软件以及Iperf软件（Iperf对应的windows图形界面软件为Jperf）。Chariot可以用于测试吞吐量、响应时间、时延抖动、丢包率等性能参数。利用Iperf（Jperf）软件也可测试报告网络带宽（吞吐量）、延迟抖动和丢包率信息。另外还可以使用计算机系统提供的Ping命令进行部分网络性能测试。

4. 系统自带的调测工具

操作系统自带的测试工具主要是Ping命令。Ping（packet internet groper）是Windows、UNIX和Linux系统下的一个命令。Ping通过发送一个ICMP（internet control messages protocol，因特网信报控制协议）回声请求信息给目标主机，目标主机如果存在并收到ICMP回声请求信息，则发送一个ICMP echo（ICMP回声应答）信息给源主机，通过这种方式来检查网络是否通畅以及网络连接速度，帮助我们分析和判定网络故障。另外，还可以测试网络的响应时间和丢包率等参数。

7.3 网络工程项目测试

网络工程测试是依据相关的规定和规范，采用相应的技术手段，利用专用的网络测试工具，对网络设备及系统集成等部分的各项性能指标进行检测的过程，是网络系统验收工作的基础和重要组成部分。

视 频

网络工程项目测试与验收

下面先对网络工程测试类型、测试内容、测试参数、测试方法等知识进行介绍，然后给出具体的测试方案参考格式。

7.3.1 网络测试类型

根据网络工程项目实施的情况，考虑网络测试结果的重要性，根据测试工作所处的项目实施阶段，网络测试可以分三种类型。

1. 单点随工测试

单点随工测试是在项目施工过程中由施工方随项目施工进行的测试，主要包括综合布线测试，有双绞线、光纤的连通性、电气特性测试；硬件设备检测，包括对路由器、交换机、服务器等设备完好性、参数符合性、通电验证等的测试。部分单点随工测试伴随随工验收，比如隐蔽工程就需要进行单点随工测试验收。

2. 初步验收测试

初步验收测试是在施工完成后，由施工方提出，项目建设单位主导进行的测试，是一次完整的测试。它主要包括综合布线系统（环境平台）测试、网络系统（传输平台）测试、服务系统（服务平台）测试及业务应用系统（业务应用平台）测试等内容。初验测试伴随着初步验收。

3. 竣工验收测试

竣工验收测试是在初步验收测试和试运行完成之后进行的测试工作，竣工验收测试是在单点随工测试、初步验收测试以及试运行基础上，由项目施工方提出，项目建设单位主导开展的验收工作，可以采取抽查测试方法，是项目竣工验收的必要环节。竣工测试伴随着竣工验收。

7.3.2 网络测试内容

计算机网络系统建设主要包括网络环境平台、网络传输平台、网络服务平台、网络业务应用平台的建设，因此测试也可以从这四个方面开展。网络环境平台测试主要是对结构化布线系统中电缆测试和光缆测试；网络传输平台测试包括单点设备测试（交换机、路由器检测等），网络系统测试（全网连通性测试、网络性能测试、网络安全测试、网络管理测试）等；网络服务平台测试包括服务器及管理检测，操作系统检测等；网络业务应用平台测试包括互联网应用测试和业务软件功能测试等。

归纳起来，计算机网络系统的测试包括结构化布线测试（电缆测试、光缆测试）、网络设备测试、网络系统测试（连通性测试、性能测试、安全测试、管理测试）、服务器及应用系统测试等四个方面，下面分别介绍。

7.3.3 电缆测试

1. 结构化布线系统测试方法

从工程的角度，可以将结构化布线工程的线缆测试方法分为验证测试和认证测试两种。

验证测试一般是在施工的过程中由施工人员边施工边测试，以保证所完成的每一个连接的正确性和连通性，属于随工测试。

认证测试是指对布线系统按照国家标准和国际标准进行逐项检测，以确认布线系统是否达到设计要求，包括连通性能测试和电气性能测试，属于验收测试。

2. 电缆测试链接模型

电缆认证测试的测试模型有三种，包括基本链路模型、永久链路模型、信道模型。按照《综合布线系统工程测试规范》中附录《综合布线系统工程电气测试方法及测试内容》中规定，五类线布线系统按照基本链路和信道链路测试，5e类和六类布线系统按照永久链路和信道链路进行测试。

（1）基本链路模型

基本链路包括三部分：最长为90 m的建筑物中固定的水平布线电缆、水平电缆两端的接插件（一端为工作区信息插座，另一端为楼层配线架）和两条与现场测试仪相连的2 m测试设备跳线。

图7-5中F是信息插座至配线架之间的电缆，G、H是测试设备跳线。F是综合布线承包商负责安装的，链路质量由其负责，所以基本链路又称为承包商链路。

（2）永久链路模型

基本链路包含的两根各2 m长的测试跳线是与测试设备配套使用的，虽然它的品质很高，但随着测试次数增加，测试跳线的电气性能指标可能发生变化并导致测试误差，这种误差包含在总的测试结果之中，其结果会直接影响到总的测试结果。因此，ISO/IEC 11801 2002和ANSI/TIA/EIA568B.2-1定义的增强5类、6类标准中，测试模型有了重要变化。弃用了基本链路的定义,而采用永久链路（permanent link）的定义。永久链路又称固定链路,由最长为90 m的水平电缆、水平电缆两端的接插件（一端为工作区信息插座，另一端为楼层配线架）和链路可选的转接连接器组成。

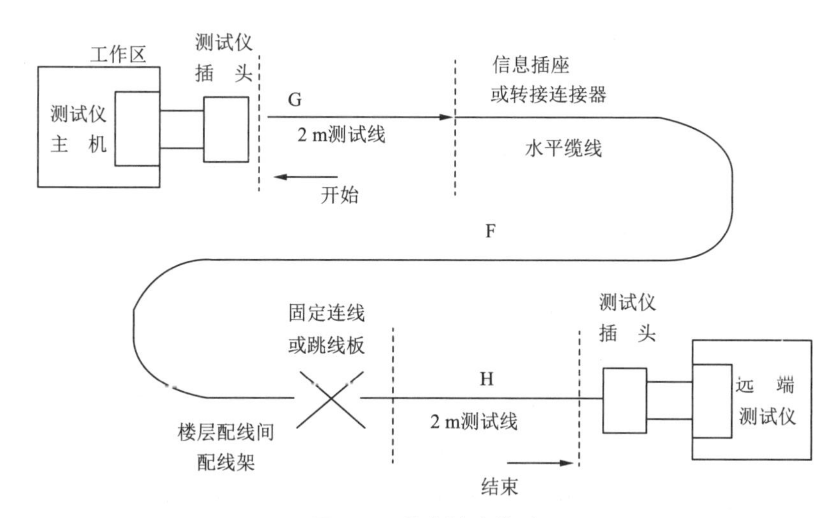

图 7-5　基本链路模型

永久链路模型图7-6中，F是测试仪跳线，G是可选转接电缆，H是插座/接插件或可选转/汇接点及水平跳接间电缆，I是测试仪跳线，G+H最大长度为90 m。永久链路测试模型，用永久链路适配器连接测试仪表和被测链路，测试仪表能自动扣除F、I和2 m测试线的影响。排除了测试跳线在测量过程中本身带来的误差，从技术上消除了测试跳线对整个链路测试结果的影响，使测试结果更准确、合理。永久链路由综合布线施工单位负责完成。施工单位只向用户提交一份永久链路的测试报告。

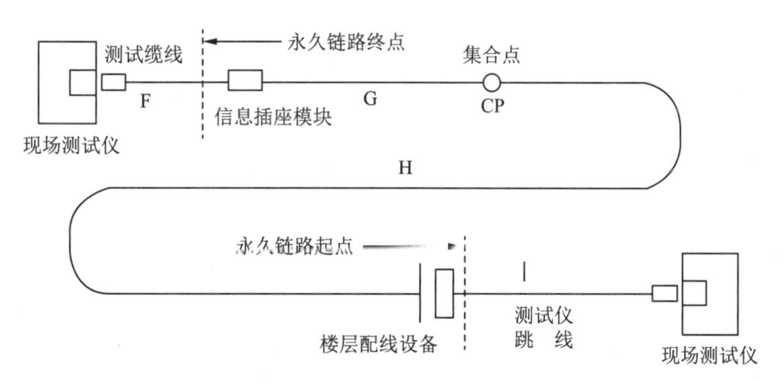

图 7-6　永久链路模型

（3）通道模型

通道测试的是网络设备到计算机间端到端的整体性能，是用户所关心的，故通道又被称作用户链路，通道最长为100 m。测试基本链路时，采用测试仪专配的测试跳线连接测试仪的接口，而测通道时，直接用链路两端的跳接电缆连接测试仪接口。

图7-7通道链路模型中，A是用户端连接跳线，B是转接电缆，C是水平电缆，D是最大2 m的跳线，E是配线架到网络设备间的连接跳线，B+C最大长度为90 m，A+D+E最大长度为10 m。

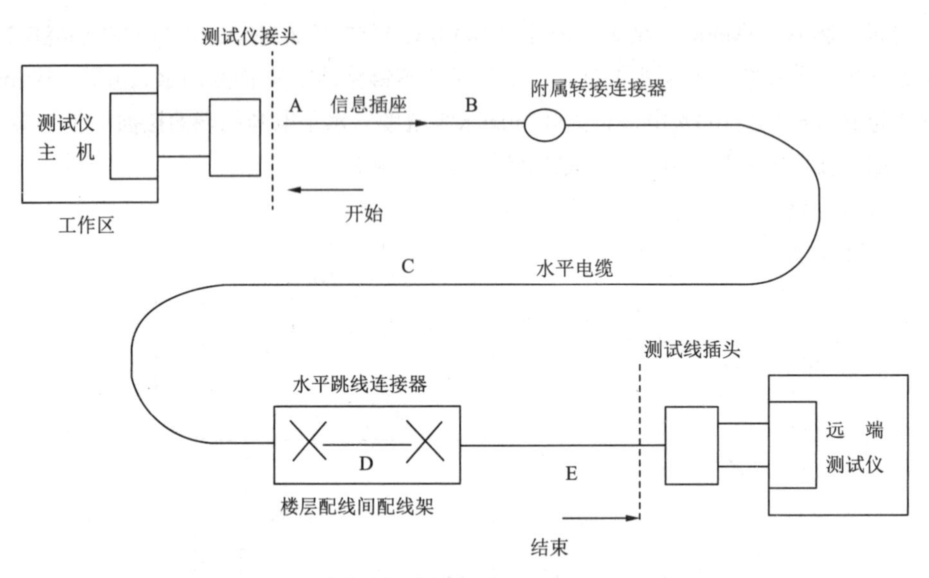

图 7-7 通道链路模型

从用户角度来说，用于高速网络的传输或其他通信传输时的链路不仅要包含永久链路部分，而且还包括用于连接设备的用户电缆，希望得到通道的测试报告。永久链路比通道更严格，从而为整条链路通道留有余地。在实际测试应用中，选择哪一种测量连接方式应根据需求和实际情况决定。使用通道链路方式更符合使用的情况，但由于它包含了用户的设备连线部分，测试较复杂。对于超5类和6类布线系统，一般工程验收测试都选择永久链路模型。

3. 电缆测试参数和指标

电缆验证测试主要是验证电缆的连通性、线序和长度等。电缆认证测试主要包括衰减（插入损耗）、近端串音、回波损耗等。

按照《综合布线系统工程测试规范》附录《综合布线系统工程电气测试方法及测试内容》中规定，基本测试项包括接线图、线缆长度。另外，三类和五类双绞线测试内容衰减和近端串音；5e类和六类双绞线测试内容包括插入损耗、回波损耗、近端串音、近端串音功率和、等电平远端串音、等电平远端串音功率和、衰减串音比、传输时延、传输时延偏差、环路电阻和阻抗等技术参数的测试。实际测试过程中可以选择任选项目测试。这里对几个常用参数进行说明。

① 长度。布线链路及信道线缆长度应在测试连接图所要求的极限长度范围内。当链路超过了规定的极限长度后，会导致网络通信失败。双绞线链路的总长度不超过100 m（包括连接跳线长度）。

② 接线图。为确保电缆安装满足性能和质量要求，需要进行接线图测试，EIA/TIA T568A和EIA/TIA T568B规定了电缆和信息模块的端接方法。要严格按照标准规定的接线方法进行端接，以免接线错误。这里提供EIA/TIA T568B描述的线序从左至右依次为：1—白橙、2—橙、3—白绿、4—蓝、5—白蓝、6—绿、7—白棕、8—棕，如图7-8所示。

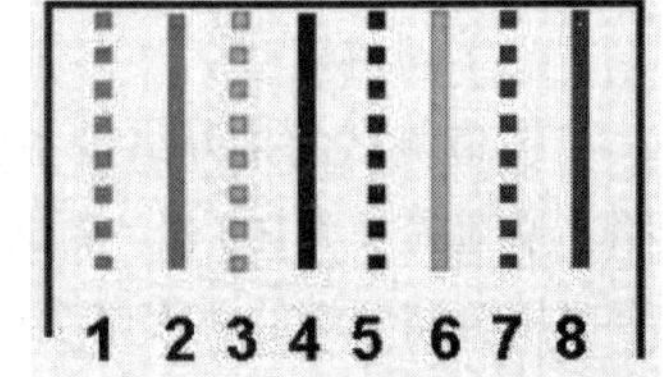

图 7-8 EIA/TIA T568B 接线图

③ 衰减。衰减测试是对电缆和链路连接硬件中信号损耗的测试。根据《综合布线系统工程验收规范》规定，三类、五类双绞线需要测试衰减值。电缆长度是链路衰减的一个主要因素，电缆越长，链路的衰减就会越明显。电缆衰减还与频率和温度有关，衰减随频率而变化，所以应分频率

范围进行测试，五类双绞线的测试范围为1～100 MHz。线缆信号的衰减受温度的影响较大，随温度的增加，电缆的衰减也会增加。一般来说，线缆衰减测试规定在20℃，温度每增加10℃，线缆的信号衰减就会增加4%。五类双绞线衰减测试是按照双绞线链路的最大允许长度设定的（基本链路90 m，信道链路100 m），温度在20℃时，基本链路最大衰减为21.6 dB。测试电缆衰减时，衰减值越小越好。

④ 插入损耗。发射机与接收机之间插入电缆或元器件产生的信号损耗。插入损耗以接收信号电平的对应分贝（dB）来表示。根据《综合布线系统工程验收规范》规定，5e类和六类双绞线测试采用插入损耗，5e类双绞线永久链路最大允许长度在100 MHz频率下插入损耗为20.4 dB；六类双绞线布线永久链路最大允许长度在250 MHz频率下插入损耗为30.7 dB。测试电缆插入损耗时，插入损耗值越小越好。

⑤ 近端串音，也称近端串扰。双绞线为了抵消线与线之间的磁场干扰，所以把同一线对进行双绞，串扰强度跟绞接率直接相关，绞接率越大，抵消干扰能力越强，串扰越小。但在做水晶头时必须把双绞拆开，这样就会造成1～2线对的一部分信号泄露出来，被3～6线对接收到，泄露出来的信号称为串音或串扰，串扰有近端串扰NEXT和远端串扰FEXT。由于远端串扰比较小，所以主要测试近端串扰NEXT。近端串扰测量值会随线缆长度变化而变化。实验证明，线缆长度为40m内的近端串扰测量值NEXT较为真实。近端串扰最好在两端都进行测试。五类双绞线基本链路近端串扰为29.3 dB，5e类双绞线永久链路100 MHz时近端串音为32.3 dB，六类双绞线永久链路250 MHz时近端串扰为33.5 dB。测试近端串扰时，值越小越好。

⑥ 回波损耗。在全双工网络中，当一对线负责发送数据的时候，在传出过程中遇到阻抗不匹配的情况时就会引起信号的反射，即整条链路有阻抗异常点。信号反射的强度与阻抗和标准的差值有关。5e类双绞线永久链路在100 MHz的最小回波损耗为12.0 dB，六类双绞线永久链路在250 MHz的最小回波损耗为10.0 dB。测试回波损耗时，值越大越好。回波损耗3 dB原则：当插入损耗小于3 dB时，可以忽略回波损耗（TIA568B），这一原则适用于5e类和六类双绞线。

⑦ 传输时延，即信号在链路上传输的时间，用ns标识。一般极限为555 ns，如果传输时延偏大，会造成延迟碰撞增多，5e类双绞线永久链路在100 MHz传输时延最大为0.491 ns，六类双绞线永久链路在250 MHz传输时延最大为0.490 ns。

⑧ 直流环路电阻。任何情况下导线都存在电阻，直流环路电阻是指一对双绞线的电阻之和。100 Ω非屏蔽双绞线电缆直流环路电阻不大于19.2 Ω/100 m，5e类和六类双绞线永久链路的最大直流环路阻抗为21 Ω。

⑨ 特性阻抗：用于结构布线非屏蔽双绞线UTP的特性阻抗为100 Ω，变化范围为100×（1±15%）Ω，超过这个范围就会导致阻抗不匹配问题。

下面给出不同类型电缆的测试内容及参数见表7-1。5类双绞线采用基础链路，5e和6类双绞线采用永久链路作为测试链路。

表 7-1　不同类型电缆的测试内容及参数表

参　数	5 类	5e 类	6 类
链路类型	基本链路	永久链路	永久链路
频带宽带/MHz	100	100	250
特性阻抗/Ω	100×（1±15%）	100×（1±15%）	100×（1±15%）

续表

参　数	5 类	5e 类	6 类
衰减/dB	21.6	—	—
插入损耗/dB	—	20.4	30.7
近端串扰/dB	29.3	32.3	33.5
回波损耗（越大越好）/dB	12.0	10.0	1.0
传输时延/ns	—	0.491	0.490
直流环路电阻/Ω	34	21	21

4. 电缆测试工具选择及测试方法

电缆布线工程的验证测试（连通性测试）可以采用Fluke MicroScanner Pro验证测试仪；布线工程认证测试（性能测试）可以选用Fluke DSP-4x00系列数字式的电缆测试仪或Fluke DTX系列电缆认证分析仪。

（1）双绞线链路的验证测试

双绞线验证测试可以采用Fluke MicroScanner Pro验证测试仪，能够测试的主要内容包括双绞线布线上是否存在开路、短路、线路跨接、线对跨接、线对间的串绕以及线缆长度等，并将测试结果直接显示在测试仪的显示屏上。验证测试仪的测试连接如图7-9所示。

（2）双绞线链路及信道的认证测试

对双绞线链路及信道进行认证测试可以使用Fluke DTX系列认证测试仪（如Fluke DTX-1800）。使用Fluke DTX-1800测试仪对双绞线链路及信道进行认证测试的基本操作步骤如下：

① 基准设置。将Cat6/ClassE永久链路适配器装入主机上，将Cat6/ClassE通道适配器装入辅助机上，然后将永久适配器末端插入通道适配器上；打开辅助机电源，辅助机自检，将主机旋转按钮转至SPECIAL FUNCTIONS档位，打开主机电源，自检后打开操作界面选择第一项“设置基准”进行基准设置，如图7-10所示。

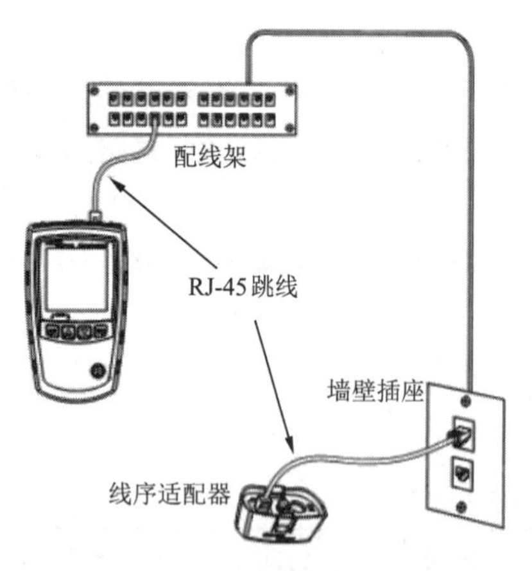

图 7-9　双绞线链路验证测试

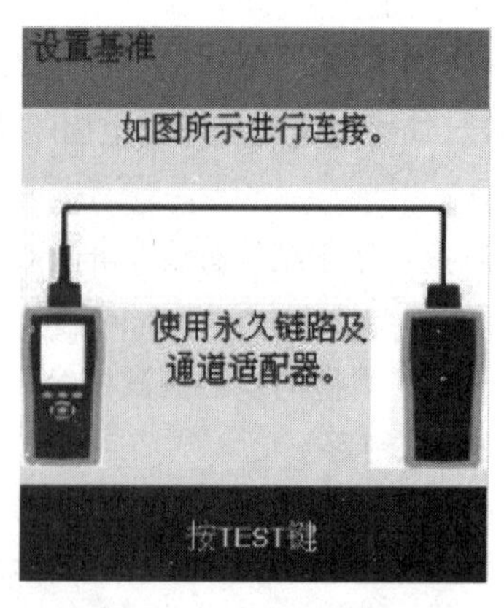

图 7-10　基准设置图

② 参数设置。在用测试仪测试之前，需要选择测试所依据的标准，布线标准如TIA/EIA 568B、ISO/IEC 11801标准、GB等，网络标准如100BASE-TX、1000BASE-T等；设置测试链路的类型，如基本链路、永久链路、信道等；选择线缆的类型，如五类线、5e类线、六类线、多模光纤、单模光纤等；

设置测试时的相关参数，如测试极限值、NVP、插座配置（如TIA568B）等。注意：NVP（nominal velocity of propagation）的中文定义是额定传率的意思，无屏蔽双绞线UTP的NVP基本上都是69%，是指电子在线缆中的速度相对于光速的比值，比如光速约为0.3 m/ns，而电子在线缆的传输速度约为0.2 m/ns，这样，NVP就是这两个值的比值，即NVP=电子传输速度/光速。

③ 测试电缆网络性能。开始电缆测试前，应当将Fluke DTX测试仪器连接至测试网络链路中。对于5e和六类双绞线测试，一般采用永久链路。测试双绞线水平布线永久链路，采用Fluke DTX连接双绞线水平布线永久链路，如图7-11所示。

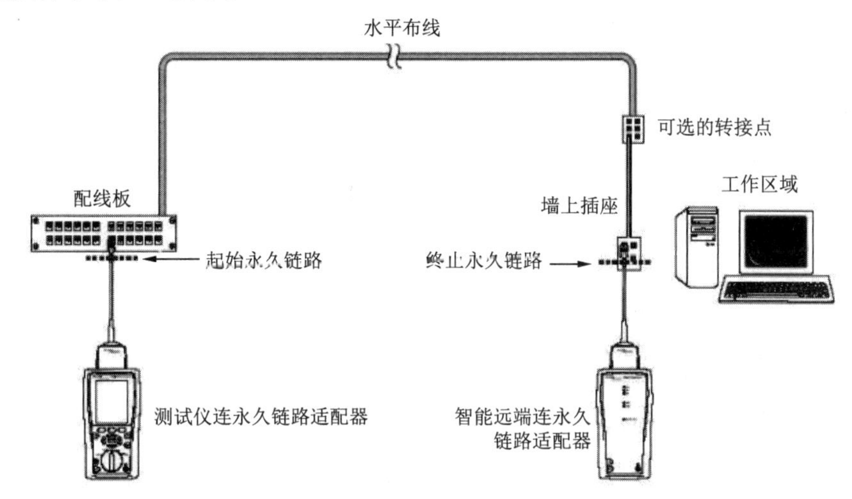

图 7-11　双绞线水平布线永久链路测试连接图

5. 电缆测试记录参考样表

结构化电缆连通性和电气特性测试记录表见表7-2。

表 7-2　结构化电缆连通性和电气特性测试记录表

工程分项名称									
测试标准		TIA/EIA 568B，ISO/IEC 11801标准							
测试仪器		Fluke DTX							
序号	信息点编号	电缆系统							测试结果
		长度	接线图	衰减（插入损耗）	近端串音	回波损耗	链路连通性	其他任选项目	
		90 m	TIA568B	22 dB	32.3 dB	16.0 dB	连通		合格
测试日期									
处理情况									
测试人员（签字）									

7.3.4 光缆测试

1. 光纤测试参数和指标

由于电缆传输的是电信号，而光缆传输的是光信号，所以测试的方法和测试参数都不完全相同，但信号衰减和回波损耗等都是影响网络性能的主要因素。光缆测试参数有光缆长度、衰减、光插入损耗、光回波损耗、最大传输延迟等。一般光缆测试主要测试光缆长度和光衰减或光插入损耗（包括光纤的连通性）。

① 光缆长度，依据厂商标出的位置尺寸计算或由测试仪测试。

② 光衰减，光衰减取决于光纤的波长、类型和长度，并受测量条件的影响。光衰减的定义为单位光纤长度的光功率差，单位为dB/km。TIA/EIA568C和《综合布线工程验收规范》中定义的光缆布线最大衰减值为多模光缆850 nm波长最大衰减为3.5 dB/km，1 300 nm波长最大衰减为1.5 dB/km。单模光纤1 310 nm波长和1 550 nm波长的最大衰减为1.0 dB/km，见表7-3。

表 7-3　光缆最大衰减表

最大光缆衰减（dB/km）				
光纤类型	OM1/OM2/OM2 多模光纤		OS1/OS2 单模光纤	
波长/nm	850	1 300	1 310	1 550
衰减/dB	3.5	1.5	1.0	1.0

③ 光插入损耗，是光纤链路中的各段光纤、光链路器件的损耗的综合（dB值），即向一个链路发射的光功率和这个链路的另一端接收光功率的差值，见表7-4。

表 7-4　光纤信道的最大插入损耗（衰减）表

信道等级	光纤类型	光纤信道的最大衰减				
		多　模			单　模	
		650 nm	850 nm	1 300 nm	1 310 nm	1 550 nm
OF-25	OP1，OP2	8.00/dB	4.00dB	4.00 dB	—	—
OF-50	OP1，OP2	13.00/dB	5.00 dB	5.00 dB	—	—
OF-100	OP1，OP2，OH1	23.00/dB	7.00 dB	7.00 dB	—	—
OF-200	OP2，OH1	23.0/dB	11.0 dB	11.0 dB	—	—
OF-300	OM1，OM2，OM3，OS1，OS2	—	2.55 dB	1.95 dB	1.80 dB	1.80 dB
OF-500	OM1，OM2，OM3，OS1，OS2	—	3.25 dB	2.25 dB	2.00 dB	2.00 dB
OF-2000	OM1，OM2，OM3，OS1，OS2	—	8.50 dB	4.50 dB	3.50 dB	3.50 dB
OF-5000	OS1，OS2	—	—	—	4.00 dB	4.00 dB
OF-10000	OS1，OS2	—	—	—	6.00 dB	6.00 dB

光纤类型OP1/OP2/OH1为塑料光纤，OM1/OM2/OM3为多模光纤，OS1/OS2为单模光纤。信道等级OF-25表示最小传输距离为25 m，信道等级OF-300表示最小传输距离为300 m，以此类推。从表中可以

看出，200 m以内可以选用廉价的塑料光纤产品，而大于5 000 m的光纤只能选用单模光纤。

④ 光回波损耗，又称放射损耗。它是在光纤连接处，后向反射光相对输入光的比率的dB数。当光信号在光纤内传输时会遇到阻碍而发射回信号发射端，这就是回波，这是一种不利于光纤传输的现象，为了消除这种现象，光纤具有的回波损耗能够消除回波。所以，回波损耗的数值越大，可以消除的回波就越大，光纤的性能也就越好。回波损耗越大越好，以减少反射光对光源和系统的影响。

⑤ 最大传输延迟，是光纤链路中从光发射器到光接收器之间的传输延时。传输延时随光缆长度的增加而增加，单位是纳秒（ns），它是衡量信号在光缆中传输快慢的物理量。

2. 光纤衰减测试计算方法

前面介绍的光功率计，用于测量绝对光功率或通过一段光纤的光功率相对损耗。在光纤系统中，光功率测量是最基本的测量，光功率单位为dBm（分贝毫瓦）。测试时，实际发光功率减去实际接收到的光功率的值就是光纤衰减，即发送端发光功率（dBm）减去实际接收到的光功率，得到光纤衰减值（dB）。

因此光缆损耗的测试分为两步，一是设置参考值，在不连接被测链路的情况下，测量接收光功率，这个接收光功率作为参考值，可以看成发送光功率；二是实际测试，此时连接被测链路，测量接收光功率，这个接收光功率作为实际接收光功率。用参考值减去实际接收光功率，就得到了光纤衰减值。

测试步骤：

第一步，如图7-12所示，将光功率计和稳定光源直接通过发送端连接光缆和接收端连接光缆以及光纤适配器连接起来，测量无被测光缆时的光功率，作为参考值。

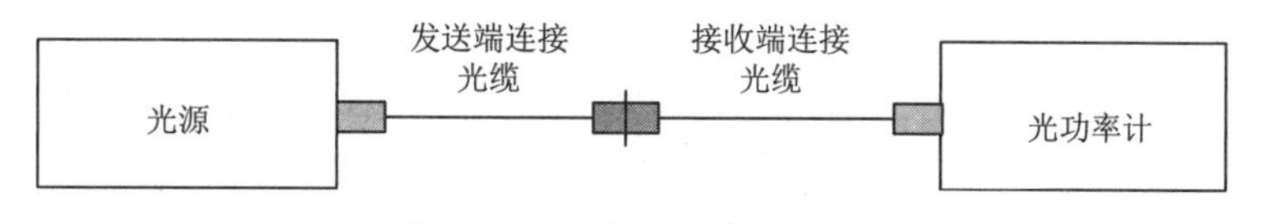

图 7-12　参考值测试连接图

第二步，如图7-13所示，将被测光缆接入测试链路，测量包含被测光缆时的光功率。注意，增加了一个适配器。

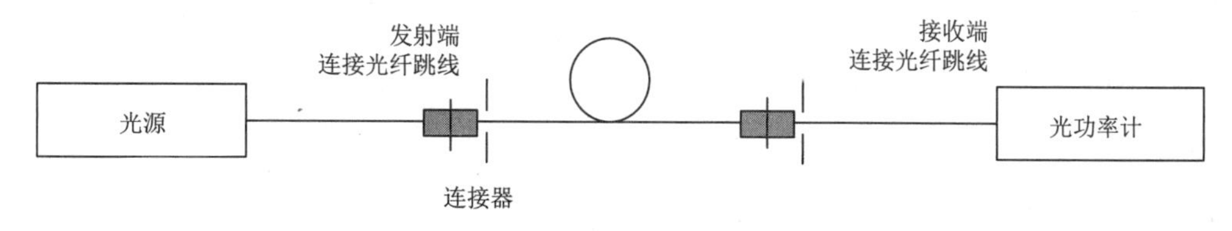

图 7-13　光纤衰减测试连接图

第三步，用参考值减去包含被测光缆时的接收光功率即为光链路衰减（光插入损耗）值。

3. 光缆测试工具选择及测试方法

光缆布线工程的测试主要包括连通性测试、长度测试和衰减测试。Fluke DTX测试仪不仅可以测试双绞线，也能测试光纤。Fluke DTX测试仪通过配置光纤链路测试模块，可以测试光纤的连通性以及光纤的性能。

使用Fluke DTX测试仪对光纤进行测试，测试过程如下。

① Fluke DTX初始设置，包括光纤类型设置、光纤测试极限值设置和远端端点设置。

② Fluke DTX设备基准设置，包括选择光缆模块，显示所选测试方法的基准连接，清洁连接器和跳线，连接测试仪和智能远端，然后测试。

③ 将测试光缆接入测试链路，开始自动测试。DTX测试仪的光纤测试模块通过双波长和双向测试时测试速度提高许多。

测试完成，通过提示，选择保存键保存测试结果。

注意，Fluke公司的设备管理软件为Linkware。Linkware使用户可以通过单一的PC软件应用程序管理来自于多个测试仪的测试结果。兼容的仪器有DTX-1800、DSX-5000、CertiFiber PRO、OptiFiber PRO等仪器。它简化了项目设置，可根据工作点、客户、楼宇等快速组织、编辑、查看、打印、存储测试结果并进行文档备案。可以将测试结果合并至一个已存在的LinkWare数据库中，然后通过任一数据字段或参数对这些数据进行排序、查找和组织。使用LinkWare上载到计算机的任何数据，可确保存储的结果一定来自测试仪的存储装置。

4. 光缆测试记录参考样表

光缆测试记录参考样表见表7-5。

表 7-5　综合布线系统工程光纤信道性能指标测试记录表

<table>
<tr><td colspan="2">工程分项名称</td><td colspan="9"></td></tr>
<tr><td colspan="2">测试标准</td><td colspan="9">TIA/EIA 568B，ISO/IEC 11801标准</td></tr>
<tr><td colspan="2">测试仪器</td><td colspan="9">Fluke DTX</td></tr>
<tr><td rowspan="4">序号</td><td rowspan="4">编号</td><td colspan="8">光缆系统</td><td rowspan="4">测试结果</td></tr>
<tr><td colspan="4">多模OM1/OM2/OM3</td><td colspan="4">单模OS1/OS2</td></tr>
<tr><td colspan="2">850 nm</td><td colspan="2">1 300 nm</td><td colspan="2">1 310 nm</td><td colspan="2">1 550 nm</td></tr>
<tr><td>长度/m</td><td>衰减/dB</td><td>长度/m</td><td>衰减/dB</td><td>长度/m</td><td>衰减/dB</td><td>长度/m</td><td>衰减/dB</td></tr>
<tr><td></td><td></td><td>2 000</td><td>8.50</td><td>2 000</td><td>4.50</td><td>2 000</td><td>3.50</td><td>2 000</td><td>3.50</td><td>合格</td></tr>
<tr><td></td><td></td><td></td><td></td><td></td><td></td><td></td><td></td><td></td><td></td><td></td></tr>
<tr><td></td><td></td><td></td><td></td><td></td><td></td><td></td><td></td><td></td><td></td><td></td></tr>
<tr><td colspan="2">测试日期</td><td colspan="9"></td></tr>
<tr><td colspan="2">处理情况</td><td colspan="9"></td></tr>
<tr><td colspan="2">测试人员（签字）</td><td colspan="9"></td></tr>
</table>

7.3.5　网络设备测试

1. 网络设备测试内容选择

网络传输平台采用的网络设备主要包括交换机、路由器等。

根据《路由器设备测试方法 核心路由器》和《路由器设备测试方法 边缘路由器》标准，对路由器的测试主要包括常规测试、物理接口测试、协议测试、性能测试、可靠性测试等方面。

根据《以太网交换机测试方法》标准规定，以太网交换机测试内部包括常规测试、协议测试、功能测试、性能测试等方面。

根据RFC2544（benchmarking methodology for network interconnect devices）的建议，对网络互联设备的性能测试主要包括吞吐量、网络时延、丢包率、背靠背性能等方面。

《路由器设备测试方法》、《以太网交换机测试方法》标准中提供的路由器和交换机测试的内容是对具体设备功能和性能的测试。作为网络工程项目，虽然采用这些设备，但不建议从某个网络设备产品的具体功能和性能方面开展测试。

网络工程项目中网络设备测试的内容可以参考《公用计算机互联网工程验收规范》中对单点检测的内容规定。结合《公用计算机互联网工程验收规范》中单点测试的内容，对计算机网络系统中网络设备检测可以从两个方面开展，即设备硬件符合度检测和设备开启功能检测。

① 设备硬件符合度检测，是检查实际提供硬件设备是否与投标文件的硬件设备参数一致，主要包括从软硬件配置、端口配置、冗余模块等三个方面检测。

② 设备开启功能检测，主要从连通性、基本功能实现、开启服务功能（如SNMP、NTP、Syslog等）等方面进行测试。

（1）路由器设备检测内容

① 路由器硬件符合度检测。路由器硬件检测从软硬件配置、端口配置、冗余模块等三个方面进行检测。检测路由器软硬件配置，包括软件版本、内存大小、接口板信息等。检测路由器端口配置，包括端口类型、数量以及端口状态。在路由器内部的模块具有冗余配置时，测试其备份功能。

② 路由器开启功能测试。路由器开启功能测试包括路由器连通性、系统配置、开启服务功能检测等。检测路由器连通性可以通过远程登录路由器测试。检测路由器系统配置，包括主机名、用户名、用户密码、端口地址、端口描述等基本配置，以及是否保存配置。对开启的服务功能（SNMP、NAT等）进行检测等。

（2）交换机设备检测内容

① 交换机硬件符合度检测。交换机硬件符合度检测从软硬件配置、端口配置、冗余模块等三个方面进行检测。检测交换机软硬件配置，包括软件版本、内存大小等。检测交换机端口配置，包括端口类型、数量以及端口状态。在交换机内部的模块具有冗余配置时，测试其备份功能。

② 交换机开启功能测试。交换机开启功能测试包括对交换机连通性、系统配置、开启服务功能检测等。检测交换机连通性可以通过远程登录交换机测试。检测交换机系统配置，包括主机名，VLAN配置和生成树配置等。对开启服务功能（SNMP、NTP等）进行检查等。

2. 测试方法

对网络工程项目中的交换机、路由器等设备进行单点测试，主要是设备符合性检查和基本功能检测。因此可以利用系统自带登录、测试、查看软件进行检测和查看。例如，利用ping命令检测设备连通性，检测路由器路由功能。利用设备配置查看命令查看设备系统配置。利用管理软件对设备进行管理等。表7-6为交换机、路由器等设备单点测试方法表。

表 7-6 交换机路由器等设备单点测试方法表

序号	测 试 内 容	测 试 方 法
1	加电后系统是否正常启动	通过console线连接到交换机上，或telnet到交换机上，通过超级终端查看路由器启动过程，输入用户名及密码进入网络设备
2	查看设备的硬件配置是否与定货合同相符合	华为设备：[huawei]display version 思科设备：#show version
3	测试查看各模块的状态	华为设备：[huawei]display device 思科设备：#show mod
4	查看设备闪存使用情况	华为设备：<huawei>dir 思科设备：#dir
5	测试NVRAM，配置文件保存	在设备中改动其配置，并写入内存，将交换机关电后等待60 s后再开机 华为设备：[huawei]display current 思科设备：#show config
6	查看各端口状况	华为设备：[huawei] display interface 思科设备：#show interface

3. 设备测试参考样表

路由器和交换机设备测试参考样表见表7-7和表7-8。

表 7-7 路由器设备检测表

测 试 项 目		测 试 内 容	测 试 方 法	结 论	备 注
路由器	硬件检测	设备型号、软件版本、内存大小等			
		路由器端口类型、数量、状态等			
		冗余模块、备份功能检测			
	基本功能	路由器连通性			
		系统配置，文件保存			
		路由器表、路由表收敛能力			
		开启服务器功能检测			

表 7-8 交换机设备检测表

测 试 项 目		测 试 内 容	测 试 方 法	结 论	备 注
路由器	硬件检测	设备型号、软件版本、内存大小等			
		交换机端口类型、数量、状态等			
		冗余模块、备份功能检测			
	基本功能	交换机连通性			
		系统配置，文件保存			
		VLAN及STP功能			
		开启服务器功能检测			

7.3.6　网络系统测试

网络系统测试属于对计算机网络系统中网络传输平台和网络服务平台的测试，可以结合《公用计算机互联网工程验收规范》中对全网测试的描述，从网络连通性测试、网络性能测试、网络安全测试和网络管理功能测试来实现网络系统测试。

1．网络连通性测试

网络连通性反映了网络的可用性，可以使用ping命令进行检测。测试包括网络内部连通性测试、国内网络间连通性测试、国际网络间连通性测试。

网络内部连通性测试可以根据网络拓扑图形成的网络节点之间的连通性矩阵，进行两两节点间的连通性测试；国内网络间连通性测试可以根据网络与国内其他互联网的互联情况，测试本网与国内其他互联网的连通性；国际网络间连通性测试可以根据网络与其他国际地区互联网的互联情况，测试本网与国际其他互联网的连通性。

ping命令用于从终端计算机向目的计算机发送icmp echo request，并等待接收icmp echo reply来判断目的是否可达。

ping命令的目的地址可以是IP地址，也可以是域名，例如：ping 192.168.10.10或者ping www.hbust.com.cn。如果目的地址是域名，需要一个可用的DNS去解析该域名。

ping命令有非常丰富的命令选项，比如-c可以指定发送 echo request 的个数，-l可以指定每次发送的ping包大小，-t可以不停地向目的发送echo request。

通常ping命令的返回结果有以下几种：

① Reply from 192.168.10.10：bytes=32 time=1ms TTL=50

该结果表示收到192.168.10.10的reply包，说明目的网络可达。

② Request timed out

请求超时，该结果表示没有收到reply包，说明存在目的网络路由，但网络不通。

③ Destination host Unreachable

目的主机不可达，该结果表示没有到目的主机的路由。

④ Unknown host

不可知的主机，该结果表示无法解析域名为IP地址。

⑤ Hardware error

硬件错误，该结果表示硬件故障。

2．网络性能测试

（1）网络性能测试内容

计算机网络系统的性能主要体现在网络带宽和服务质量上，网络性能测试主要考察网络带宽和服务质量相关的参数。这些参数是指吞吐量、响应时间（时延）、时延抖动、丢包率等。

注意时延与响应时间的区别，网络时延是指一个报文或分组从一个网络的一端传送到另一个端所需要的时间。它包括了发送时延、传播时延、处理时延、排队时延。响应时间是指用户发出服务请求到接收到响应所花费的时间。一般响应时间由往返时延和应用程序响应处理时延组成。响应时间更直接地反映网络性能。

（2）被动测试与主动测试

网络性能测试方式可以分为被动测试、主动测试两种方式。不论是被动测试还是主动测试，都需从网络中采集数据。

① 被动测试。

被动测试就是用仪表监测网络中的数据，通过分析采集到的数据判断网络性能状况。被动测试是在不影响网络正常工作的情况下测试。被动测试适合用来测量和统计链路或设备上的流量，但不适合测试网络时延、丢包率、时延抖动等性能参数。被动测试的优点在于理论上它不产生流量，不会增加网络的负担；其缺点在于被动测试基本上是基于对单个设备的监测，很难对网络端到端的性能进行分析。

② 主动测试。

主动测试是在选定的测试点上利用测试工具，有目的地主动产生测试流量并注入网络，根据测试数据流的传送情况来分析网络的性能。主动测试在性能参数的测试中应用十分广泛。主动测试可以测试端到端的IP网络可用性、延迟和吞吐量等。由于一次主动测试只是查验了瞬时的网络质量，因此有必要重复多次，用统计的方法获得更准确的数据。主动测试的优点在于可以主动发送测试数据，对测试过程的可控制性比较高，比较灵活机动，并易于对端到端的性能进行直观的统计；其缺点是注入测试流量本身就改变了网络的运行情况，即改变了被测对象本身，使得测试结果与实际情况存在一定的偏差。

（3）网络性能测试工具及测试方法

可以使用计算机系统提供的命令ping进行部分网络性能测试。

① 利用ping命令测试。利用ping命令，通过-c或-t参数，可以测试响应时间、时延抖动、丢包率等。

例如：ping 200.2.20.102 -c 10 -l 1024，利用ping命令发送包长1 024字节的数据包10次，如图7-14所示。测试结果：平均响应时间104 ms，丢包率0.00%。这里没有显示时延抖动值，如果显示结果中包含响应时间的stddev（标准偏侧），则为时延抖动值。从time显示的值看，网络存在时延抖动。

```
PC>ping 200.2.20.102 -c 10 -l 1024

Ping 200.2.20.102: 1024 data bytes, Press Ctrl_C to break
From 200.2.20.102: bytes=1024 seq=1 ttl=127 time=125 ms
From 200.2.20.102: bytes=1024 seq=2 ttl=127 time=125 ms
From 200.2.20.102: bytes=1024 seq=3 ttl=127 time=94 ms
From 200.2.20.102: bytes=1024 seq=4 ttl=127 time=109 ms
From 200.2.20.102: bytes=1024 seq=5 ttl=127 time=94 ms
From 200.2.20.102: bytes=1024 seq=6 ttl=127 time=94 ms
From 200.2.20.102: bytes=1024 seq=7 ttl=127 time=109 ms
From 200.2.20.102: bytes=1024 seq=8 ttl=127 time=94 ms
From 200.2.20.102: bytes=1024 seq=9 ttl=127 time=93 ms
From 200.2.20.102: bytes=1024 seq=10 ttl=127 time=110 ms

--- 200.2.20.102 ping statistics ---
  10 packet(s) transmitted
  10 packet(s) received
  0.00% packet loss
  round-trip min/avg/max = 93/104/125 ms
```

图 7-14　Ping 命令测试示例

② 利用Iperf（Jperf）软件测试。

利用Iperf（Jperf）软件可测试报告网络带宽（吞吐量），延迟抖动和丢包率信息。这里介绍Windows下Iperf的测试方法。下载Iperf3.1.3版，解压缩即可使用。

采用Iperf测试需要两台计算机，分别放置在网络被测链路两端，一台计算机运行Server端，一台计算机运行Client端，进行测试。其中利用TCP连接可以测试网络带宽，利用UDP连接可以测试丢包率和时延抖动。

TCP连接测试时，服务端（IP地址为211.85.185.207）运行：iperf3 -s即可，Iperf服务模式启动，Iperf默认侦探TCP5201端口。客户端运行：iperf3 -c 211.85.185.207即可，其他参数采用默认值。测试结果如图7-15所示。可以看到，采用测试网络带宽为94.3Mbits/s。与实际线路带宽100 Mbits/s相差不大。

```
F:\iperfwin64>iperf3 -c 211.85.185.207
Connecting to host 211.85.185.207, port 5201
[  4] local 192.168.219.200 port 49609 connected to 211.85.185.207 port 5201
[ ID] Interval           Transfer     Bandwidth
[  4]   0.00-1.00   sec  11.4 MBytes  95.3 Mbits/sec
[  4]   1.00-2.00   sec  11.2 MBytes  94.4 Mbits/sec
[  4]   2.00-3.00   sec  11.1 MBytes  93.3 Mbits/sec
[  4]   3.00-4.00   sec  11.2 MBytes  94.3 Mbits/sec
[  4]   4.00-5.00   sec  11.2 MBytes  94.4 Mbits/sec
[  4]   5.00-6.00   sec  11.2 MBytes  94.4 Mbits/sec
[  4]   6.00-7.00   sec  11.2 MBytes  94.4 Mbits/sec
[  4]   7.00-8.00   sec  11.2 MBytes  94.3 Mbits/sec
[  4]   8.00-9.00   sec  11.1 MBytes  93.3 Mbits/sec
[  4]   9.00-10.00  sec  11.2 MBytes  94.3 Mbits/sec
- - - - - - - - - - - - - - - - - - - - - - - - -
[ ID] Interval           Transfer     Bandwidth
[  4]   0.00-10.00  sec   112 MBytes  94.3 Mbits/sec                  sender
[  4]   0.00-10.00  sec   112 MBytes  94.3 Mbits/sec                  receiver

iperf Done.
```

图 7-15　Iperf TCP 连接测试示例

UDP连接测试时，服务端（IP地址为211.85.185.207）运行：iperf3 -s 不变，Iperf服务模式启动，客户端运行：iperf3 -c 211.85.185.207 -u即可，参数-u即为UDP连接测试，其他参数采用默认值。测试结果如图7-16所示。可以看到，采用测试网络时延抖动（Jitter）0.097 ms，丢包率为0%。

```
F:\iperfwin64>iperf3 -c 211.85.135/207 -u
iperf3: error - unable to connect to server:

F:\iperfwin64>iperf3 -c 211.85.185.207 -u
Connecting to host 211.85.185.207, port 5201
[  4] local 192.168.219.200 port 58273 connected to 211.85.185.207 port 5201
[ ID] Interval           Transfer     Bandwidth       Total Datagrams
[  4]   0.00-1.00   sec   176 KBytes  1.44 Mbits/sec  22
[  4]   1.00-2.00   sec   160 KBytes  1.31 Mbits/sec  20
[  4]   2.00-3.00   sec   152 KBytes  1.25 Mbits/sec  19
[  4]   3.00-4.00   sec   152 KBytes  1.25 Mbits/sec  19
[  4]   4.00-5.00   sec   152 KBytes  1.25 Mbits/sec  19
[  4]   5.00-6.00   sec   160 KBytes  1.31 Mbits/sec  20
[  4]   6.00-7.00   sec   144 KBytes  1.18 Mbits/sec  18
[  4]   7.00-8.00   sec   160 KBytes  1.31 Mbits/sec  20
[  4]   8.00-9.00   sec   152 KBytes  1.24 Mbits/sec  19
[  4]   9.00-10.00  sec   168 KBytes  1.38 Mbits/sec  21
- - - - - - - - - - - - - - - - - - - - - - - - -
[ ID] Interval           Transfer     Bandwidth       Jitter    Lost/Total Datagrams
[  4]   0.00-10.00  sec  1.54 MBytes  1.29 Mbits/sec  0.097 ms  0/196 (0%)
[  4] Sent 196 datagrams

iperf Done.
```

图 7-16　Iperf UDP 连接测试示例

③ 利用IxCharoit软件测试。

Chariot是一款优秀的软件性能测试工具，无须硬件投资，只需利用计算机资源即可进行性能测试，能够测试吞吐量、响应时间、时延抖动、丢包率等性能参数。

Chariot由两部分组成，控制端console软件IxChariot和远端Endpoint软件Performance Endpoint。控制端console是产品核心，安装在一台计算机上，负责控制界面、测试设计、脚本选择、结果显示等。远端Endpoint至少需要安装在两台计算机上，作为被测试的两个端点，远端Endpoint程序安装后自动后台运行。测试工作只需在控制端console操作即可。注意，控制端console程序可以和远端Endpoint程序安装在同一台计算机中。

Chariot测试工具可以采用TCP连接测试网络带宽、响应时间；利用UDP连接测试丢包数、数据包失序数等。

利用Chariot测试时，首先添加一对测试终端（endpoint-pair），选择TCP协议或UDP协议，然后选择测试脚本（select script），这里选择Throughout.scr测试脚本，分别进行TCP连接测试和UDP连接测试。测试结果如图7-17～图7-20所示。

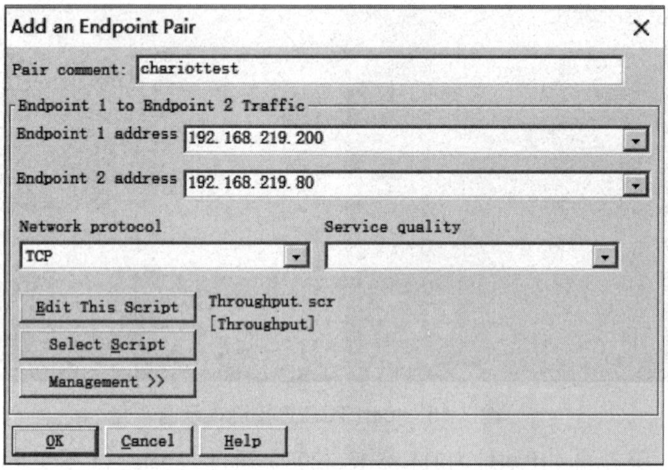

Add an Endpoint Pair

Pair comment: chariottest

Endpoint 1 to Endpoint 2 Traffic

Endpoint 1 address 192.168.219.200

Endpoint 2 address 192.168.219.80

Network protocol TCP

Service quality

Edit This Script

Select Script

Management >>

Throughput.scr [Throughput]

OK Cancel Help

图 7-17　测试终端、协议、脚本选择界面

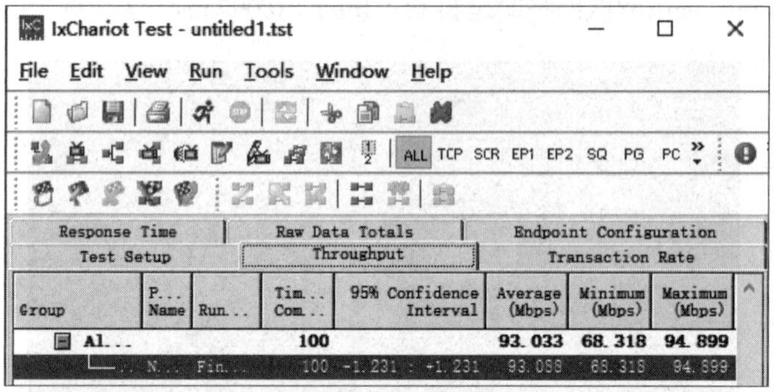

IxChariot Test - untitled1.tst

File Edit View Run Tools Window Help

ALL TCP SCR EP1 EP2 SQ PG PC

Response Time | Raw Data Totals | Endpoint Configuration

Test Setup | Throughput | Transaction Rate

Group	P... Name	Run...	Tim... Com...	95% Confidence Interval	Average (Mbps)	Minimum (Mbps)	Maximum (Mbps)
Al...			100		93.033	68.318	94.899
	N...	Fin...	100	-1.231 : +1.231	93.033	68.318	94.899

图 7-18　网络带宽（吞吐量）测试结果

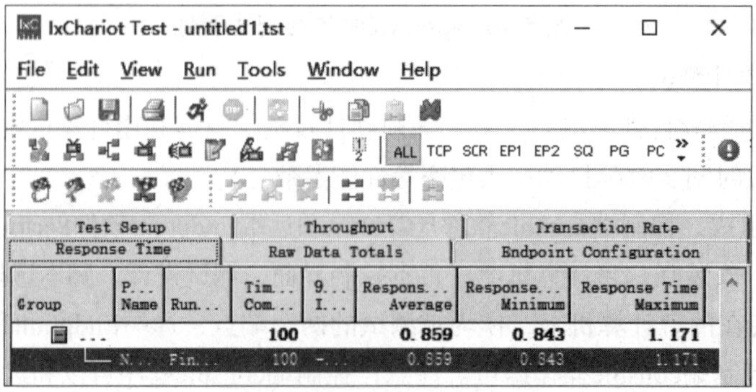

IxChariot Test - untitled1.tst

File Edit View Run Tools Window Help

ALL TCP SCR EP1 EP2 SQ PG PC

Test Setup | Throughput | Transaction Rate

Response Time | Raw Data Totals | Endpoint Configuration

Group	P... Name	Run...	Tim... Com...	9... I...	Respons... Average	Response... Minimum	Response Time Maximum
...			100		0.859	0.843	1.171
	N...	Fin...	100	-...	0.859	0.843	1.171

图 7-19　响应时间（秒）测试结果

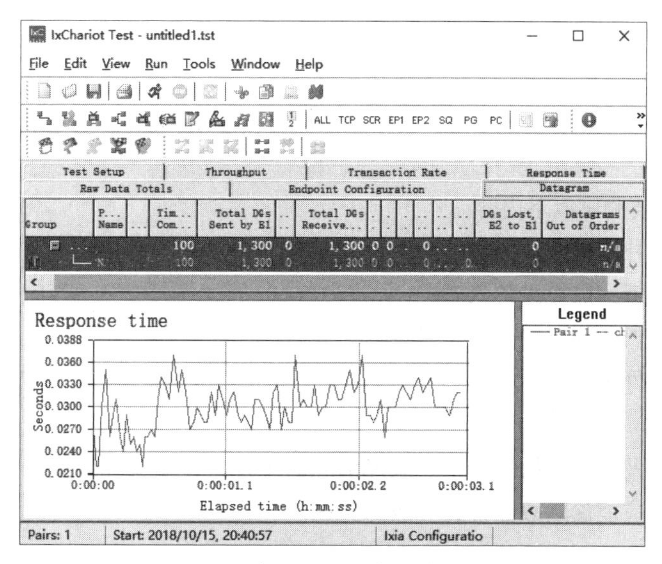

图 7-20　丢包数和数据包失序测试结果

（4）网络性能测试参数指标

根据《IP网络技术要求——网络性能测量方法》（YD/T 1381—2005）标准，把IP网络的服务质量类别分为六类，分别是类别0～类别5。规定中说明的指标适用于公用IP网络，也适用于普通网络。并分别对网络性能参数中传输时延、时延抖动、丢包率、包出错率进行了规定。类别0要求最高，用于实时、高交互，对时延抖动敏感的情况，类别5用于传统IP网络业务。标准未对类别5做出具体参数要求，但提出了建议，建议网络提供者可以尝试提供一定的服务质量承诺。

网络性能参数的测试结果还受测试外部环境、测试设备和测试软件本身的影响，性能测试结果是一个参考结果，这里参照《IP网络技术要求—网络性能测量方法》规定，提供一些网络性能测试经验值，作为判断网络性能是否合格的依据，见表7-9。

表 7-9　网络性能参数与指标

网络性能参数	合 格 要 求	备　注
测试带宽（吞吐量）	测试带宽（吞吐量）与物理带宽差距不应超过20%	
丢包率	丢包率反映网络的可用性，对于高可用网络，丢包率不应超过1%，当丢包率>75%时，网络为不可用	
响应时间	类别2给出的时延上限为100 ms，该标准适用于公用IP网络，而对于局域网来说，时延应更小，且响应时间>往返时延。因此内部网络测试建议200 ms作为参考	
时延抖动	超过99%的分组时延变化在0～50 ms间隔之内，内部网络测试建议20 ms作为参考	

3. 网络安全测试

网络安全是计算机网络系统建设的重要组成部分，随着下一代防火墙NGFW的产生，计算机网络安全主要依靠网络防火墙实现。NGFW不仅有标准的防火墙功能，如网络地址转换、状态检测、VPN，同时还有大企业需要的功能，如入侵防御IPS、防病毒AV、行为管理等，是一种多功能一体化安全设备。因此，对网络安全的测试，可以集中在要求网络防火墙具备的安全功能上。比如状态检测包过滤测试、网络地址转换测试，以及VPN测试、入侵防御测试、上网行为管理测试等。

4. 网络管理测试

企业网络管理系统主要功能包括配置、故障和性能管理三个方面。

（1）配置管理测试

配置管理方面，主要测试以下内容。

① 自动发现网络拓扑结构并以图形显示；

② 自动发现网络配置，监控设备状态；

③ 网络节点设备端口的配置；

④ 网络节点设备软件的配置。

（2）故障管理测试

① 对节点、设备以及线路的故障产生、故障清除的统计，并形成统计报告；

② 执行诊断测试，应能诊断故障位置和故障原因。

（3）性能管理测试

通过对被管理设备的监控或轮询，获取有关网络运行的信息及统计数据；并能在所收集数据的基础上，提供网络的性能统计，其至少应提供以下统计项目：

① 网络节点设备的可用率；

② 网络节点设备的平均故障间隔；

③ 网络内重要设备的CPU利用率；

④ 中继线路平均可用率；

⑤ 中继线路流量统计；

⑥ 中继线路平均利用率；

⑦ 网络时延统计。

对于上述统计的结果，均应以图形的方式表现出来。

7.3.7　服务器及应用系统测试

网络服务平台和业务应用平台的测试包括服务器测试、业务系统测试和应用系统测试。一般业务系统与具体单位业务相关，这里不做介绍。这里主要介绍服务器测试和系统提供的互联网应用系统测试。

1. 服务器测试

服务器测试包括服务器硬件符合度检测和服务器性能测试。

（1）服务器硬件符合度检测

服务器硬件符合度检测包括检测服务器设备的主机配置，包括CPU类型及数量、总线配置、图形子系统配置、内存、内置存储设备（硬盘）等。检测服务器设备的外围配置，包括显示器、键盘等。

（2）服务器性能测试

服务器基本功能测试包括网络配置检测和服务器安全检测等。网络配置检测如检查主机名、IP地址、网络端口配置以及路由配置等；服务器安全检测，如用户口令安全、口令文件、系统文件及主要服务配置文件的安全等。

服务器网络性能测试包括测试服务器链路带宽、服务器响应时间、服务器时延抖动、服务器丢包率等。可以采用与网络性能测试一样的测试方法。

2. 应用系统测试

应用系统测试主要包括计算机网络系统提供的互联网应用功能测试，比如DNS测试、DHCP测试、Web服务器测试等。服务器及应用系统测试可以参考表7-10。

表 7-10　服务器及应用系统测试

测试项目		测试内容	测试方法	结论	备注
服务器	硬件符合度	服务器型号、主机配置			
		服务器外围配置、外部存储等			
	基本功能	操作系统：Windows或UNIX运行			
		网络配置：主机名、IP地址等			
		网络安全：用户密码、配置文件等			
	服务器网络性能	服务器链路带宽（吞吐量）			
		服务器响应时间			
		服务器时延抖动			
		服务器丢包率			
	应用系统	公共服务：DNS			
		公共服务：DHCP			
		公共服务：Web			

7.3.8 网络工程测试流程

对于初验测试和验收测试，可以采用相同的工作流程。测试流程建议如下。

① 成立网络测试小组。小组的成员主要以使用单位为主，施工方参与（如有条件的话，可以聘请从事专业测试的第三方参加），明确各自的职责。

② 确定验收测试的内容。包括线缆连通性及性能测试、网络设备测试、网络系统测试、服务器及应用系统测试等。

③ 确定测试内容的指标，这些指标是判断测试是否合格的依据。

④ 制订测试方案。双方共同商讨，细化测试内容，明确测试所采用的操作程序、操作指令及步骤，制订详细的测试方案。

⑤ 测试小组按照方案制订的测试内容的指标和进度进行综合测试。

⑥ 分析并提交验收测试数据，对测试所得数据进行分析，完成验收测试报告。

7.3.9 网络测试方案

对于网络初验测试和验收测试，都应该先制订测试方案，然后根据已制订的测试方案，对网络工程项目进行测试。下面给出网络测试方案撰写提纲。

网络工程测试方案

1. 项目基本信息

项目名称：

项目建设情况：

2. 项目测试时间

测试时间：

3. 项目测试小组

组长及成员：

4. 项目测试内容及参数要求

以表格显示呈现，包括测试项目、测试内容、参数、测试结果等信息。

5. 项目测试流程及进度安排

7.3.10 网络测试报告

根据测试方案，按照测试进度安排和测试，并记录在案。测试完成后，需要提供项目测试结果（结论）或撰写测试报告。测试结果或测试报告将作为项目验收的重要依据。

下面给出网络工程测试报告提纲。

网络工程测试报告

1. 测试过程描述

对测试时间、地点、人员、测试内容简要描述。

2. 测试结果描述

（1）包括对测试通过部分内容的说明

（2）对测试存在问题部分进行说明

（3）提供测试内容及结果附件

3. 对测试存在问题的处理建议

4. 形成测试结论

7.4 网络工程项目验收

网络工程项目验收可以达到项目投资确认、网络性能指标达标确认和网络工程质量认定三个方面的目的。它是日后网络维护管理的基础，也是系统集成商和用户确认项目完成的标志之一。

7.4.1 网络工程验收分类

为了保证网络建设的质量，避免出现影响网络工程项目建设进度等情况发生，部分项目需要进行随工测试；项目实施初步完成，需要对项目进行整体检测和初步验收，以保证试运行测试工作的开展；项目实施全面竣工后，还需要进行竣工验收，以确认整个计算机网络项目实施完成。

根据验收工作所处的项目实施阶段，网络验收工作可以分三种类型。

① 随工验收，是在工程施工的过程中，对综合布线系统、网络设备硬件符合度的检查和验收，特别是对隐蔽工程等进行跟踪测试并验收。在竣工验收时，一般不再对隐蔽工程进行复查。

② 初步验收，又称交工验收，是在网络工程施工全部完成后，由施工方提出，项目建设单位组织相关人员根据系统设计的要求，对网络环境平台、网络传输平台、网络服务平台和网络业务平台进行检

测验收，并对各种技术文档、交付物进行验收。初步验收合格，才可以对网络系统进行试运行，并确定试运行的时间。

③ 竣工验收，是计算机网络系统试运行结束后，根据试运行的情况，以及竣工验收材料准备情况，由施工方提供，项目建设单位负责组织对计算机网络系统进行综合测试和验收的过程。

7.4.2 网络工程验收内容

网络工程验收的内容主要包括三部分：一是网络工程项目建设内容性能测试验收，二是网络工程项目设备符合度验收，三是网络工程项目建设过程产生的文档和交付物验收。

1. 网络工程项目建设内容性能测试验收

网络工程项目建设内容质量测试验收，主要包括对网络环境平台测试验收、网络传输平台测试验收、网络服务平台测试验收、网络业务平台测试验收。可以从结构化布线测试验收、网络设备测试验收、网络系统测试验收、网络应用系统测试验收等方面进行。

2. 网络工程项目设备符合度验收

网络工程项目设备符合度验收，主要是根据项目招投标方案以及项目合同中列出的设备清单进行清点，主要从数量、型号等方面进行检测验收。

3. 网络工程项目文档和交付物验收

网络工程项目文档和交付物验收，主要包括项目建设阶段产生的各类文档，以及项目建设过程中产出的纸质材料、软件等交付物，随设备配置的安装工具及附件等。

项目建设阶段产生文档包括：

① 网络工程需求分析报告；

② 网络工程设计报告；

③ 网络工程项目实施方案；

④ 结构化布线文档，包括信息点配置表、结构化布线施工图、光缆布线路由图、中心机房系统部署分布图、设备接线图、配线架对照表、随工测试报告等；

⑤ 实施配置文档，包括网络拓扑图、IP地址分配表、设备配置文档、系统安装部署权限分配表等。

⑥ 工程管理文档，包括施工组织结构、施工日志、工程变更确认单、设备调试记录、随工测试验收报告等。

项目建设阶段产生交付物包括：设备使用手册、应用软件使用手册、保修单、电子软件产品及文档、安装工具及附件，如线缆、跳线、转接口等。

7.4.3 网络工程验收流程

验收工作流程中包含测试过程，网络测试也是网络工程一个非常重要的环节，网络工程验收可以采用以下流程。

① 施工方在项目施工过程中和项目施工完成后，通过检查测试，准备相关文档资料，做好测试验收准备后，向项目单位提出验收申请。

② 项目单位委托有资质的专门测试机构或成立由专家组成的项目验收委员会，成立测试验收小组和设备及文档验收小组，并制订验收方案。

③ 测试小组按照测试工作流程开展测试（确定验收测试内容和测试指标、安排测试进度、根据制

订的测试内容对网络工程进行综合测试、分析并提交测试数据）。

④ 设备及文档验收小组对设备硬件符合度和网络工程的文档进行验收（根据工程项目合同对硬件设备符合度进行检查，以及根据设计方案确定应提交的工程文档和交付物，检查验收相关工程文档。）

⑤ 召开验收鉴定会，系统集成商和用户就该网络工程的进行过程、采用的技术、取得的成果及其存在的问题进行汇报，专家们对其中的问题进行质疑和讨论，并最终做出验收报告。

7.4.4 网络工程验收方案

对于网络初步验收和竣工验收，都应该先制订验收方案，然后根据已制订的验收方案，对网络工程项目进行验收。下面给出网络工程验收方案提纲。

网络工程验收方案

1. 项目基本信息

项目名称：

项目建设情况：

2. 项目验收时间

验收时间：

3. 项目验收委员会

委员会负责人：

测试小组成员：

硬件和文档检测小组成员：

4. 测试小组测试内容及参数

以表格显示呈现，包括测试项目、测试内容、参数、测试结果等信息。

5. 硬件和文档检测小组检测内容及要求

以表格显示呈现，包括检测项目、检测内容、检测结果等信息。

6. 项目验收流程及进度安排

（1）测试小组按照测试方案开展测试工作；

（2）硬件和文档检测小组，分别对硬件符合度和项目实施产生文档和交付物进行验收。

7.4.5 网络工程验收报告

下面给出网络工程竣工验收报告提纲，以供参考。

网络工程竣工验收报告

1. 验收过程描述

对测试时间、地点、人员、测试内容简要描述。

2. 测试检测结果描述

（1）对网络工程项目测试情况说明

（2）对硬件文档检测情况进行说明

3. 对项目测试和硬件文档检测中存在问题的处理建议

4. 形成验收结论

5. 测试人员签字

小结

网络工程测试与验收是网络工程建设的最后环节，是全面考核工程的建设工作、检验工程设计和工程质量的重要手段。网络工程测试与验收的最终结果是向用户提交一份完整的系统测试验收报告。

本章首先介绍了测试验收标准规范、计算机网络测试工具。在此基础上，介绍如何进行网络测试、如何进行网络验收。

习题

1. 有哪些常用的测试验收标准规范?
2. 有哪些常用的网络测试工具?
3. 网络测试、验收各有哪些类型?
4. 电缆测试主要测试哪些参数?
5. 光缆测试主要测试哪些参数?
6. 网络设备测试的内容有哪些?
7. 网络系统测试的内容有哪些?
8. 如何进行网络连通性测试?
9. 如何进行网络性能测试（包括吞吐量、响应时间、时延抖动、丢包率等指标）?
10. 服务器及系统测试的内容有哪些?
11. 简要说明网络测试的基本流程。
12. 网络工程验收的内容有哪些?
13. 简要说明网络验收的基本流程。

第 8 章 网络管理与维护

网络管理是监视和控制网络，以确保网络正常运行，或当出现故障时尽快发现故障和修复故障，使之做大限度地发挥其作用和效能的过程。在前面网络管理设计中，我们简要介绍网络管理的基础知识，包括网络管理体系结构、网络管理系统的组成、网络管理功能和网络管理协议等，同时重点介绍常用的网络管理系统和服务器管理系统。在此基础上，给出网络管理设计建议。这里将对网络管理的功能进行详细介绍，然后主要从网络管理与维护的实际工作出发介绍网络管理与维护。

8.1 网络管理功能

视 频

网络管理功能和常用工具

根据国际标准化组织定义，网络管理有五大功能：故障管理、配置管理、性能管理、安全管理、计费管理。对网络管理软件产品功能的不同，又可细分为五类，即网络故障管理软件、网络配置管理软件、网络性能管理软件、网络服务/安全管理软件、网络计费管理软件。下面介绍网络故障管理、网络配置管理、网络性能管理、网络计费管理和网络安全管理五个方面网络管理功能。

1. 网络故障管理

网络故障管理是最基本的功能之一，是网络系统出现异常时的管理操作。计算机网络服务发生意外中断是常见的，这种意外中断在某些重要的时候可能会对社会或生产带来很大的影响。在大型计算机网络中，当发生失效故障时，往往不能轻易、具体地确定故障所在的准确位置，而需要相关技术上的支持。因此，需要有一个故障管理系统，科学地管理网络发生的所有故障，并记录每个故障的产生及相关信息，最后确定并改正故障，保证网络能提供连续可靠的服务。

网络出现故障后，一般应先修复网络，然后再仔细分析网络故障原因，防止类似故障再次发生。网络故障管理包括故障检测、故障隔离、故障修复三个方面，由网络管理与维护工作予以完成。故障管理具有以下典型功能：故障报警功能、故障诊断测试功能、事件报告管理功能、故障日志管理功能。

2. 网络配置管理

网络配置管理就是定义、收集、监测和管理网络配置数据的使用，使得网络性能达到最优。一个实际使用的计算机网络是由多个厂家提供的产品、设备相互连接而成的，因此各设备需要相互了解和适应与其发生关系的其他设备的参数、状态等信息，否则就不能有效甚至正常工作。尤其是网络系统常常是动态变化的，如网络系统本身要随着用户的增减、设备的维修或更新来调整网络的配置。因此需要有足够的技术手段支持这种调整或改变，使网络能更有效地工作。配置管理用于配置网络、优化网络。配置管理主要包括以下内容：

① 被管对象和被管对象组名称管理；

② 初始化和关闭被管对象；

③ 收集系统当前状态的有关信息；

④ 自动发现网络拓扑结构并以图形显示；

⑤ 自动发现网络配置，监控设备状态；

⑥ 网络节点设备端口的配置；

⑦ 网络节点设备软件的配置。

3. 网络性能管理

网络性能管理主要是收集和统计数据，用于对系统运行及通信效率等系统性能进行评价，包括监视、分析被管网络及其提供的服务的性能机制。性能管理收集、分析有关被管网络当前的数据信息，提供网络的性能统计，并维护和分析性能日志。典型的功能如下：

① 收集网络统计信息。

- 网络节点设备的可用率统计；
- 网络节点设备的平均故障间隔；
- 网络内重要设备的CPU利用率；
- 中继线路流量统计。

② 网络工作负载监控。

③ 网络时延统计。

4. 网络计费管理

计费管理用于记录网络资源的使用情况，控制和监测网络操作的费用。这一功能对公用商业网络来说，比较重要。它可以估算出用户使用资源需要付出的费用。为了保证计费功能的实现，还必须提供用户管理的功能，包括用户的增加、删除和用户参数修改等。

计费管理是有偿使用的情况下，能够记录和统计哪些用户利用哪条通信线路传输了多少信息，以及做的是什么工作等。在非商业化的网络上，仍然需要统计各条线路工作的繁闲情况和不同资源的利用情况，以供决策参考。

计费管理一般由单独的计费系统完成。

5. 网络安全管理

网络安全管理包括授权机制、访问机制、机密和秘钥的管理，还要维护和检测安全日志，对任何试图登录和成功登录的用户、登录的时间、执行的操作进行登记，以备日后查询。计算机网络系统的特点决定了网络本身安全的固有脆弱性，因此要确保网络资源不被非法使用，确保网络管理系统本身不被未经授权的访问，以及网络管理信息的机密性和完整性。

网络安全管理属于网络建设领域，一般由专门的安全设备来完成。

以上介绍的网络管理的五大功能：故障管理、配置管理、性能管理、安全管理、计费管理，是国际标准化组织（ISO）定义的网络管理基本功能。但网络管理系统除了要遵循ISO标准外，一般还应具备以下特性和功能。

6. 多厂商产品的集成操作

网络管理系统应能够管理不同厂商提供的网络设备，可以是遵循SNMP的设备，也可以是不遵循SNMP的设备。对于使用SNMP协议的设备，要注意SNMP有多个版本，包括SNMP V1、SNMP V2、SNMP V3。网络管理系统要能够支持SNMP的不同版本。

7. 网络拓扑自动发现和显示

网络管理系统应该能够自动发现网络中的节点和网络的配置情况，并可以对节点进行适当的配置、修改参数等。为了增加网络管理系统的易用性和直观性，系统应该将网络的拓扑结构以图形方式予以显示，不同类型设备使用不同图标，并允许用户自定义图标。拓扑结构可以按物理拓扑显示和逻辑拓扑显示。

8. 智能监控能力

网络管理系统应该能够理解网络结构和设备之间的内在依赖关系，一台设备的故障有可能导致其他设备不能访问时，系统应能够标识出这些设备的状态。网络管理系统应该向用户提供完善的监控能力，应能定义警告级别、设置不同报警门限、对不同报警采用不同措施。同时能够提供多种报警方式，比如声音、邮件、屏幕提示等。

9. 数据分析与处理

网络管理系统应提供图形化的分析工具，用于帮助管理员进行数据分析，提供实时的显示数据，并能够存储、分析、处理历史数据，以图表方式产生统计报告。

10. 完善的日志管理

网络管理系统应具备各种完备的日志，如登录日志、报警日志、操作日志等，并能够提供维护日志的工具。

8.2 网络管理常用工具

网络管理工具的范围广泛，这里从功能出发，将工具软件分成不同类型，然后分别简要介绍。

① 开源通用网络管理工具，如NetXMS、OpenNMS、SugarNMS等。

② 开源通用服务器管理工具，如Zabbix、nagios、Zenoss等。

③ 网络流量监控工具，如cacti、ntop、MRTG等。

④ 网络协议分析工具，如tcpdump、wireshark、Sniffer Portable、OmniPeek等。

⑤ 系统自带网络管理工具，如ping、ipconfig、nslookup、netstat、tracert、arp等。

⑥ 专用故障分析工具，如Fluke OptiView集成网络分析仪、Agilent J6800系列网络分析仪、Spirent SmartBits系列网络分析仪、IXIA系列网络分析仪等。

1. 开源通用网络管理工具

网络管理系统选型部分介绍过网络管理系统，把网络管理系统分为设备厂商设计的专用网络管理系统，比如华为的eSight和思科的Prime LMS；通用第三方网络管理系统，比如惠普公司的HP OpenView、IBM公司的Tivoli NetView等。

这里介绍几款适合于中小企业的开源通用网络管理软件。这类网络管理工具，一般既可以管理网络传输设备，也可以管理服务器设备，是中小企业的理想选择。常用的开源通用网络管理系统有NetXMS、OpenNMS、SugarNMS等。

（1）NetXMS

NetXMS可以在Windows和Linux上运行。使用NetXMS来监控网络，需要SNMP或NetXMS专有代理。NetXMS 是一个新的发展迅速的网络系统管理监控工具，可用于监测整个IT基础设施，从支持SNMP的交换机、路由器到服务器等硬件，使用NetXMS可以提高网络可用性和服务水平。

（2）OpenNMS

OpenNMS是第一个用开放原始码模式开发的企业级网络管理系统。它可以显示网络中各种终端和服务器的状态和配置，为管理网络提供有效的信息。OpenNMS除了创建自有事件，还可以从SNMP、HTTP、WMI、XML、JMX以及系统日志等外部协议中接收性能数据。从服务监控方面来看，它能够与一系列常用协议及服务进行通信，包括DNS、Windows服务状态、邮件协议等。目前已经有一百多家厂商为其开发出超过一万五千款trap，其中SNMP trap接收器能够在设备启动后为其提供大量实用功能。

（3）SugarNMS

SugarNMS是北京智和信通技术有限公司开发的智能化、通用化网管软件。SugarNMS采用高度弹性的架构设计，支持多种设备管理协议，例如：SNMP、Telnet、SSH、WMI、JMX、Syslog、ODBC、JDBC、HTTP等。可以深入管理交换机、路由器、无线设备、防火墙、存储、SDH设备、EPON、EoC、光传输、微波等网络设备，可以监控Windows、Linux、UNIX服务器，以及数据库、中间件、Web服务器、业务系统等。

2. 开源通用服务器管理工具

服务器管理软件是一套控制服务器工作运行、处理硬件、操作系统及应用软件等不同层级的软件管理及升级和系统的资源管理、性能维护和监控配置的程序。

前面，我们简要介绍过服务器管理系统，例如戴尔的OpenManage，IBM Tivoli，HP Openview，华为eSight服务器管理组件，浪潮猎鹰服务器管理软件（LCSMS）等。

这里介绍几款开源通用服务器管理软件。这类软件一般可以用于服务器管理，也可以用于网络设备管理，是中小企业的理想选择，如Zabbix、Nagios、Zenoss core等。

（1）Zabbix

Zabbix是一个基于Web界面的、提供分布式系统监视以及网络监视功能的企业级开源解决方案。Zabbix能监视各种网络参数，保证服务器系统的安全运营，并提供灵活的通知机制，使系统管理员快速定位和解决存在的各种问题。Zabbix由两部分构成：Zabbix Server与可选组件Zabbix Agent。Zabbix Server可以通过SNMP、Zabbix Agent、端口监视等方法提供对网络状态的监视、数据收集等功能，它可以运行在Linux、Solaris等平台上。Zabbix Agent需要安装在被监控的目标服务器上，它主要收集硬件信息或与操作系统有关的内存、CPU等使用信息。它可以运行在Linux、Solaris、Windows等操作系统之上。

（2）Nagios

Nagios是UNIX/linux系统环境下开源的免费网络监视工具，能有效监控Windows、Linux和UNIX的主机，以及交换机、路由器等网络设备。在系统或服务状态异常时发出邮件或短信报警，第一时间通知网站运维人员，在状态恢复后发出正常的邮件或短信通知。Nagios的优势在于可以对数据中心大量的服务器，以及在其上运行的数据服务进行监控，以快速定位问题，进行报警。

（3）Zenoss core

Zenoss Core是UNIX/linux系统环境下开源的网络与系统管理软件。Zenoss Core能够检测和管理整个IT基础设施，包括各类服务器、网络传输设备和其他结构设备，可以监控与报告IT架构中各种资源的状态和性能。Zenoss Core来源于Zenoss开源项目，Zenoss的体系架构非常庞大，具备的功能也比较完善。

3. 网络流量监控工具

网络流量监控是网络性能监控必要组成部分，是网络管理必须具备的一个重要功能。主要包括cacti、ntop、MRTG等。cacti和ntop采用B/S模式，MRTG是一款经典流量监控软件，通过命令方式实现。

（1）Cacti

Cacti是一套基于PHP、MySQL、SNMP及RRDTool开发的网络流量监测图形分析工具。Cacti是通过snmpget来获取数据，使用RRDtool绘画图形。Cacti还提供了非常强大的数据和用户管理功能，可以指定每一个用户能查看的树状结构、主机以及任何一张图，还可以与LDAP（lightweight directory access protocol，轻量目录访问协议）结合进行用户验证，同时也能自己增加模板，功能非常强大完善。（CactiEZ中文版是基于CentOS 6.0系统，整合Cacti等相关软件，重新编译而成的一个操作系统。CactiEZ省去了复杂烦琐的Cacti配置过程，安装之后即可使用，全部中文化，界面更友好。）

（2）Ntop

Ntop是一种网络流量监控工具，主要用来监控和解决局域网问题。用Ntop显示网络的使用情况比其他一些网络管理软件更加直观、详细。Ntop甚至可以列出每个节点计算机的网络带宽利用率。Ntop主要提供以下一些功能：自动从网络中识别有用的信息；将截获的数据包转换成易于识别的格式；对网络环境中通信失败的情况进行分析；探测网络通信的时间和过程。

（3）MRTG

MRTG（multi router traffic grapher）是一套可用来绘出网络流量图的软件，可以监控网络链路流量负载，其通过SNMP协议得到设备的流量信息，并将流量负载以包含PNG格式的图形的HTML文档方式显示给用户，以非常直观的形式显示流量负载。MRTG最早的版本是在1995年推出，以Perl写成，可以跨平台使用，需要设备本身支持SNMP协议。

4. 网络协议分析工具

网络协议分析工具从产生到现在已经经历了三个阶段：第一阶段是抓包和解码阶段。早期的网络规模比较小、结构比较简单，因此网络分析工具主要是把网络上的数据包抓下来，然后进行解码，以此来帮助协议设计人员分析软件通信的故障，比如最早的Tcpdump软件（Windows环境为WinDump）。第二阶段是专家系统阶段。网络分析工具通过抓下来的数据包，根据其特征和前后时间戳的关系，判断网络的数据流有没有问题，是哪一层的问题，有多严重。专家系统不仅仅局限于解码，更重要的是帮助维护人员分析网络故障，专家系统会给出建议和解决方案。第三阶段是把网络分析工具发展成网络管理工具。网络分析工具作为网络管理工具，部署在网络中心，能长期监控，能主动管理网络，能排除潜在问题。这类软件主要有如Wireshark、Sniffer Portable、OmniPeek等。

① Tcpdump（WinDump）是互联网上经典的的系统管理员必备工具，Tcpdump以其强大的功能、灵活的截取策略，成为每个高级的系统管理员分析网络、排查问题等所必备的工具之一。TcpDump可以将网络中传送的数据包完全截获下来提供分析。它支持针对网络层、协议、主机、网络或端口的过滤，并提供and、or、not等逻辑语句来帮助你去掉无用的信息。WinDump是Windows环境下网络协议分析软件，是Windows环境下的Tcpdump的替代程序。

② Wireshark是一款高效免费的网络抓包分析工具。它可以捕获并描述网络当中的数据，如同使用万用表测量电压一样直观地显示出来。在网络分析软件领域，大多数软件要么晦涩难懂，要么价格昂贵，Wireshark改变了这样的局面，它的最大特点就是免费、开源和多平台支持。

③ NAI的网络分析工具Sniffer，长期以来是网络分析类软件的“王牌”。长期的发展使得Sniffer具有很强的专业分析能力，但是只能在Windows平台下使用。Sniffer具有三大主要功能：协议解析（decode）；网络活动监视（monitor）；专家分析系统（expert）。

④ OmniPeek是网络分析软件的后起之秀，由于它设计时采用比较流行的软件设计技术，并且更加注重网络软件的要求，面向国际化，支持多语言，所以OmniPeek在使用上更为简洁方便和人性化，它支持更多新的技术和应用。OmniPeek具有很多的Plugin，能方便地扩展功能。OmniPeek同样具备了三大功能：协议解析；网络活动监视；专家分析系统。

5. 系统自带网络管理工具

操作系统自带的网络管理较多，比较常用的有如ping、ipconfig、nslookup、netstat、tracert、arp等。下面分别简要介绍。

（1）ping

ping是Windows、UNIX和Linux系统下的一个命令。ping通过发送一个ICMP回声请求信息给目标主机，目标主机如果存在并收到ICMP回声请求信息，则发送一个ICMP echo（ICMP回声应答）信息给源主机，通过这种方式来检查网络是否通畅以及网络连接速度，帮助我们分析和判定网络故障。

（2）Ipconfig

IPConfig实用程序可用于显示当前的TCP/IP配置的设置值。这些信息一般用来检验人工配置的TCP/IP设置是否正确。如果你的计算机和所在的局域网使用了动态主机配置协议，这个程序所显示的信息会更加实用。

（3）nslookup

nslookup（name server lookup，域名查询）：是一个用于查询Internet域名信息或诊断DNS服务器问题的工具。nslookup可以指定查询的类型，可以查到DNS记录的生存时间，还可以指定使用哪个DNS服务器进行解释。在已安装TCP/IP协议的计算机上面均可以使用这个命令。

（4）netstat

netstat是控制台命令，也是监控TCP/IP网络的非常有用的工具，它可以显示路由表、实际的网络连接以及每一个网络接口设备的状态信息。Netstat用于显示与IP、TCP、UDP和ICMP协议相关的统计数据，一般用于检验本机各端口的网络连接情况。

（5）traceroute/tracert

traceroute（Windows系统下是tracert）命令是利用ICMP协议定位源计算机和目标计算机之间的所有

路由器数。TTL（time to live，生存时间值）值可以反映数据包经过的路由器或网关的数量，通过操纵ICMP呼叫报文的TTL值和观察该报文被抛弃的返回信息，traceroute命令能够遍历到数据包传输路径上的所有路由器。

（6）ARP

ARP命令用于显示和修改“地址解析协议（ARP）”缓存中的项目。ARP缓存中包含一个或多个表，它们用于存储IP地址及其经过解析的以太网或令牌环物理地址。如果在没有参数的情况下使用，则ARP命令将显示帮助信息。只有在网络连接中为网络适配器安装TCP/IP协议组件后，该命令才可用。

6. 专用故障诊断分析工具

专用故障诊断分析工具既是测试工具，也是网络管理维护工具，这些工具包括Fluke OptiView集成网络分析仪、Agilent J6800系列网络分析仪、Spirent SmartBits系列网络分析仪、IXIA系列网络分析仪等。这些工具在网络测试部分已经介绍。

8.3 网络流量监控工具 MRTG 的使用方法

MRTG利用了SNMP收集流量信息并以GIF或PNG格式绘制出图形，并且按照每日、每周、每月、每年等单位分别绘出。MRTG既可以在Linux/UNIX平台使用，也可以在Windows平台使用。MRTG在Windows平台运行需要Perl环境的支持，这里采用Windows 10平台介绍。

1. 软件下载与安装

下载ActivePerl的最新版本并安装。这里下载ActivePerl 5.26.1。注意Perl的正常运行需要添加perl运行程序所在的路径到环境变量PATH中，比如PATH：” C:\Perl64\bin”。

下载MRTG，选择mrtg-2.17.7.zip或更高级的版本，这里下载mrtg-2.17.7，解压mrtg-2.17.7.zip到某个目录下。

检测软件能够运行：进入mrtg-2.17.7\bin，输入以下命令：

```
perl mrtg
```

如果显示图8-1所示信息，说明Perl和MRTG运行正常。

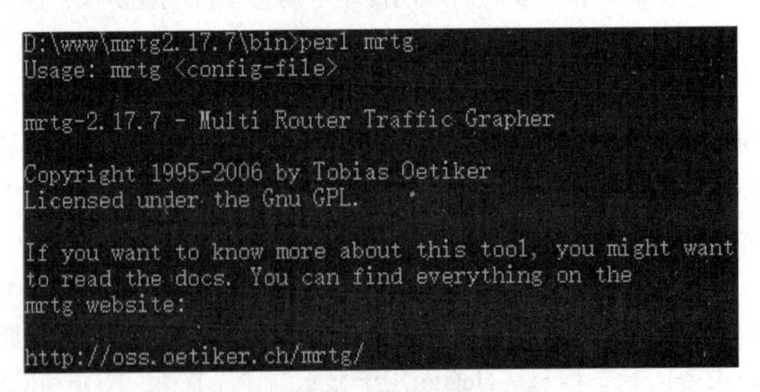

图 8-1　mrtg 运行正常示意图

2. 流量检测配置

要进行流量检测，首先要确定监控的IP地址和端口（snmp默认监听端口为UDP161，snmp trap端口

为UDP162），其次要确定知道SNMP community的信息，默认是public。

这里以测试本机（127.0.0.1）为例说明MTRG的用法。

（1）在本机开启SNMP服务

操作如下：打开控制面板，单击“程序”→“启用或关闭Windows功能”链接，打开“Windows功能”窗口，选中“简单网络管理协议（SNMP）”复选框，单击“确定”按钮，如图8-2所示。

图 8-2　开启本机 SNMP 服务

（2）设置SNMP community信息

打开“计算机管理”窗口，单击“服务和应用程序”→“服务”→“SNMP Service”选项，打开“SNMP Service的属性”对话框，在“安全”选项卡中添加社区名称“Public”，权限设置为“只读”，如图8-3所示。

图 8-3　设置 SNMP community 信息

（3）配置MTRG运行参数

MTRG运行，关键是配置两个参数：一个是初始化MRTG配置文件；一个是设置存放HTML和图片的目录。配置方法：进入mrtg-2.17.7\bin，输入以下命令：

```
perl cfgmaker public@127.0.0.1 --global "WorkDir: d:\mrtg" --output mrtg.cfg
```

以上命令中一是初始化MRTG配置文件mrtg.cfg，命令中“--output mrtg.cfg”用于在mrtg-2.17.7\bin下生成配置文件mrtg.cfg；二是设置存放HTML和图片的目录，命令中“WorkDir: d:\mrtg”是设置存放HTML和图片的目录为“d:\mrtg”。

（4）MTRG运行及检测结果查看

通过以上配置，MTRG配置成功，可以运行，运行方法：进入mrtg-2.17.7\bin。输入命令：

```
perl mrtg mrtg.cfg
```

运行完成之后，“d:\mrtg”目录下将会生成一系列文件，主要是HTML和PNG文件。打开与检测网卡对应的HTML文件，每隔一段时间运行一次上面的命令，并刷新网页，可以看到网页上的时间和流量变化情况，如图8-4所示。

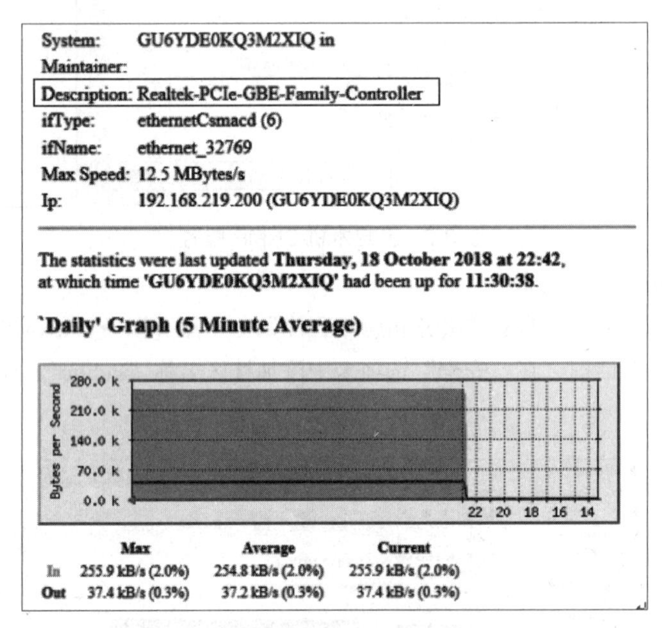

图 8-4　MTRG 检测结果

（5）MRTG后台运行

如果希望MRTG在后台运行，可以在mrtg.cfg文件的末尾添加RunAsDaemon: yes。然后在控制台输入启动命令：

```
perl mrtg mrtg.cfg
```

如图8-5所示，说明程序启动成功。这种情况不能关闭控制台窗口，且MRTG会每5 min运行一次流量统计。

如果要关闭控制台窗口，同时让MTRG可以在后台运行，可以用下面的命令替代：

```
wperl mrtg --logging=eventlog mrtg.cfg
```

```
D:\www\mrtg2.17.7\bin>perl mrtg mrtg.cfg
Daemonizing MRTG ...
Do Not close this window. Or MRTG will die
```

图 8-5　MTRG 后台运行方法一

这条命名不会在控制台返回任何信息，但可以通过任务管理器查看wperl.exe的运行，并且MRTG会每5 min运行一次流量统计。要关闭程序，可以在任务管理器中结束wperl.exe程序的运行，如图8-6所示。

```
D:\www\mrtg2.17.7\bin>wperl mrtg --logging=eventlog mrtg.cfg

D:\www\mrtg2.17.7\bin>
```

图 8-6　MTRG 后台运行方法二

8.4 网络协议分析工具 WinDump 的使用方法

WinDump是Windows环境下网络协议分析软件，主要用于各类协议数据的捕获，是Windows环境下的Tcpdump的替代程序。

WinDump程序的运行需要winpcap程序的支持，因此需要首先安装winpcap程序。下载winpcap版软件并安装，目前版本为4.1.3。

Windows环境下的WinDump是一个单独的程序文件WinDump.exe。下载此文件到计算机某个目录下即可运行。下面简要介绍其使用方法。

1. 列表计算机中网卡信息

通过命令：windump -D，列出计算机中所有网络的信息，为捕获网卡数据包做准备。命令及显示结果如图8-7所示。

```
D:\www\windump>windump -D
1. {CC6D018F-126F-415D-A925-E9EAD4387A60} (Realtek PCIe GBE Family Controller)
2. {9281BFE7-FF34-48C6-BA53-8AB5EC5BCB69} (Oracle)
```

图 8-7　列出计算机中网卡信息

2. 捕获网卡数据包信息

通过命令：windump -i1，就可以捕获数据包。“-i1”标识用于捕获网卡1的数据包。并在控制台显示捕获的数据包。

如果需要对数据包进行保存并用于分析，则需要使用“-w <filename>”参数。例如使用命令：windump -i1 -w dumpone.cap，将文件捕获数据保存为dumpone.cap。

另外，还有一些特殊参数，比如，抓包命令中可以使用host限定抓包的主机，利用port限定抓包的端口。还可以用and 或or进行多参数限定等。

比如：

- windump -i1 –n：“-n”表示不显示主机名，只显示IP地址。
- windump -i1 -n -w dump1.cap host 192.168.219.200：表示只捕获涉及主机192.168.219.200数据包，并写入dump1.cap文件中，如图8-8所示。

```
D:\www\windump>windump -i1 -n  -w dump1.cap host 192.168.219.200
windump: listening on {CC6D018F-126F-415D-A925-E9EAD4387A60}

22 packets captured
60 packets received by filter
0 packets dropped by kernel
```

图 8-8　捕获网卡数据包信息

3. 显示捕获数据包信息

对于保存为文件的捕获数据包，可以利用WinDump来查看，也可以利用其他协议分析软件来查看。比如可以用Wireshark查看和分析捕获的数据包。使用windump查看数据包的方法：windump - r <filename>。利用windump命令查看数据包信息如图8-9所示。

```
D:\www\windump>windump -r dump1.cap
reading from file dump1.cap, link-type EN10MB (Ethernet)
10:33:24.359769 IP GU6YDE0KQ3M2XIQ.58257 > 111.13.100.92.443: F 186452498:186452498(0) ack 2573777230 win 1024
10:33:25.749657 arp who-has 192.168.219.1 (ec:4d:47:69:a0:6a (oui Unknown)) tell GU6YDE0KQ3M2XIQ
10:33:25.813222 arp reply 192.168.219.1 is-at ec:4d:47:69:a0:6a (oui Unknown)
10:33:27.753032 IP GU6YDE0KQ3M2XIQ > 58.52.186.249: ICMP echo request, id 2, seq 62943, length 40
10:33:27.754766 IP 58.52.186.249 > GU6YDE0KQ3M2XIQ: ICMP echo reply, id 2, seq 62943, length 40
10:33:28.761576 IP GU6YDE0KQ3M2XIQ > 58.52.186.249: ICMP echo request, id 2, seq 62944, length 40
10:33:28.761790 IP GU6YDE0KQ3M2XIQ.58254 > 111.13.100.92.443: R 3544167007:3544167007(0) ack 46305116 win 0
10:33:28.763455 IP 58.52.186.249 > GU6YDE0KQ3M2XIQ: ICMP echo reply, id 2, seq 62944, length 40
10:33:29.160008 IP GU6YDE0KQ3M2XIQ.58257 > 111.13.100.92.443: F 0:0(0) ack 1 win 1024
10:33:29.274490 IP GU6YDE0KQ3M2XIQ.57749 > 1.192.193.179.80: P 3866286170:3366236534(364) ack 3474697298 win 2
10:33:29.297270 IP 1.192.193.179.80 > GU6YDE0KQ3M2XIQ.57749: P 1:133(132) ack 364 win 501
10:33:29.338219 IP GU6YDE0KQ3M2XIQ.57749 > 1.192.193.179.80: . ack 133 win 259
10:33:29.757942 IP GU6YDE0KQ3M2XIQ > 58.52.186.249: ICMP echo request, id 2, seq 62945, length 40
10:33:29.766793 IP GU6YDE0KQ3M2XIQ.8769 > promote.cache-dns.local.8000: UDP, length 53
10:33:29.798183 IP promote.cache-dns.local.8000 > GU6YDE0KQ3M2XIQ.8769: UDP, length 25
10:33:29.834554 IP GU6YDE0KQ3M2XIQ.58259 > 111.13.100.92.443: S 4038273005:4038273005(0) win 65535 <mss 1460,no
8,nop,nop,sackOK>
10:33:29.859553 IP 111.13.100.92.443 > GU6YDE0KQ3M2XIQ.58259: S 1399836993:1399836993(0) ack 4038273006 win 81
48,nop,wscale 5,nop,nop,sackOK>
10:33:29.859867 IP GU6YDE0KQ3M2XIQ.58259 > 111.13.100.92.443: . ack 1 win 1024
10:33:29.860172 IP GU6YDE0KQ3M2XIQ.58259 > 111.13.100.92.443: F 1:1(0) ack 1 win 1024
10:33:30.159840 IP GU6YDE0KQ3M2XIQ.58259 > 111.13.100.92.443: F 1:1(0) ack 1 win 1024
10:33:30.760255 IP GU6YDE0KQ3M2XIQ.58259 > 111.13.100.92.443: F 1:1(0) ack 1 win 1024
10:33:31.961120 IP GU6YDE0KQ3M2XIQ.58259 > 111.13.100.92.443: F 1:1(0) ack 1 win 1024
```

图 8-9　显示捕获数据包信息

也可以利用Wireshark等软件查看并分析捕获的数据包。图8-10是利用Wireshark打开利用WinDump捕获数据包的示例。

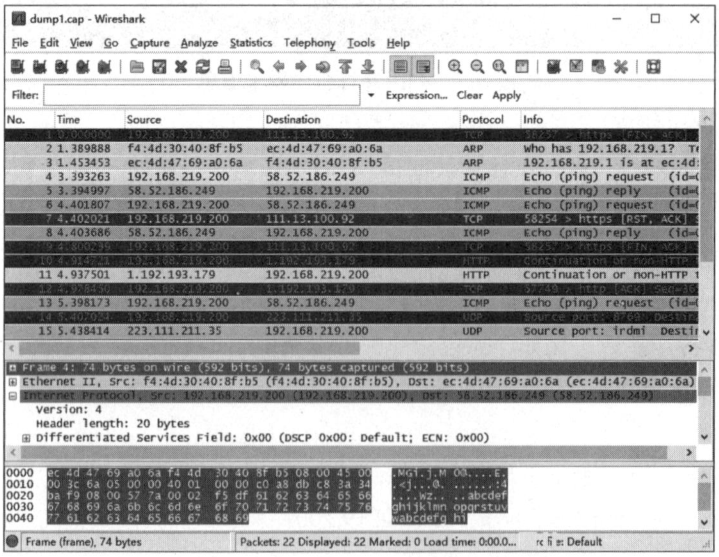

图 8-10　利用 Wireshark 软件查看并分析捕获的数据包

8.5 网络管理维护工作

网络管理维护是网络管理员从事的常规具体的网络管理维护工作可以从故障管理、配置管理、安全管理、性能管理、计费管理五个方面进行。网络配置管理一般在网络建设阶段完成，网络运行阶段配置管理工作属于非常规工作，只是在网络变化时或发生网络故障时，需要进行配置管理；另外计费管理是特定行业需要的日常管理工作，这里也不考虑。因此，常规网络管理维护工作主要涉及故障管理、性能管理、安全管理等方面。

网络管理维护工作主要分为两大块：一是网络预防性日常维护工作；二是网络故障处理工作。网络预防性日常维护工作包括网络基础设施每日巡检、定期网络安全维护、定期数据备份、定期网络性能分析等。网络故障处理包括故障定位与故障原因分析、故障排除等。

1. 网络预防性日常维护工作

网络预防性日常维护工作是网络管理的常规工作，网络管理日常工作往往包括每日定时维护工作、定期维护工作和及时处理工作等。为保证网络管理维护工作有序开展，网络管理员在做好日常网络维护工作的同时，应做好相关工作的记载。

① 每日定时对网络中心机房内的网络设备，如核心交换机、出口路由器、防火墙进行日常巡检，检查设备是否正常工作。

② 每日定时对网络中心机房内的服务器，如数据库服务器、Web服务器等进行日常巡检，检查是否正常工作，单位网站是否能正常访问。

③ 每日定时对重要服务器数据进行备份，定期对一般服务器数据进行备份。

④ 及时下载最新的病毒库，防止服务器受病毒的侵害。

⑤ 及时下载系统及平台软件的相关补丁程序，提高系统安全性。

⑥ 定期对网络进出口流量进行检测分析，为总体网络性能分析提供参考依据。

⑦ 定期对关键业务服务器的数据流量进行分析，为决策提供依据。

为做好网络预防性日常维护工作，应事前做好用于网络预防性日常维护工作的各类记载表格，比如：网络基础设施巡检日志、数据备份日志、网络安全维护记录表、网络性能检测分析记录表等。

（1）网络基础设施每日巡检

网络管理维护人员应每日定时对计算机网络系统中的关键设备和线路进行预防性检查，并监听网络的运行状态，防患于未然。而对于一般性设备，也应在固定周期内进行全面检查，争取及时发现问题，解决问题。

网络设备和服务器的巡检是网络管理工作中每天都要做的一项工作，是最为频繁的和容易产生惰性的工作，需要网络管理员有耐性和韧性。同时，这项工作是保证网络正常运行的有力手段，所以一定要坚持做好巡检和记载。下面提供一个网络传输设备及服务器巡检样表，以供参考。为避免网络管理员填写过多的内容，一般将需要巡检的设备名称及巡检内容事前填入表8-1中。

表 8-1　网络基础设施巡检日志

巡检日期时间	设 备 名 称	巡 检 内 容	设备状态及问题	处理措施及建议
	设备1	工作状态		
	设备2	工作状态		
	…			
	服务器1	工作状态		
	服务器1	工作状态		
	…			

（2）定期网络安全维护

网络安全维护是保证计算机网络系统运行安全的重要手段，主要包括用户口令安全管理、网络各类设备安全、计算机病毒防护、网络安全漏洞检测等。在进行安全检测的同时做好用户口令变更记载、各类设备安全巡检分析记载、病毒库更新记载、系统补丁程序下载更新等文字记载工作。

为保证计算机网络系统安全，应制订网络安全维护计划和措施，并根据网络安全维护计划和措施定期进行网络安全维护工作。具体来说，包括以下日常工作：

① 定期巡检分析服务器安全日志，查看是否存在非法访问，以及尝试登录信息。按照安全计划定期修改特权用户对应的密码，提高用户口令安全。

② 定期巡检分析网络设备日志，对登录的用户、登录时间、所做的配置和操作进行检查，检测用户口令安全，查看各类用户访问权限，避免用户权限变化。

③ 定期巡检分析防火墙工作日志，查看网络遭受攻击记录，审查防火墙安全策略。

④ 定期对服务器进行全盘杀毒。及时更新防病毒软件，下载最新的病毒库，防止服务器受病毒的侵害。重大病毒的发作之前发布病毒预警通知。

⑤ 定期检查服务器系统更新情况，及时下载系统及平台软件的相关补丁程序，提高系统安全性。

⑥ 对及时发现的网络攻击和病毒攻击，做好防护处理，并记录在案。

（3）定期数据备份

数据备份是容灾的基础，是指为防止系统出现操作失误或系统故障导致数据丢失，而将全部或部分数据集合从应用主机的硬盘或阵列复制到其他的存储介质的过程。随着技术的不断发展，数据的海量增加，不少的企业开始采用网络备份。网络备份一般通过专业的数据存储管理软件结合相应的硬件和存储设备来实现。

网络数据存储管理系统是指在分布式网络环境下，通过专业的数据存储管理软件，结合相应的硬件和存储设备，来对全网络的数据备份进行集中管理，从而实现自动化的备份、文件归档、数据分级存储以及灾难恢复等功能。

数据备份的方式有多种，全备份、增量备份、差分备份、按需备份等。全备份是备份网络中所有数据；增量备份是只备份上次备份以来网络中变化的数据；差分备份是只备份上次完全备份以来的有变化的数据；按需备份是根据临时需要有选择地进行数据备份。

网络数据备份应制订严格的网络数据备份计划和制度，并严格按照备份计划和制度执行。数据备份计划和制度主要规定什么时间采用什么备份方式对什么数据进行备份等。比如对于重要数据采取每日定时备份方式。举例来说，可以在星期一，网络管理员进行系统完全备份；在星期二，网络管理员做数据差分备份；在星期三到星期五，网络管理可以做增量备份。另外可以在需要的时候，网络管理员进行按需备份。

（4）定期网络性能分析

计算机网络在使用过程中，用户不仅关心系统的正常运行和网络的安全，同时也非常关注网络的性能。比如，访问某些网站等待时间较长；看网络视频，经常出现停顿现象等。这些都与网络性能有关。因此，网络管理人员应定期进行网络性能检测，通过长期多次的网络性能分析，可以形成计算机网络的总体性能分析报告，为单位网络建设、网络性能的改善提供依据和指导。

定期网络性能测试的内容，包括通过主动测试方法测试网络的吞吐量、响应时间（时延）、时延抖动、丢包率等。通过被动测试方法检测网络出口流量、关键业务服务器数据流量，并对网络性能和流量进行适当分析，形成网络性能分析记录表。

2. 网络故障原因分析与故障排除

计算机网络是一个复杂的综合系统，网络在长期运行过程中总是会出现这样那样的问题。引起网络故障的原因很多，网络故障的现象种类繁多。计算机网络发生的故障，有些可能是局部的，有些则可能是全局性的。有些故障可能是设备故障，有些故障可能是非设备故障。

（1）网络故障分类

按照网络故障的性质分，网络故障可分为硬件故障和软件故障。硬件故障是指由硬件设备引起的网络故障。硬件设备或线路损坏、线路接触不良等情况都会引起物理故障。一般可以通过观察硬件设备的指示灯或借助测线设备来排除故障；软件故障是指设备配置错误或者软件错误等引起的网络故障。网络传输设备配置错误、服务器软件错误、协议设置错误或病毒等情况都属于软件故障。一般可以通过重新配置网络协议或网络服务来解决问题。

按照网络故障出现的对象分，网络故障可分为网络线路故障、网络传输设备故障和网络服务器故障等。线路故障是网络中最常见和多发的故障。线路故障时应该先诊断该线路上流量是否还存在，然后用网络故障诊断工具进行分析后再处理。网络传输设备故障也是网络故障中常见的，一旦网络传输设备出现故障就会使网络通信中断，检测这种故障，需要利用专门的管理诊断工具。网络服务器故障一般包括服务器硬件故障、操作系统故障和服务设置故障。当网络服务器故障发生时，首先应当确认服务器是否感染病毒或被攻击，然后检查服务器的各种参数设置是否正确合理。

（2）网络故障原因分析

如果能够重现网络故障，将有助于分析和定位网络故障，减少网络故障排除的时间。因此网络故障原因分析，首先需要重现网络故障，然后分析定位网络故障。

① 重现网络故障。

当出现故障时，首先应该重现故障，与此同时应该尽可能全面地收集故障信息。在重现故障的过程中还要注重收集网络故障影响的范围、故障的类型、网络故障发生的操作步骤或过程等信息。重现故障时，还需要网管人员对网络故障具有比较好的判断能力，并做好适当的准备工作。有些故障在重现时，可能会导致网络崩溃，因此在决定进行网络故障重现时要注意这方面的问题。

② 网络故障分析与定位。

重现故障后，可以从故障现象出发，以网络诊断工具为手段获取诊断信息，确定网络故障点，查找问题的根源。

网络管理员分析和排查故障可以根据TCP/IP体系结构，使用逐层分析和排查的方法。通常有两种逐层排查方式，一种是从低层开始排查，适用于物理网络不够成熟稳定的情况，如组建新的网络、重新调整网络线缆、增加新的网络设备；另一种是从高层开始排查，适用于物理网络相对成熟稳定的情况，如硬件设备没有变动。无论哪种方式，最终都能达到目标，只是解决问题的效率有所差别。具体采用哪种方式，可根据具体情况来选择。

通过故障重现或者确认局域网出现故障，应立即收集所有可用的信息并进行分析。对所有可能导致错误的原因逐一进行测试，将故障的范围缩小到一个网段或节点。故障存在的原因可能不只一处，应使用多种方法，对所有的可能性进行测试，然后做出分析报告，剔除非故障因素，缩小故障发生的范围。另外，在故障的诊断过程中，一定要采用科学的诊断方法，以便提高工作效率，尽快排除故障。在定位故障时，应遵循“先硬后软”的原则，即先确定硬件是否有故障，再考虑软件方面。

③ 网络故障原因。

当网络出现故障时，分析网络故障的原因对解决网络故障有很大的帮助。网络故障的原因通常有以下几种可能：物理层物理设备相互连接失败或者硬件及线路本身的问题；数据链路层网络设备的接口配置问题；网络层网络协议配置错误；传输层设备性能或通信拥塞问题；应用或网络应用程序的错误。

（3）网络故障排除

通过网络故障定位和分析，确定网络故障源和故障原因后，就需要采取一定的措施来隔离和排除故障。确定了网络故障源和故障原因，那么识别故障类型是比较容易的。

对于硬件故障，最方便的措施就是更换硬件。解决故障的时间则依赖于各种设备的备件供给情况。为避免因设备故障而导致网络中断，在网络建设中，应考虑关键核心设备避免单点故障。另外，还可以考虑要求系统集成商提供相应的部分设备的备用件，以便在设备发生故障时及时更换。

对于软件故障，解决办法则是重新安装有问题的软件。可以由网络维护人员利用自身掌握的计算机网络技术加以处理，或请系统集成商予以安装解决。

为保证计算机网络系统的正常运行，出现网络故障后能够尽快恢复功能，系统集成商和设备提供商应建立一套比较完善的售后服务体系，用于向用户提供行之有效的支持服务，以便迅速处理故障，恢复网络正常状态。

（4）网络管理人员故障处理记载

对于网络管理维护人员，具体的网络故障维护工作应做好故障登记、故障处理、故障处理结果记载。

接到网络故障报修和发现网络故障，应对网络故障部门、设备名称、故障现象、发生时间等做好记录；然后，在没有更严重故障情况下，要亲临故障现场，检查故障原因，处理故障，如遇到不能单独处理且比较严重的网络故障，应联系系统集成商或其他人员协助共同完成故障处理；事故处理完成过后，还应对故障处理情况进行记载。表8-2为网络故障处理情况记载。

表 8-2　网络故障处理情况记载表

时　间	故障部门	设备名称	故障现象	处理过程	处理结果

小结

网络管理是监视和控制网络，以确保网络正常运行，或当出现故障时尽快发现故障和修复故障，使之最大限度地发挥其作用和效能的过程。

本章首先介绍了网络管理的五大功能：网络故障管理、网络配置管理、网络性能管理、网络计费管理、网络安全管理。然后介绍了常用网络系统管理工具，包括网络管理工具、服务器管理工具、网络流量监控工具、网络协议分析工具等，并详细介绍了网络流量监控工具MRTG的使用方法和网络协议分析工具WinDump的使用方法。最后从网络管理与维护的实际出发介绍了网络管理维护的具体工作内容。

习题

1. 网络管理有哪些功能？
2. 常用的网络管理工具有哪些？
3. 如何利用 MRTG 进行流量监控？
4. 如何利用 WinDump 进行协议分析？
5. 网络日常维护工作包括哪些内容？

第9章

网络工程监理

信息系统工程是指信息化工程建设中的信息网络系统、信息资源系统、信息应用系统的新建、升级、改造工程。其中信息网络系统是指以信息技术为手段建立的信息处理、传输、交换和分发的计算机网络系统。

网络工程是应用网络相关科学知识和技术手段，结合工程管理原则，构建计算机网络系统的过程，属于信息系统工程。网络工程监理工作应遵循信息技术服务监理 GB/T 19668 国家系列标准和《信息系统工程监理暂行规定》等。本章主要根据国家标准 GB/T 19668.1—2014《信息技术服务 监理 第 1 部分：总则》和《信息系统工程监理暂行规定》等文件编写。

9.1 信息系统工程监理标准和规范

全国的信息系统工程监理的管理工作由工信部（原信息产业部，2008年组建工业和信息化部，简称工信部）负责，其主要职责是制定、发布信息系统工程监理法规等。工信部制定的信息系统工程监理标准和规范主要有《信息系统工程监理暂行规定》（信部信〔2002〕570号）、《信息系统工程监理单位资质管理办法》（信部信〔2003〕142号）、《信息系统工程监理工程师资格管理办法》（信部信〔2003〕142号）等。

为推动信息系统工程监理单位资质的管理和信息系统工程监理工程师资格的管理，工信部先后发布一系列法律、法规及规范性文件，其中比较重要的两个文件是《信息系统工程监理单位资质等级评定条件（2012年修订版）》（工信计资〔2012〕8号）和《关于开展信息系统工程监理工程师资格认定有关事项的通知》（工信计资〔2009〕9号）。

另外，为提高信息系统工程监理及相关信息技术服务水平，进一步规范监理行业，中国国家标准化管理委员会还制定了信息化服务监理GB/T 19668国家系列标准，对信息系统工程监理的技术模型四个组成部分（监理支撑要素、监理运行周期、监理对象、监理内容）的具体内容等作了详细说明。

9.1.1　信息系统工程监理暂行规定

《信息系统工程监理暂行规定》所称信息系统工程监理是指依法设立且具备相应资质的信息系统工程监理单位(以下简称监理单位)，受业主单位委托，依据国家有关法律法规、技术标准和信息系统工程监理合同，对信息系统工程项目实施的监督管理。

《信息系统工程监理暂行规定》中规定信息系统工程监理单位的监理资质等级分为甲、乙、丙三级。另外，《信息系统工程监理暂行规定》还规定了信息系统工程监理的监理范围和监理内容，以及监理活动等内容。

9.1.2　信息系统工程监理单位资质管理办法

《信息系统工程监理单位资质管理办法》主要规定了监理单位的资质等级条件、监理资质等级评审方法和监理资质如何管理等内容。

《信息系统工程监理单位资质管理办法》所称监理单位是指具有独立企业法人资格，并具备规定数量的监理工程师和注册资金、必要的软硬件设备、完善的管理制度和质量保证体系、固定的工作场所和相关的监理工作业绩，取得工信部颁发的《信息系统工程监理资质证书》，从事信息系统工程监理业务的单位。

为完善信息系统工程监理单位资质管理工作，进一步规范信息系统工程监理行业，促进市场健康和良性发展，2012年5月，工信部计算机信息系统集成资质认证工作办公室修订完成的《信息系统工程监理单位资质等级评定条件（2012年修订版）》予以发布。该文件修订了监理单位资质类型以及评定条件，将监理单位资质定义为四种类型，分别是甲级资质、乙级资质、丙级资质、暂定丙级资质。

9.1.3　信息系统工程监理工程师资格管理办法

为了实施信息系统工程监理工程师资格的管理，依据《信息系统工程监理暂行规定》，工信部于2003年制定《信息系统工程监理工程师资格管理办法》，并于2003年4月1起实施。该文件主要规定了监理工程师如何取得监理资格以及如何管理监理资格等内容。

《信息系统工程监理工程师资格管理办法》所称信息系统工程监理工程师（简称监理工程师）是指经工信部批准、取得《信息系统工程监理工程师资格证书》并经登记备案、从事信息系统工程监理的专业技术人员。

为适应信息系统工程监理行业的发展需要，进一步推进信息系统工程监理单位资质管理，2009年12月工信部发布《关于开展信息系统工程监理工程师资格认定有关事项的通知》文件，决定于2010年1月1日起，开展信息系统工程监理工程师资格认定，并对认定条件和认定程序进行了修订。

9.1.4　信息化服务监理 GB/T 19668 国家系列标准

GB/T 19668是有关信息技术服务监理有关的系列国家标准，该标准规定了信息系统工程建设与运行维护中信息系统工程监理及相关信息技术服务的一般原则。GB/T 19668包括两个版本，一个是2005年版，另一个是2014年版。GB/T 19668系列标准自2005年发布以来，对我国信息系统工程监理市场从无到有的发展起到了规范化的作用。鉴于我国信息系统工程监理市场的业务不断扩展，形成了“信息系统工程监理及相关信息技术服务”的新市场，为了提高信息系统工程监理及相关信息技术服务水平，进一步规范监理行业，对2005年系列标准进行了修订，形成了2014年版的GB/T 19668系列国家标准。GB/T 19668系列标准适用于包括从事监理及相关服务的单位和人员，信息系统工程的业主单位，以及信息系统工程的承建单位等。

GB/T 19668《信息技术服务 监理》系列标准包括以下七个部分：

第1部分：总则（GB/T 19668.1—2014）；

第2部分：基础设施工程监理规范（GB/T 19668.2—2017）；

第3部分：运行维护监理规范（GB/T 19668.3—2017）；

第4部分：信息安全监理规范（GB/T 19668.4—2017）；

第5部分：软件工程监理规范（GB/T 19668.5—2018）；

第6部分：应用系统：数据中心工程监理规范（GB/T 19668.6—2019）；

第7部分：监理工作度量要求（GB/T 19668.7—2022）。

9.2 信息工程系统监理概述

9.2.1 监理基本概念

视频

信息系统工程监理概述

为便于理解学习和掌握信息技术服务监理相关的知识，首先介绍与信息技术服务监理相关的术语。

信息系统工程监理：监理单位受业务单位委托，依据国家有关法律法规、标准规范和监理合同，对信息系统项目实施的监督管理。

业主单位：具有信息系统工程（含运行维护）发包主体资格和支付工程及相关服务价款能力的单位。

承建单位：具有独立企业法人资格，取得相应等级资质，承接信息系统工程建设的单位。

监理单位：具有独立企业法人资格，取得国家相关主管部门颁发的相应等级资质，为业主单位提供监理及相关服务的单位。监理单位的资质分为甲、乙、丙三级。

监理机构：当监理单位对信息系统工程项目实施监理及相关服务时，负责履行监理合同的组织机构。

总监理工程师：由监理单位法定代表人书面授权，全面负责监理及相关服务合同的履行，主持监理机构工作的监理工程师。

总监理工程师代表：由总监理工程师书面授权，代表总监理工程师行使其部分职责和权利的监理工程师。

监理工程师：监理单位正式聘任的，取得国家相关主管部门颁发的信息系统工程监理工程师资格证书的专业技术人员。

监理员：经过监理及相关服务业务培训，具有同类工程相关专业知识，从事具体监理及相关服务工程的人员。

9.2.2 监理主管部门及职责

全国的信息系统工程监理的管理工作由工信部负责，其主要职责是制定、发布信息系统工程监理法规并监督实施；审批及管理甲级、乙级信息系统工程监理单位资质；负责信息系统监理工程师的资格管理；监理并指导全国信息系统工程监理工作。

省、自治区、直辖市信息产业主管部门负责本行政区域内的信息系统工程监理的管理工作，其主要职责是执行国家信息系统工程监理法规和行政规章；审批及管理本行政区域内丙级信息系统工程监理单位资质，初审本行政区域内甲级、乙级信息系统工程监理单位；负责本行政区域内信息系统工程监理工程师的管理工作；监督本行政区域内的信息系统工程监理工作。

9.2.3　监理范围

信息系统工程监理是全过程、全范围的监理，它的中心任务是科学规划和控制信息系统工程项目的投资、进度和质量三大目标。基本方法是目标规划、动态控制、组织协调和合同管理。监理工作贯穿规划设计、部署实施和运行维护等整个工程的全过程。根据《信息系统工程监理暂行规定》，以下信息系统工程项目应该实施监理。

① 国家级、省部级、地市级的信息系统工程；

② 使用国家政策性银行或者国有商业银行贷款，规定需要实施监理的信息系统工程；

③ 使用国家财政性资金的信息系统工程；

④ 涉及国家安全、生产安全的信息系统工程；

⑤ 国家法律、法规规定应当实施监理的其他信息系统工程。

9.2.4　监理单位选择方式

根据《信息系统工程监理暂行规定》，信息系统工程的监理业务可以由业主单位直接委托监理单位承担，也可以采用招标方式选择监理单位。从事信息系统工程监理活动，应当遵循守法、公平、公正、独立的原则。

9.2.5　监理程序

信息系统工程监理实行总监理工程师负责制。总监理工程师行使合同赋予监理单位的权限，全面负责受委托的监理工作。信息系统工程监理按照下列程序进行。

① 组建信息系统工程监理机构。监理机构由总监理工程师、监理工程师代表（可选）、监理工程师和其他监理人员组成；

② 编制监理规划，并与业主单位协商确认；

③ 编制工程阶段监理实施细则（简称监理细则）；

④ 实施信息系统工程全过程监理；

⑤ 参与工程验收并签署监理意见；

⑥ 监理业务完成后，向业主单位提交最终监理档案资料。

监理机构应参与承建合同的签订过程，在承建合同中应明确要求承建单位接收监理机构的监理，以保证监理工作的正常开展。监理机构应按照"守法、公平、公正、独立"的原则，开展信息系统工程监理工作，维护业主单位与承建单位的合法权益。

9.3　监理及相关服务技术参考模型

信息系统工程监理及相关服务技术参考模型由四个部分组成，即监理支撑要素、监理及相关服务运行周期（简称监理运行周期）、监理及相关服务对象（简称监理对象）和监理内容。这四个部分的关系如图9-1所示。

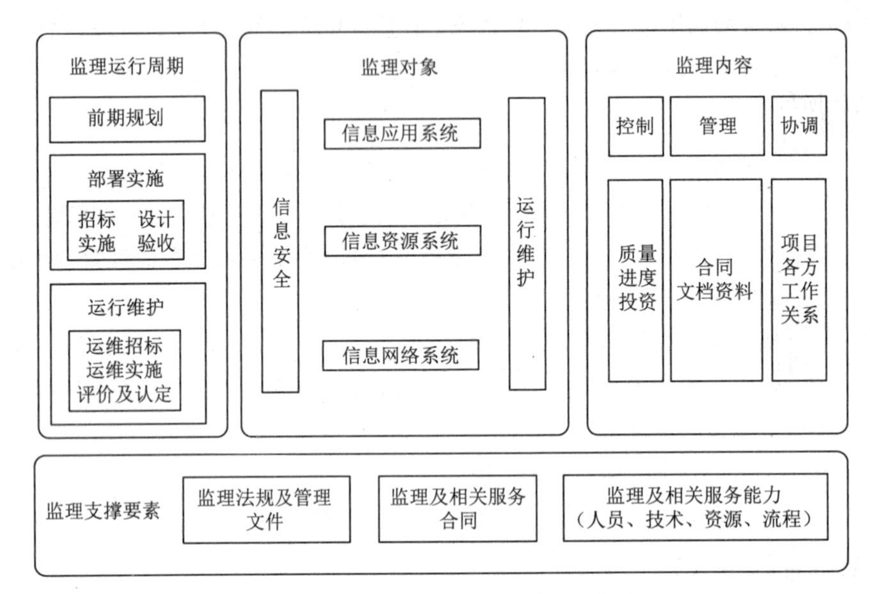

图 9-1 监理及相关服务技术参考模型

1. 监理支撑要素

监理支撑要素包括三个方面的内容：监理法规及管理文件、监理及相关服务合同（简称监理合同）和监理及相关服务能力（简称监理服务能力）。

监理法规及管理文件是监理及相关服务应遵守的与监理有关法规文件的规定。比如《信息系统工程监理暂行规定》等。

监理合同是业主单位与监理单位采用书面形式订立的委托监理合同。监理合同内容包括：监理及相关服务内容；服务周期；双方的权利和义务；监理及相关服务费用的计取和支付方式；违约责任及争议的解决办法；双方约定的其他事项等。监理单位承担信息系统工程监理业务，应当与业主单位签订监理合同。

监理服务能力要素由人员、技术、资源和流程等四个部分组成。

① 人员：主要包括总监理工程师、总监理工程师代表、监理工程师、监理员、外部技术协作体系、人力资源管理体系等；

② 技术：主要包括监理工作体系、业务流程研究能力、监理技术规范、质量管理体系、监理大纲、监理规划、监理实施细则（简称监理细则）等。

③ 资源：包括监理机构、监理设施、监理知识库及监理案例库、检测分析工具及仪器设备、企业管理信息系统等。

④ 流程：包括项目管理体系、客户服务体系、监理及相关服务的制度和流程等。

监理及相关服务技术参考模型中，监理法规及管理文件是监理单位必须满足和实现的基本项；监理合同是监理单位进行监理及相关服务的法律性依据；人员、技术、资源和流程等内容体现了监理单位的监理服务能力。

2. 监理运行周期

信息系统工程项目监理运行周期可分为前期规划、部署实施、运行维护等三个阶段。

① 前期规划阶段。监理机构可以为业主单位提供工程项目的需求分析、总体规划、初步设计、技术方案论证，以及招标方法策划等相关服务，为业务单位决策提供依据。

② 部署实施阶段。监理机构协助业主单位通过招标选择适合的承建单位；协助业主单位明确工程需求，确定工程建设目标；协助推动业主单位和承建单位编制规范的可实施的详细设计方案；监理机构审核工程实施计划，对项目实施过程进行监督，使工程实施过程满足承建合同要求；监理机构审核工程测试验收方案，协调承建单位配合第三方测评机构进行项目系统测评验收。

③ 运行维护阶段。监理单位协助业主单位明确信息系统运行为阶段的主要任务和服务标准；协助业主单位选择适合的运维服务单位（包括通过招标方式）；协助业主单位对运维服务提供方的运维工作进行监督和考核，通过有效监督保证运维服务质量；协助业主单位对运维服务工作的结果和效果进行评估和验收等。

3. 监理对象

监理对象是指各种类型的信息系统工程，监理对象包括五个方面：信息网络系统、信息资源系统、信息应用系统、信息安全和运行维护。

信息网络系统是指以信息技术为主要手段建立的信息处理、传输、交换和分发的计算机网络系统；信息资源系统是指以信息技术为主要手段建立的信息资源采集、存储、处理的资源系统；信息应用系统是指以信息技术为主要手段建立的各类业务管理的应用系统。

4. 监理内容

信息系统工程监理是全过程、全范围的监理。根据《信息系统工程监理暂行规定》，信息系统工程监理的主要内容是对信息系统工程的质量、进度和投资进行监督，对项目合同和文档资料进行管理，协调有关单位间的工作关系。

监理技术参考模型表明，信息系统工程的监理及相关服务工作应建立在监理支撑要素基础上，根据信息系统工程的需要，在监理运行周期的部署实施部分和运行维护部分结合各项监理内容，对监理对象进行监督管理及提供相关信息技术服务。对监理运行周期的规划设计部分主要提供相关信息技术咨询服务。

9.4 信息系统工程监理技术

9.4.1 监理单位基本要求

监理单位应建立完善的监理工作体系和质量服务体系，以及制定本单位信息系统工程监理技术规范；具备对客户业务流程的研究能力。

1. 监理工作体系

监理单位应建立完善的监理工作体系，包括为实施信息系统工程监理业务所建立的组织体系（含组织机构及职责、专业人员及岗位分工）、管理体系（含工作制度、工程程序）和文档体系（含标准化文档的编制、使用和保存）等。

2. 质量管理体系

监理单位还应建立质量管理体系。监理单位质量管理体系证书的覆盖范围应包括与监理及相关服务业务有关的所有活动和过程，从事监理及相关服务的所有部门和人员应在体系覆盖的范围内。

3. 监理技术规范

监理单位应制定本单位的信息系统工程监理技术规范，监理单位制定的监理技术规范要符合相关标准对监理工作的要求。

4. 业务流程研究能力

监理单位应通过对主要客户的业务流程、业务特点以及客户所属领域信息技术发展的长期积累和研究，能够较好地把握客户的信息化需求，充分掌握监理服务工作的重点和约定，能够为客户的信息化建设提供有针对性的监理及相关服务工作方案和有价值的报告。

9.4.2 基本监理技术

监理单位应具备如下基本监理技术：

① 监理的主要技术和管理手段包括检查、旁站、抽查、测试、软件特性分析等，使用这些手段监理要点实现现场验证和确认，加强风险防范；

② 能够利用监理知识库、监理案例库，对将要实施的项目进行风险分析和管理，并依据相关技术、管理及服务标准，审核或编制项目文档资料；

③ 监理技术人员应加强新的信息技术、产品发展趋势及行业知识的学习，在实践中不断更新和完善监理知识库及监理案例库，并借助现代通信和交流手段提高沟通效率。

9.4.3 相关监理文档

监理大纲、监理规划、监理实施细则（简称监理细则）是信息系统工程监理过程中的不同时期需要编制的几种不同的监理文件。

对于不同的信息系统工程，依据工程的复杂程度等，可以只编写监理大纲和监理规划，或者只编写监理大纲和监理细则。

1. 监理大纲

监理大纲（也称监理方案）是开展监理工作的轮廓性文件，是在投标阶段根据招标文件编制，是编制监理规划的依据。目的是承揽信息系统工程。

监理大纲是监理单位承担信息系统工程项目的监理及相关服务的法律承诺。监理大纲的编制应针对业主单位对监理工作的要求，明确监理单位所提供的监理及相关服务目标和定位，确定具体的工作范围、服务特点、组织机构和人员职责、服务保障和服务承诺。监理单位编制监理大纲后，应经监理单位技术负责人审核，并由监理单位法定代表人书面批准。

监理大纲的编制主要依据下面几点：

① 业主单位对监理工作的要求；

② 监理单位的服务质量管理体系；

③ 监理及相关服务规范；

④ 与工程及相关服务有关的法律、法规和技术标准规范。

2. 监理规划

监理规划是实施监理及相关服务工作的指导性文件，是在签订监理委托合同后在总监理工程师的主持下编制，是针对具体的工程指导监理工作的文件，是依据监理大纲编制的。目的在于指导监理部门开展日常监理工作。

监理规划的编制应针对具体项目的实际情况，明确监理机构的工作目标，确定具体的监理工作制度、方法和措施。在签订监理合同后，总监理工程师应主持编制监理规划，监理规划完成后，应由监理单位技术负责人审批，监理规划审批后，监理规划报送业主单位签字确认后生效。

在监理工作实施过程中，如实际情况和条件发生重大变化而需要调整监理规划内容时，应由总监理工程师组织监理工程师修改，经监理单位技术负责人审批后报送业主单位签字确认。

3. 监理细则

监理细则是监理工作的操作性文件，是由专业监理工程师针对具体专业编制的操作性业务文件，要依据监理规划来编制。目的在于指导具体的监理业务。

监理机构按照监理规划中规定的工作范围、内容、制度和方法等编制监理细则，开展具体的监理及相关服务工作。监理细则应服务监理规划的要求，结合工作及相关服务项目的专业特点，具有可操作性。

监理细则应由监理工程师依据监理规划编制，并由总监理工程师批准。

9.5 信息系统工程监理单位资质管理

9.5.1 监理单位资质

监理单位资质类型为甲级资质、乙级资质、丙级资质、暂定丙级资质等四级资质，各级资质条件从综合条件、财务状况、信誉、业绩、管理能力、技术实力、人才实力等七个方面规定如下：

甲级资质条件简要说明如下：企业注册资金和实收资本均不少于800万元；财务状态良好，近三年没有出现亏损；企业近三年无不正当竞争行为；近三年完成的信息系统工程监理项目投资总值不少于6亿元，监理合同总额不少于2 400万元，其中包括实施及验收阶段的监理合同额所占比例不低于60%；连续有效运行时间不少于一年，已建立完善的企业管理信息系统并能有效运行；已建立完备的信息系统工程监理工作体系，对主要业务领域的业务流程有深入研究，有先进、完善的监理技术规范，办公面积不少于300 m²，从事监理工作的技术人员不少于45名，具备监理工程师资格的人数不少于25名，已建立人力资源管理体系并能有效实施。

乙级资质条件简要说明如下：取得信息系统工程监理单位丙级资质的时间不少于一年，企业注册资本和实收资本均不少于300万元；企业近三年的信息系统工程监理及相关信息技术服务收入总额不少于800万元，企业财务状况良好，最近两年没有出现亏损；企业近三年无不正当竞争行为；近三年完成的信息系统工程监理项目投资总值不少于1.5亿元，监理合同总额不少于600万元，其中包括实施及验收阶段的监理合同额不低于60%；已建立完备的质量管理体系和项目管理体系，并能有效实施；已建立有效的信息系统工程监理工作体系，熟悉主要业务领域的业务流程，有完善的监理技术规范；从事信息系统工程监理及相关信息技术服务工作的技术人员不少于20名，具有信息系统工程监理工程师资格的人数不少于12名。

丙级资质条件简要说明如下：从事信息系统工程监理及相关信息技术服务业务的时间不少于两年，或取得信息系统工程监理单位丙级资质（暂定）的时间不少于一年，企业注册资本和实收资本均不少于100万元；企业财务状况良好，年度没有出现亏损；企业近三年无不正当竞争行为；近三年完成的信息系统工程监理及相关信息技术服务项目合同总额不少于30万元，近三年完成的信息系统工程监理及相关信息技术服务项目个数不少于5个；已建立企业质量管理体系、项目管理体系、客户服务体系，并能有效实施；已建立信息系统工程监理工作体系，有信息系统工程监理技术规范；从事信息系统工程监理及相关信息技术服务工作的技术人员不少于10名，具有信息系统工程监理工程师资格的人数不少于5名。

暂定丙级资质条件简要说明如下：企业不拥有计算机信息系统集成企业资质；企业注册资本和实收资本不少于100万元；近三年无触犯国家法律法规的行为；企业年度无不正当竞争行为；已建立企业质量管理体系和客户服务体系，并能有效实施；已建立信息系统工程监理工作体系，有信息系统工程监理技术规范；从事信息系统工程监理及相关信息技术服务工作的技术人员不少于10名，具有信息系统工程监理工程师资格的人数不少于2名。

9.5.2 监理单位资质评审与审批

监理单位的资质评审按照评审和审批分离的原则进行。工信部授权的评审机构可以受理申请甲级、乙级、丙级资质的评审；省市信息产业部门授权的评审机构可以受理所在行政区内申请丙级资质的评审。

经过评审合格后，申请监理资质的单位可以向信息产业主管部门提出资质申请，其中甲级和乙级资质申请，由所在省市信息产业主管部门初审，报工信部审批。丙级资质申请，由所在省市信息产业主管部门审批，报工信部备案。

获得监理资质的单位，由工信部统一颁发《信息系统工程监理资质证书》。《信息系统工程监理资质证书》由工信部统一印制。

9.5.3 监理单位资质管理

《信息系统工程监理资质证书》有效期为四年，届满四年更换新证。超过有效期30天不更换的，视为自动放弃资质，原资质证书予以注销。

各等级监理单位监理相应投资规模的信息系统工程。甲级不受投资规模限制。乙级投资规模1 500万元以下。丙级投资规模500万元以下。

9.6 信息系统工程监理工程师资格管理

9.6.1 监理工程师认定条件

《关于开展信息系统工程监理工程师资格认定有关事项的通知》决定于2010年1月1日起开展信息系统工程监理工程师资格认定。该文件对《信息系统工程监理工程师资格管理办法》认定信息系统工程监理工程师的条件进行了修订。修订后的具体认定条件如下。

① 参加人力资源和社会保障部、工信部共同组织的全国计算机技术与软件专业技术资格（水平）考试中的信息系统监理师考试且成绩合格。

② 符合以下学历及从业要求：

- 硕士、博士研究生毕业后从事信息系统工程相关工作不少于3年，且从事信息系统工程监理工作不少于2年。
- 本科毕业后从事信息系统工程相关工作不少于4年，且从事信息系统工程监理工作不少于2年。
- 专科毕业后从事信息系统工程相关工作不少于6年，且从事信息系统工程监理工作不少于3年。

③ 参加过的信息系统工程监理项目累计投资总值在500万元以上，其中至少承担并完成两个以上信息系统工程监理项目。

9.6.2　申请和认定程序

文件《关于开展信息系统工程监理工程师资格认定有关事项的通知》对申请和认定信息系统工程监理工程师的程序进行了规定，具体规定如下。

① 申请监理工程师资格的，应由申请人所在单位向地方主管部门）提交《信息系统工程监理工程师资格申请表》及附件。

② 地方主管部门接收到申报材料后，组织审查，并将审查结果报资质办。对监理工程师资格审查包括以下内容：监理工程师考试合格证明；申请人的学历、学位证书、专业技术职称证书；申请人从事信息系统工程监理项目管理的工作简历和主要业绩。

③ 工信部对符合认定条件的予以审批，并颁发《信息系统工程监理工程师资格证书》。资格证书有效期为三年。

9.6.3　监理工程师资格管理

监理工程师资格实行登记制度。工信部负责登记管理，省市信息产业主管部门负责本行政区域内登记。取得《信息系统工程监理工程师资格证书》者，须在一年内向所在地方登记机构登记。经登记后方可从事信息系统工程监理业务。登记手续由聘用单位统一办理。批准登记后，由登记机构在《信息系统工程监理工程师资格证书》中的登记栏内加盖登记专用印章，并报工信部备案。监理工程师登记有效期为三年，有效期届满，应当向原登记机构重新办理登记手续。超过有效期60天不登记，原登记失效。

9.7　网络工程监理单位选择

对于大型网络工程项目，一般需要网络工程监理，以保证大型网络工程项目建设的质量。为了加强对网络工程项目建设的监理，对监理单位的选择应采用招投标的方式。

9.7.1　选择监理单位考虑的主要因素

通过招标选择一个合适的、技术水平高、管理能力强的监理单位，对网络工程项目的建设有着举足轻重的作用，因此，必须慎重选择。选择网络工程项目建设的监理单位应考虑以下主要因素：

① 必须选择依法成立的社会监理单位。即选择取得信息系统工程监理单位资质证书、具有法人资格的专业化监理单位。

② 被选择的监理单位应配备足够数量的各类专业监理人员，且监理人员具备较好的素质，能够胜任网络工程项目建设的监理业务。评选时应将监理人员素质作为重要的因素，尤其是总监理工程师的素质。

③ 被选择的监理单位应具有良好的网络工程项目建设的监理技术和网络工程项目建设监理的实践经验和管理水平，投标书中能提供较好的网络工程监理方案。

④ 被选择的监理单位应能够根据监理工程类别、规模、技术复杂程度及相关服务内容，配备满足监理及相关服务需要的仪器设备和分析工具等。

⑤ 被选择的监理单位应有良好的社会信誉及较好的监理业绩。监理单位在守法、公正、诚实方面有良好的声誉，以及在以往的网络工程项目中监理单位有较好的业绩。

⑥ 合理的监理费用。项目监理的费用是根据国家制定的收费标准进行定价的。监理单位应结合网络工程具体项目制定合理的监理费用。

9.7.2 网络工程项目监理单位选择

通过招投标方式选择监理单位，重点是通过评技术标来选择监理单位，商务标由国家制定的收费标准进行控制。监理单位的素质和管理水平对一个工程项目的成败具有很大影响。如果业主单位能够通过周密细致的选择，最终确定一家有经验、有技术、有信誉的监理单位为其服务，将有利于网络工程项目建设的成功。

网络工程项目监理单位的一般选择方法：通常是由业主单位指派代表根据网络工程项目情况对有关监理单位进行调查、了解，初选有可能胜任此项监理工作的3～6个监理单位，业主单位代表分别与初选名单上的监理单位进行洽谈，重点讨论服务要求、工作范围、拟委托的权限、要求达到的目标、开展工作的手段，并在洽谈过程中了解监理单位的资质、专业技能、经验、费用、业绩和其他事项等，最终通过招标方式确定一家监理单位并与其签订监理合同。

9.7.3 监理合同签订

通过招投标方式确定监理单位后，就需要与中选监理单位谈判，签订监理合同。监理合同主要内容包括：监理及相关服务内容、监理服务周期、双方的权利和义务、监理及相关服务费用的记取和支付、违约责任及争议的解决办法和双方约定的其他事项等。

监理单位与业主单位签订监理合同后，应建立相应的监理机构，监理机构应参与项目承建合同的签订过程，在承建合同中应明确要求承建单位接收监理机构的监理，以保证监理工作的正常开展。

9.8 网络工程监理机构与监理人员职责

监理单位履行网络工程项目监理合同时，应建立监理机构，并将监理机构的组织形式、人员构成及对总监理工程师的任命，书面报送业主单位。监理机构在完成监理合同规定的监理及相关服务内容后方可撤销。监理机构的组织形式和规模，应根据监理及相关服务招标文件或委托文件约定的工程类别、规模、服务内容、技术复杂程度、实施工期和施工环境等因素确定。

在监理机构中，应配备足够数量的各类专业监理人员，监理人员包括：总监理工程师、总监理工程师代表（必要时配备）、监理工程师、监理员等。下面简要介绍监理机构中监理人员的职责。

1. 总监理工程师

总监理工程师是由监理单位法定代表人书面授权，全面负责监理及相关服务合同的履行，主持监理机构工作的监理工程师。总监理工程师全面负责监理合同的实施；确定监理机构人员分工并书面授权总监理工程师代表；主持编制监理规划，审批监理细则；负责管理监理机构日常工作，定期向监理单位报告；检查和监督监理人员的工作，根据工程项目及相关服务项目的进展情况进行监理人员的调配，对不称职的监理人员调换工作；主持监理工作会议，签发工程监理机构的文件和指令；审查承建单位的资质，并提出审查意见；审定承建单位的开工申请、系统实施方案、施工进度计划；组织编写并签发监理月报、监理工程阶段报告、专题报告、工程监理及相关服务项目工作总结；主持审查和处理工程变更；参与网络工程质量事故和其他事故调查；审查承建单位竣工验收申请，组织有关人员进行竣工测试验收，签认竣工验收文件；主持整理工程项目及相关服务项目的监理资料；审核签认承建单位的付款申请、付款证书和竣工结算；调解业主单位和承建单位的合同争议，参与索赔的处理，审批工程及相关服务项目的延期；组织业主单位和承建单位完成工程移交等。

2. 总监理工程师代表

总监理工程师代表是由总监理工程师书面授权，代表总监理工程师行使其部分职责和权利的监理工程师。

总监理工程师不得将以下工作委托给总监理工程师代表：

①主持编制监理规划，审批监理细则；

②调解业主单位和承建单位的合同争议，参与索赔的处理，审批工程及相关服务项目的延期；

③根据工程项目及相关服务项目的进展情况进行监理人员的调配，对不称职的监理人员调换工作；

④审核签认承建单位的付款申请、付款证书和竣工结算。

3. 监理工程师

监理工程师负责编制监理规划中本专业部分的内容及本专业的监理细则；负责本专业监理工作的具体实施；组织、指导、检查和监督监理员的工作；协助总监理工程师审查承建单位涉及本专业的计划、方案、申请、变更；负责核查工程及相关服务项目中的所有设备、材料和软件；负责本专业监理资料的收集、汇总及整理，参与编制监理月报；定期向总监理工程师提交本专业监理工作实施情况报告，对重大问题及时向总监理工程师报告；负责本专业工程量及相关服务项目工作量的审核；协助组织本专业分系统工程及相关服务项目的测试、验收；填写监理日志等。

4. 监理员

监理员在监理工程师的指导下开展监理工作；协助监理工程师完成工程量及工作量的核定；担任现场监理工作，发现问题及时向监理工程师报告；对承建单位实施计划和进度进行检查并记录；对承建单位实施过程中的软件和设备安装、调试、测试进行监督并记录；填写监理日志等。

9.9 网络工程监理运行周期与监理内容

根据信息系统工程的监理运行周期，以及网络工程项目建设的过程，将网络工程项目监理运行周期分为三个阶段：一是网络工程项目前期咨询服务阶段（即信息系统工程监理运行周期的前期规划阶段）；二是网络工程项目部署实施监理阶段；三是网络工程运维监理服务阶段。每个阶段监理机构的工作内容有所不同，下面简要说明。

1. 网络工程项目前期咨询服务阶段

网络工程项目前期咨询服务阶段的工作主要是协助业主单位做好网络工程需求分析，协助业主单位对项目进行总体规划和方案初步设计，协助业主单位策划招标方案等。这一阶段的监理服务工作主要内容包括：

① 协助业主单位明确网络工程项目建设目标、建设需求和建设范围，了解业主单位估算的网络工程总投资，协助业主单位做好网络工程项目建设的需求分析等。

② 协助业主单位对网络工程项目进行总体规划和初步设计，协助业主单位编制项目建设初期设计方案，为招标做准备。

③ 参与招标前的准备工作，协助业主单位策划招标方案，参与招标文件的编制或对招标文件提出监理意见。

2. 网络工程项目部署实施监理阶段

网络工程项目部署实施监理阶段的主要任务是完成网络工程项目建设中的招标、设计、实施、验收阶段的监理工作。这一阶段的监理工作的主要内容包括：

① 招标阶段。监理工作主要协助业主单位明确网络工程需求，确定工程建设目标，见证招投标过程合法合规，协助业主单位选择适合的承建单位，促使业主单位、承建单位签订在技术和经济上合理有效的承建合同。

② 设计阶段。监理工作主要是协助业主单位确定符合网络工程项目需求的综合布线系统、网络中心机房系统、设备选型、业务应用系统等的技术方案。协助业主单位组织专业技术人员对承建单位提供的计算机网络系统设计报告进行评审，并提出监理意见。

③ 实施阶段。监理工作主要是根据承建单位提供的网络工程项目实施方案，制定监理实施细则；对网络工程项目中各项建设工作实施的质量进行监理；对网络工程项目中各项建设工作实施的进度依据进度计划进行审核并监督执行；通过工程变更、工期变更等进行投资控制，努力实现实际发生的费用不超过计划投资；根据监理规划和监理实施细则，做好实施阶段的信息管理和协调工作。

④ 验收阶段。监理工作主要协助业主单位和承建单位在验收计划、验收内容、验收方法和验收标准等方面达成一致；处理承建单位提交的网络工程验收申请，审核其中的验收计划和验收方案等；协助业主单位按照验收方案完成初测初验、试运行和竣工验收等，对验收过程出现的问题提出监理意见，协助业主单位完成验收工作。

3. 运行维护维服务监理阶段

由于网络工程项目的特点，网络工程项目完工后，部分网络工程项目建设单位配备有运维服务人员，他们自行开展运行维护工作。部分网络工程项目建设单位需要选择适合的运维服务单位对信息系统进行运维服务。对于需要外部运行维护服务单位开展运维服务的，监理单位也需要进行运行维护相关技术服务。

运行维护服务阶段的监理工作主要是协助业主单位明确信息系统在运行维护阶段的主要任务和服务标准；协助业主单位的信息系统在运维阶段选择合适的运维服务单位；协助业主单位与运维服务提供单位签订在技术和经济上合理有效的运维服务级别协议（SLA）；配合业主单位和运维服务提供方共同制订可操作的业务连续性运维方案计划，并按照方案计划监督运维服务工作；根据运维服务级别协议及服务目录，协助业主单位对运维服务提供方的工作进行监督和考核等。

9.10 网络工程项目监理费用

为了规范信息系统工程建设市场，提高信息系统工程建设水平，以及维护业主单位和监理单位的合法权益，工信部于2006年4月专门针对信息系统工程的监理和咨询服务的收费标准进行了规定，制定并发布了《信息产业部信息系统工程监理与咨询服务收费标准》(试行)。《信息产业部信息系统工程监理与咨询服务收费标准》(试行)成为信息系统监理取费的主要参考依据。

视频
网络工程项目监理费用

由于信息系统工程的核心内容大多依靠技术人员的经验和知识，这就要求信息系统工程的监理人员也要具备较高的技术、知识、操控和管理能力。为推进信息系统工程监理行业的发展，结合信息系统工程监理行业的特点，2014年1月，中国电子企业协会信息系统工程监理分会制定《信息系统工程监理及相关信息技术咨询服务取费计算方法（参照标准）》并发布。下面结合《信息系统工程监理及相关信息技术咨询服务取费计算方法（参照标准）》，简要介绍网络工程项目监理费用的计算方法（仅供参考）。

根据《信息系统工程监理及相关信息技术咨询服务取费计算方法（参照标准）》文件。网络工程项目监理取费计算方法包含两部分：一是网络工程项目建设监理服务费；二是相关技术咨询服务费。

网络工程项目建设监理服务费，是指网络工程具体部署实施阶段的监理服务费用，主要包括网络工程项目的设计、实施、验收等阶段的监理工作对应的监理服务费用。

相关技术咨询服务费用，是指对网络工程建设前期的咨询服务阶段和网络工程运维阶段的监理工作对应的咨询服务费用。

1. 网络工程项目建设监理服务费

网络工程项目建设监理服务费可以按照以下公式计算。

（1）计算公式

网络工程项目建设监理服务费=监理服务取费基价 × 工程项目类型调整系数 × 工程项目复杂度调整系数 ×（1 ± 浮动幅度值）

（2）网络工程项目监理服务取费基价

监理服务取费是以网络工程项目投资总额为取费额，取费额处于两个数值区间的，采用直线内插法确定监理服务取费基价。监理服务取费基价见表9-1。

表 9-1　监理服务取费基价表

序号	取费额 X/ 万元（工程投资总额）	监理服务取费基价 Y/ 万元	监理服务取费对应参考比例 X（万元）→ Y/X×100%
1	X≤200	Y≤23.60	X=200 → 11.8
2	200<X≤500	23.60<Y≤45.35	X=500 → 9.07
3	500<X≤1 000	45.35<Y≤74.30	X=1 000 → 7.43
4	1 000<X≤2 000	74.30<Y≤121.80	X=2 000 → 6.09
5	2 000<X≤3 000	121.80<Y≤162.60	X=3 000 → 5.42
6	3 000<X≤4 000	162.60<Y≤199.60	X=4 000 → 4.99
7	4 000<X≤5 000	199.60<Y≤234.00	X=5 000 → 4.68
8	5 000<X≤6 000	234.00<Y≤266.74	X=6 000 → 4.45

续表

序号	取费额 X/ 万元（工程投资总额）	监理服务取费基价 Y/ 万元	监理服务取费对应参考比例 X（万元）→ Y/X×100%
9	6 000<X≤7 000	266.74<Y≤299.38	X=7 000 → 4.28
10	7 000<X≤8 000	299.38<Y≤330.24	X=8 000 → 4.13
11	8 000<X≤9 000	330.24<Y≤358.32	X=9 000 → 3.98
12	9 000<X≤10 000	330.24<Y≤384.00	X=10 000 → 3.84
13	10 000<X≤20 000	384.00<Y≤628.00	X=20 000 → 3.14
14	20 000<X≤30 000	628.00<Y≤840.00	X=30 000 → 2.80
15	30 000<X≤40 000	840.00<Y≤1 032.00	X=40 000 → 2.58
16	40 000<X≤50 000	1 032.00<Y≤1 210.00	X=50 000 → 2.42
17	50 000<X≤60 000	1 210.00<Y≤1 380.00	X=60 000 → 2.30
18	60 000<X≤70 000	1 380.00<Y≤1 533.00	X=70 000 → 2.19
19	70 000<X≤80 000	1 533.00<Y≤1 688.00	X=80 000 → 2.11
20	80 000<X≤90 000	1 688.00<Y≤1 836.00	X=90 000 → 2.04
21	90 000<X≤100 000	1 836.00<Y≤1 980.00	X=100 000 → 1.98

根据表9-1，利用直线内插法公式计算监理服务费取费区间基价：

$$Y=Y_1+[(Y_2-Y_1)/(X_2-X_1)\times(X-X_1)]$$

式中，X_1、X_2为表中取费额的区段值；Y_1、Y_2为对应X_1、X_2的取值基准价；X为X_1、X_2区间段的任意取费值；Y为Y_1、Y_2区间内的对应于X由插入法计算而得的取费基价。

示例：取费额（X）为600万元，计算其取费基价（Y）。

根据表9-1，取费额处于区段值500万元（取费基价为45.35万元）与1 000万元（取费基价为74.30万元）之间，对应的X_1=500万元，X_2为1 000万元，Y_1为45.35万元，Y_2为74.30万元。根据监理服务费取费区间基价计算公式，则对应于600万元的取费额（X）的取费基价（Y）：

$$Y=45.35+(74.30-45.35)/(1\,000-500)\times(600-500)=51.14\text{（万元）}$$

通过计算，当网络工程项目投资总额（取费额）为600万元时，监理取费基价为51.14万元。

（3）网络工程项目类型调整系数

根据《信息系统工程监理暂行规定》，信息系统工程项目包括信息网络系统、信息应用系统、信息资源系统，其调整系统见表9-2。

表 9-2　信息系统工程项目类型调整系数表

工程项目类型	调整系数
信息资源系统	1.2
信息应用系统	1.1
信息网络系统	1

网络工程项目属于信息网络系统，其类型调整系数为1。

（4）网络工程项目复杂度调整系数

信息系统工程项目复杂度调整主要内容是对同一类型不同信息系统工程项目的监理复杂度和工作

量差异进行调整。计算监理服务取费时，业主单位和监理单位按照工程复杂度，从工程范围（本地或跨地区）、工程实施难度、工程所需时间等方面综合考虑协商确定工程项目复杂度调整。按照信息系统工程项目复杂度调整主要内容，其调整系统见表9-3。

表 9-3　信息系统工程项目复杂度调整系数表

工程持续时间	工程地点		
	本市	本省多市	跨省
一年内	1.0	1.1	1.2
一年以上二年内	1.1	1.2	1.3
二年以上	1.2	1.3	1.4

网络工程是信息系统工程中的一种工程类型，网络工程项目其复杂度调整系数与信息系统工程项目复杂度调整系数相同。

（5）浮动幅度值

浮动幅度值上下为10%。监理单位根据项目的实际情况，在规定的浮动幅度范围内，与业主单位通过约定方式（如公开招标、邀请招标等）或协商方式确定幅度值。

另外，对于以下三种情况的监理服务取费，可以参照行业标准或信息服务业当年的劳动人员产值，按人工日费用计算。

① 对于不以信息系统工程项目投资总值为取费依据的情况；

② 某些周期小于2个月的小型信息系统工程项目；

③ 为信息系统工程项目的某些阶段提供短期服务的。

2. 相关技术咨询服务费

网络工程项目相关技术咨询服务费用，包括网络工程建设前期阶段的咨询服务费用和网络工程维护阶段的服务费用。这两个阶段的相关技术咨询服务取费计算方法，国家有规定的，从其规定；国家没有规定的，或由业主单位与监理单位协商确定。具体工作内容执行国家、行业有关规范及规定。

小结

网络工程属于信息系统工程，网络工程的监理应遵循信息系统工程监理有关的标准和规范。

信息系统工程监理及相关服务技术参考模型由四部分组成，即监理支撑要素、监理运行周期、监理对象和监理内容。

信息系统工程监理单位资质分为甲级资质、乙级资质、丙级资质、暂定丙级资质等四级资质。各等级监理单位监理相应投资规模的信息系统工程。甲级资质不受投资规模限制。乙级资质投资规模1 500万元以下。丙级资质投资规模500万元以下。

本章在介绍信息系统工程监理相关知识的基础上，结合网络工程介绍了如何选定网络工程项目监理单位、网络工程项目监理机构组成和监理人员职责、网络工程监理运行周期与监理内容、如何进行网络工程项目监理取费等内容。

习题

1. 什么是信息系统工程监理？
2. 监理及相关服务技术参考模型由哪几部分组成？
3. 信息系统工程监理服务能力要素由哪几部分组成？
4. 信息系统工程监理运行周期包括哪几个阶段？
5. 信息系统工程监理的内容主要包括哪些？
6. 信息系统工程监理单位的资质分为哪几种等级？
7. 信息系统工程监理工程师的认定条件包括哪些？
8. 网络工程项目监理机构一般包含哪些监理人员？
9. 简要说明网络工程项目监理运行周期与监理内容。
10. 如何计算网络工程项目监理的费用？

第10章

网络工程招标投标

为了规范招标投标活动，保护国家利益、社会公共利益和招标投标活动当事人的合法权益，提高经济效益，保证项目质量，制定《中华人民公共国招标投标法》。在中华人民共和国境内进行招标投标活动，适用《中华人民公共国招标投标法》（以下简称招标投标法）。

根据《中华人民共和国政府采购法》，在中华人民共和国境内进行各级国家机关、事业单位和团体组织，使用财政性资金采购依法指定的集中采购目录以内的或者采购限额标准以上的货物，工程和服务的政府采购行为，适用《中华人民共和国政府采购法》（以下简称政府采购法）。

为了规范政府采购当事人的采购行为，加强对政府采购货物和服务招标投标活动的监督管理，依据政府采购法和《中华人民共和国政府采购法实施条例》和其他相关法律规定，中华人民共和国财政部发布《政府采购货物和服务招标投标管理办法》（财政部令第87号），对政府采购货物和服务的招标投标行为进行了规范。

10.1 招标投标政策法规

1999年8月30日，第九届全国人民代表大会审议通过了《中华人民共和国招标投标法》，自2000年1月1日正式施行。2017年12月27日，第十二届全国人民代表大会常务委员会第三十一次会议《关于修改<中华人民共和国招标投标法>、<中华人民共和国计量法>的决定》进行了修正。这是我国第一部规范公共采购和招标投标活动的专门法律，标志着我国招标投标制度进入了一个新的发展阶段。

为了规范政府采购行为，提高政府采购资金的使用效益，维护国家利益和社会公共利益，保护政府采购当事人的合法权益，促进廉政建设。2002年6月29日，全国人大常委会审议通过了《中华人民共和国政府采购法》，自2003年1月1日起施行。2014年8月13日第十二届全国人民代表大会常务委员会第十次会议《关于修改<中华人民共和国保险法>第五部法律的决定》进行了修正。

2011年11月30日，国务院第183次常务会议通过《中华人民共和国招标投标法实施条例》（以下简称招标投标法实施条例），自2012年2月1日起施行，之后，该条例分别在2017年3月1日，2018年3月19日和

2019年3月2日进行了3次修订。

2014年12月31日，国务院第75次常务会议通过《中华人民共和国政府采购法实施条例》（以下简称政府采购法实施条例），自2015年3月1日起施行。

招标投标法和政府采购法是规范我国境内招标采购活动的两大基本法律。在总结我国招标采购实践经验和借鉴国际经验的基础上，招标投标法实施条例和政府采购法实施条例作为两大法律的配套行政法规，对招标投标制度做了补充、细化和完善，进一步健全和完善了我国招标投标制度。

依据政府采购法和政府采购法实施条例，2017年7月11日由财政部会议审议通过的《政府采购货物和服务招标投标管理办法》以财政部令第87号文公布，自2017年10月1日起实施。

10.2 招标投标概述

视 频

招标投标概述

招标和投标是贸易方式的两个方面。这种贸易方式既适用于采购物资设备，也适用于工程项目。招标投标是一种国际惯例，是商品经济高度发展的产物，是应用技术、经济的方法和市场经济中竞争机制的作用，有组织开展的一种择优成交的方式。这种方式是在工程、货物和服务的采购行为中，招标人通过事先公布的采购内容和要求，吸引众多的投标人按照同等条件进行平等竞争，按照规定程序并组织技术、经济和法律等方面专家对众多的投标人进行综合评审，从中择优选定项目的中标人的行为过程。

10.2.1 招标投标相关概念

招标：招标是由招标人（或招标代理机构）事先发布招标公告和发售招标文件，邀请投标人在规定的时间和地点参与投标的行为。

投标：投标是投标人应招标人的邀请，根据招标公告和招标文件所规定的条件，在规定的时间和地点向招标人提交投标文件并争取成交的行为。

开标：开标是指在投标人提交投标文件的截止时间，招标人依据招标文件和招标公告规定的时间和地点，在有投标人和监督机构代表出席的情况下，当众公开开启投标人提交的投标文件，公开宣布投标人名称、投标价格及投标文件中的有关主要内容的过程。

评标：评标是指招标人依法组建的评标委员会按照招标文件规定的评标标准和方法，对投标文件进行审查、评审和比较，提出书面评标报告，推荐合格的1～3名中标候选人。

中标：中标是指招标人根据评标委员会提出的书面评标报告，在推荐的中标候选人中确定中标人的过程。

签订合同：签订合同是指招标人自中标通知书发出后一段时间内，按照招标文件和中标人投标文件的规定，与中标人签订书面合同。所签订的合同不得对招标文件确定的事项和中标人投标文件作实质性修改。

招标投标法规定，在中华人民共和国境内进行招标投标活动，适用招标投标法。

10.2.2 政府采购相关概念

政府采购：各级国家机关、事业单位和团体组织，使用财政性资金采购依法制定的集中采购目录以内的或者采购限额标准以上的货物、工程和服务的行为。

采购：政府采购法所称的采购，是指以合同方式有偿取得货物、工程和服务的行为，包括购买、租赁、委托、雇用等。

工程：政府采购法所称的工程，是指建设工程，包括建筑物和构筑物的新建、改建、扩建、装修、拆除、修缮等。

货物：政府采购法所称的货物，是指各种形态和种类的物品，包括原材料、燃料、设备、产品等。

服务：政府采购法所称的服务，是指除货物和工程以外的其他政府采购对象。

集中采购：政府采购法所称的集中采购，是指采购人将列入集中采购目录的项目委托集中采购机构代理采购或者进行部门集中采购的行为。

分散采购：政府采购法所称的分散采购，是指采购人将采购限额标准以上的未列入集中采购目录的项目自行采购或者委托采购代理机构代理采购的行为。

政府采购法规定，政府采购工程进行招标投标的，适用招标投标法。《政府采购货物和服务招标投标管理办法》规定，在中华人民共和国境内开展政府采购货物和服务招投标活动的，适用《政府采购货物和服务招标投标管理办法》。

10.2.3 招标投标主管部门

根据招标投标法实施条例规定，国务院发展改革部门指导和协调全国招标投标工作，对国家重大建设项目的工程招标投标活动实施监督检查。国务院工业和信息化、住房城乡建设、交通运输、铁道、水利、商务等部门，按照规定的职责分工对有关招标投标活动实施监督。

县级以上地方人民政府发展改革部门指导和协调本行政区域的招标投标工作。县级以上地方人民政府有关部门按照规定的职责分工，对招标投标活动实施监督，依法查处招标投标活动中的违法行为。县级以上地方人民政府对其所属部门有关招标投标活动的监督职责分工另有规定的，从其规定。

财政部门依法对实行招标投标的政府采购工程建设项目的预算执行情况和政府采购政策执行情况实施监督。监察机关依法对与招标投标活动有关的监察对象实施监察。

另外，根据招标投标法实施条例，设区的市级以上地方人民政府可以根据实际需要，建立统一规范的招标投标交易场所，为招标投标活动提供服务。招标投标交易场所不得与行政监督部门存在隶属关系，不得以营利为目的。国家鼓励利用信息网络进行电子招标投标。

10.2.4 必须招标的工程项目

根据招标投标法，招标分为公开招标和邀请招标。因此，这里所称的“必须招标的工程项目”是指必须采用公开招标或邀请招标的工程项目。

1. 招标投标法规定的必须招标的工程项目

根据招标投标法规定，在中华人民共和国境内进行下列工程建设项目包括项目的勘察、设计、施工、监理以及与工程建设有关的重要设备、材料等的采购，必须进行招标：

① 大型基础设施、公用事业等关系社会公共利益、公众安全的项目；

② 全部或者部分使用国有资金投资或者国家融资的项目；

③ 使用国际组织或者外国政府贷款、援助资金的项目。

为了确定必须招标的工程项目，规范招标投标活动，提高工作效率、降低企业成本、预防腐败，根据招标投标法规定，国家发展与改革委员会2018年3月制定并公布《必须招标的工程项目规定》，对招标投标法第三条中必须进行招投标的项目进行了更加具体的规定。

根据招标投标法实施条例，招标投标法第三条所称的工程是指建设工程以及工程建设有关的货物和服务，建设工程包括建筑物和构筑物的新建、改建、扩建及其相关的装修、拆除、修缮等；所称与工程建设有关的货物，是指构成工程不可分割的组成部分，且为实现工程基本功能所必需的设备、材料等；所称与工程建设有关的服务，是指为完成工程所需的勘察、设计、监理等服务。

2. 政府采购法规定的必须招标的工程项目

根据政府采购法，政府采购工程进行招标投标的，适用招标投标法。而政府采购法所称的工程是指建设工程。根据招标投标法，符合招标投标法第三条规定的建设工程项目是必须进行招标的，因此，政府采购法中的符合规定的工程项目是必须进行招标的。

根据政府采购法，政府采购货物或服务可以采用以下方式：①公开招标；②邀请招标；③竞争性谈判；④单一来源采购；⑤询价；⑥国务院政府采购监督管理部分认定的其他采购方式。公开招标应作为政府采购的主要采购方式。

政府采购法第二十七条说明了政府采购货物或服务采用公开招标的具体数额标准要符合国务院或地方人民政府规定；第二十八条说明了可以采用邀请招标方式的两种情形：①具有特殊性，只能从有限范围的供应商处采购的；②采用公开招标方式的费用占政府采购项目总价值的比例过大的。

政府采购法第三十条至第三十二条分别说明了政府采购货物或服务采用竞争性谈判、单一来源采购、询价等方式进行采购的特殊情况。

根据政府采购法以上条款，对于不符合采用竞争性谈判、单一来源采购、询价方式的特殊情形的政府采购货物或服务，都需要进行招标。

10.3 招标

招标是由招标人（或招标代理机构）事先发出招标通告和发售招标文件，邀请投标人在规定的时间和地点参与投标的行为。招标人是“招标单位”或“委托招标机构”的别称，指企业经济法人而非自然人。在我国，招标活动是法人之间的经济活动，所以招标人亦指招标单位或委托招标机构的法人代表。

10.3.1 公开招标与邀请招标

招标方式分为两种，分别是公开招标和邀请招标。

公开招标，是指招标人以招标公告的方式邀请不特定的法人或者其他组织投标。

邀请招标，是指招标人以投标邀请书的方式邀请特定的法人或者其他组织投标。

根据招标投标法实施条例，国有资金占控股或者主导地位的依法必须进行招标的项目，应当公开招标；但有下列情形之一的，可以邀请招标：

① 技术复杂、有特殊要求或者受自然环境限制，只有少量潜在投标人可供选择；

② 采用公开招标方式的费用占项目合同金额的比例过大。

注意：根据招标投标法和招标投标法实施条例，涉及国家安全、国家秘密、抢险救灾或者属于利用扶贫资金实行以工代赈、需要使用农民工等特殊情况，不适宜进行招标的项目，按照国家有关规定可以不进行招标。另外，有以下情形之一的，可以不进行招标：

（1）需要采用不可替代的专利或者专有技术；

（2）采购人依法能够自行建设、生产或者提供；

（3）已通过招标方式选定的特许经营项目，投资人依法能够自行建设、生产或者提供；

（4）需要向原中标人采购工程、货物或者服务，否则将影响施工或者功能配套要求；

（5）国家规定的其他特殊情形。

10.3.2 自行招标和委托招标

根据招标投标法，招标的组织形式有两种：自行招标和委托招标。

自行招标，招标人具有编制招标文件和组织评标的能力，自行办理招标事宜的，称为自行招标。具有编制招标文件和组织评标的能力是指招标人具有与招标项目规模和复杂程度相适应的技术、经济等方面的专业人员。

委托招标，招标人自行选择招标代理机构委托其办理招标事宜的，称为委托招标。委托招标中招标人应该与被委托的招标代理机构签订书面委托合同。任何单位和个人不得强制其委托招标代理机构办理招标事宜。

招标代理机构是依法设立，从事招标代理业务并提供相关服务的社会中介组织，不得与任何行政机关和其他国家机关存在隶属关系或者其他利益关系。招标代理机构应当具备从事招标代理业务的营业场所和相应资金和有能够编制招标文件和组织评标的相应专业力量。招标代理机构应当在招标人委托的范围内办理招标事宜，并遵守有关招标人的规定。招标代理机构不得在所代理的招标项目中投标或者代理投标，也不得为所代理的招标项目的投标人提供咨询。

10.3.3 招标相关文书

1. 招标公告（投标邀请函）和招标文件

公开招标的项目，应当依据招标投标法的规定发布招标公告、编制招标文件。

招标人采用公开招标方式的，应当发布招标公告，依法必须进行招标的项目的招标公告，应当通过国家指定的报刊、信息网络或者其他媒介发布。对于招标人采用邀请招标的，应当向三个以上具备承担招标项目的能力、资质信誉良好的特定的法人或者其他组织发出投标邀请函。招标公告或投标邀请函应当载明招标人的名称和地址、招标项目的性质、数量、实施地点和时间以及获取招标文件的办法等事项。

招标人应当根据招标项目的特点和需要编制招标文件。编制依法必须进行招标的项目的招标文件，应当使用国务院发展改革部门会同有关行政监督部门制定的标准文本。招标文件应当包括招标项目的技术要求、对投标人资格审查的标准、投标报价要求和评标标准等所有实质性要求和条件以及拟签订合同的主要条款等。招标文件不得要求或者标明特定的生产供应者以及含有倾向或者排斥潜在投标人的其他内容。

2. 资格预审公告和资格预审文件

招标人采用资格预审办法对潜在投标人进行资格审查的，应当发布资格预审公告、编制资格预审文件。编制依法必须进行招标的项目的资格预审文件，应当使用国务院发展改革部门会同有关行政监督部门制定的标准文本。

招标人采用资格预审办法对投标人进行资格审查的，资格预审应当按照资格预审文件载明的标准和方法进行。资格预审结束后，招标人应当及时向资格预审申请人发出资格预审结果通知书。未通过资格预审的申请人不具有投标资格。通过资格预审的申请人少于3个的，应当重新招标。

招标人采用资格后审办法对投标人进行资格审查的，应当在开标后由评标委员会按照招标文件规定的标准和方法对投标人的资格进行审查。

10.3.4 招标相关规定

1. 文件发售

招标人应当按照资格预审公告、招标公告或者投标邀请书规定的时间、地点发售资格预审文件或者招标文件。资格预审文件或者招标文件的发售期不得少于5日。招标人发售资格预审文件、招标文件收取的费用应当限于补偿印刷、邮寄的成本支出，不得以营利为目的。

2. 投标保证金

根据招标投标实施条例，招标人在招标文件中要求投标人提交投标保证金的，投标保证金不得超过招标项目估算价的2%。投标保证金有效期应当与投标有效期一致。招标人不得挪用投标保证金。招标人应当在招标文件中载明投标有效期，投标有效期从提交投标文件的截止之日起算。

投标人撤回已提交的投标文件，应当在投标截止时间前书面通知招标人。招标人已收取投标保证金的，应当自收到投标人书面撤回通知之日起5日内退还。投标截止后投标人撤销投标文件的，招标人可以不退还投标保证金。

招标人最迟应当在书面合同签订后5日内向中标人和未中标的投标人退还投标保证金及银行同期存款利息。根据《政府采购货物和服务招标投标管理办法》，未中标人的投标保证金应在中标通知书发出之日5个工作日内退还，中标人的投标保证金在签订合同之日起5个工作日退还投标保证金或转为履约保证金。

3. 标底

标底是招标人根据招标项目的具体情况组织专业人员所编制的完成招标项目所需的基本概算，是招标项目的预期价格。标底是选择中标企业的一个重要指标，是评标的价格参考。标底是约束合同价和衡量招标优劣的重要依据。招标人可以自行决定是否编制标底。一个招标项目只能有一个标底。标底必须保密。

接受委托编制标底的中介机构不得参加受托编制标底项目的投标，也不得为该项目的投标人编制投标文件或者提供咨询。招标人设有最高投标限价的，应当在招标文件中明确最高投标限价或者最高投标限价的计算方法。招标人不得规定最低投标限价。标底不得高于最高投标限价。

10.3.5 招标文件

招标文件是招标过程中介绍情况、指导工作、履行一定程序所使用的一种实用性文书。招标文件提供全面情况，便于投标方根据招标文件提供情况做好准备工作，同时指导招标工作开展。招标文件也是吸引投标人加入的一种文书，具有相当的竞争性。

招标文件用以阐明所需设备及服务、投标文件的内容格式、评标方式标准和合同协议条款等内容，是招投标工作的指导性文件。招标文件一般由下述部分组成：

① 投标邀请函；

② 投标人须知；

- 文件密封、签字、盖章要求；
- 投标有效期规定；
- 投标文件提交日期、地点、方式；
- 投标保证书等。

③ 投标人应当提交的资格、资信证明文件；

④ 投标报价要求，投标文件编制要求和投标保证金缴纳方式；

⑤ 招标项目的技术规格、要求和数量，包括附件、图纸等；

⑥ 合同主要条款及合同签订方式；

⑦ 评标方法和评标标准；

⑧ 投标截止时间、开标时间和地点等。

招标人应当在招标文件中规定并标明实质性要求和条件。

10.4 投标

投标人是响应招标、参加投标竞争的法人或者其他组织。投标是投标人应招标人的邀请，根据招标文件所规定的条件，在规定的时间和地点向招标人提交投标文件并争取成交的行为。

10.4.1 投标相关规定

1. 投标人要求

投标人应当具备承担招标项目的能力；国家有关规定对投标人资格条件或者招标文件对投标人资格条件有规定的，投标人应当具备规定的资格条件。

投标人应当按照招标文件的要求编制投标文件。投标文件应当对招标文件提出的实质性要求和条件作出响应。

2. 投标文件提交

投标人应当在招标文件要求提交投标文件的截止时间前，将投标文件送达投标地点。招标人收到投标文件后，应当签收保存，不得开启。投标人少于三个的，招标人应当依照相关法律重新招标。在招标文件要求提交投标文件的截止时间后送达的投标文件，招标人应当拒收。投标人在招标文件要求提交投标文件的截止时间前，可以补充、修改或者撤回已提交的投标文件，并书面通知招标人。补充、修改的内容为投标文件的组成部分。

3. 串标

投标人不得相互串通投标报价，不得排挤其他投标人的公平竞争，损害招标人或者其他投标人的合法权益。投标人不得与招标人串通投标，损害国家利益、社会公共利益或者他人的合法权益。禁止投标人以向招标人或者评标委员会成员行贿的手段谋取中标。

4. 弄虚作假行为

招标投标法第三十三条，投标人不得以低于成本的报价竞标，也不得以他人名义投标或者以其他方式弄虚作假，骗取中标。招标投标法实施条例第四十二条说明了以他人名义投标的情况和属于弄虚作假的行为。招标投标法实施条例第四十二条内容如下：

使用通过受让或者租借等方式获取的资格、资质证书投标的，属于招标投标法中第三十三条规定的以他人名义投标。

投标人有下列情形之一的，属于招标投标法第三十三条规定的以其他方式弄虚作假的行为：

（1）使用伪造、变造的许可证件；

（2）提供虚假的财务状况或者业绩；

（3）提供虚假的项目负责人或者主要技术人员简历、劳动关系证明；

（4）提供虚假的信用状况；

（5）其他弄虚作假的行为。

10.4.2 投标文件

投标文件是指投标人取得投标资格后，按照招标文件实质性要求和条件编制的响应性文件。招标项目属于建设施工的，投标文件的内容应当包括拟派出的项目负责人与主要技术人员的简历、业绩和拟用于完成招标项目的相关设备等。

招标文件是投标人编制投标文件的依据，投标文件必须对招标文件的内容进行实质性的响应，否则可能被判定为无效投标文件。投标文件是投标人要遵守的具有法律效应的文件，因此逻辑性要强，不能前后矛盾，模棱两可，描述用语也要精炼。

如果招标文件中对投标文件的内容、格式、要求进行了严格规定，投标文件应严格按照招标文件的内容、格式及要求编写，否则可能影响评审得分。投标文件通常由四个部分组成：商务部分、技术部分、价格部分和其他部分。

1. 商务部分

商务部分一般包括投标人说明、厂家介绍、业绩、合同、产品授权书、法人授权书、资格证书、交货期、付款方式、售后服务、承诺书、商务偏离表、备品备件、专用工具清单等。要严格按照招标文件内容要求及顺序编写。

2. 技术部分

技术部分包括投标设备技术说明、图纸设计、技术参数、产品配置、技术规格偏离表、技术力量简介、安装施工方案、产品质量、产品简介、产品彩页等。要严格按照招标文件内容要求及顺序编写。

3. 价格部分

价格部分一定要有报价一览表（总价表）、分项报价表。要注意报价表中设备名称、品牌、型号、数量、参数是否与招标文件一致。

4. 其他部分

其他部分是指如果招标文件存在其他方面的要求，则按照招标文件的其他要求提供的有关内容。

10.5 开标和评标

10.5.1 开标

开标应当在招标文件确定的提交投标文件截止时间的同一时间公开进行；开标地点应当为招标文

件中预先确定的地点。开标由招标人主持，邀请所有投标人参加。投标人少于3个的，不得开标，招标人应当重新招标。

开标时，由投标人或者其推选的代表检查投标文件的密封情况，也可以由招标人委托的公证机构检查并公证；经确认无误后，由工作人员当众拆封，宣读投标人名称、投标价格和投标文件的其他主要内容。

招标人在招标文件要求提交投标文件的截止时间前收到的所有投标文件，开标时都应当当众予以拆封、宣读。开标过程应当记录，并存档备查。投标人对开标有异议的，应当在开标现场提出，招标人应当当场作出答复，并制作记录。

根据《政府采购货物和服务招标投标管理办法》，评标委员会成员不得参加开标活动。

10.5.2 评标

评标是指由招标人依法组建的评标委员会依据招标文件规定的评标标准和方法对投标文件进行审查、评审和比较的行为。评标是招标投标活动中十分重要的阶段，评标是否真正做到公开、公平、公正，决定着整个招标投标活动是否公平和公正。评标的质量决定着能否从众多投标竞争者中选出最能满足招标项目各项要求的中标者。

1. 评标委员会

依法必须进行招标的项目，其评标委员会由招标人的代表和有关技术、经济等方面的专家组成，成员人数为五人以上单数，其中技术、经济等方面的专家不得少于成员总数的三分之二。专家应当从事相关领域工作满八年并具有高级职称或者具有同等专业水平，由招标人从有关部门组建的评标专家库中确定。

一般招标项目可以采取随机抽取方式，特殊招标项目可以由招标人直接确定。与投标人有利害关系的人不得进入相关项目的评标委员会，并应当主动回避。评标委员会成员的名单在中标结果确定前应当保密。

有关行政监督部门应当按照规定的职责分工，对评标委员会成员的确定方式、评标专家的抽取和评标活动进行监督。

2. 评标方法

根据政府采购法实施条例，评标方法分为最低评标价法和综合评分法两种。

（1）最低评标价法

最低评标价法，是指投标文件满足招标文件全部实质性要求且投标报价最低的供应商为中标候选人的评标方法。技术、服务等标准统一的货物和服务项目，应当采用最低评标价法。采用最低评标价法的，评标结果按投标报价由低到高顺序排列。投标报价相同的并列。投标文件满足招标文件全部实质性要求且投标报价最低的投标人为排名第一的中标候选人。

对于招标人，当然希望中标价格越低越好。但是过度追求低价对质量、进度、服务以及安全都存在风险。最低价评标法的风险主要来源于投标人的侥幸心理，先中标再说，等合作后再伺机找理由或找合同漏洞找回前期的损失。为防止恶意低价中标，导致项目招投标失败，可以事先估算项目底价，防止某些供应商低于成本价抢标；可以在合同中明确设备或服务的具体规格细节和验收标准、交付物以及进度要求等，并提高投标方的违约成本，使其慎重考虑不履约的代价。

（2）综合评分法

综合评分法，是指投标文件满足招标文件全部实质性要求且按照评审因素的量化指标评审得分最高的供应商为中标候选人的评标方法。采用综合评分法的，评审标准中的分值设置应当与评审因素的量化指标相对应。采用综合评分法的，评标结果按评审后得分由高到低顺序排列。得分相同的，按投标报价由低到高顺序排列。得分且投标报价相同的并列。投标文件满足招标文件全部实质性要求，且按照评审因素的量化指标评审得分最高的投标人为排名第一的中标候选人。

评审因素的设定应当与投标人所提供货物服务的质量相关，包括投标报价、技术或者服务水平、履约能力、售后服务等。资格条件不得作为评审因素。评审因素应当在招标文件中规定。

综合评标法可能存在的风险主要来源于评审专家个人主观因素。比如评委个人主观意识不强，受其他评委的影响；个别评委与某些投标人存在利益冲突，应该回避而不回避；甚至某些评委违反原则，私下泄漏评标情况等等。为了避免综合评标法存在的风险，可以适当降低技术评标在整体评分中的比例。

3. 评标及评标报告

评标委员会成员应当依照招标投标法和管理条例的规定，按照招标文件规定的评标标准和方法，客观、公正地对投标文件提出评审意见。招标文件没有规定的评标标准和方法不得作为评标的依据。

招标项目设有标底的，招标人应当在开标时公布，评标中应参考标底。标底只能作为评标的参考，不得以投标报价是否接近标底作为中标条件，也不得以投标报价超过标底上下浮动范围作为否决投标的条件。

评标委员会完成评标后，应当向招标人提出书面评标报告，并推荐合格的中标候选人。中标候选人应当不超过3个，并标明排序。

评标报告应当由评标委员会全体成员签字。对评标结果有不同意见的评标委员会成员应当以书面形式说明其不同意见和理由，评标报告应当注明该不同意见。评标委员会成员拒绝在评标报告上签字又不书面说明其不同意见和理由的，视为同意评标结果。

10.6 中标和合同

10.6.1 中标

招标人根据评标委员会提出的书面评标报告和推荐的中标候选人确定中标人。招标人也可以授权评标委员会直接确定中标人。中标人确定后，招标人应当向中标人发出中标通知书，并同时将中标结果通知所有未中标的投标人。

根据《政府采购货物和服务招标投标管理办法》，招标人应当自收到评标报告之日起5个工作日内，在评标报告确定的中标候选人名单中按顺序确定中标人。中标候选人并列的，按照招标文件规定的方式确定中标人；招标文件未规定的，采取随机抽取的方式确定。

10.6.2 签订合同

招标人和中标人应当自中标通知书发出之日起三十日内，按照招标文件和中标人的投标文件订立

书面合同。招标人和中标人不得再行订立背离合同实质性内容的其他协议。

招标文件要求中标人提交履约保证金的，中标人应当提交，履约保证金不得超过中标合同金额的10%。中标人应当按照合同约定履行义务，完成中标项目。中标人不得向他人转让中标项目，也不得将中标项目肢解后分别向他人转让。

10.7 网络工程项目招标投标

10.7.1　网络工程项目招标适用法规

视　频

网络工程项目招标投标

根据财政部有关部门解释，信息化工程不属于招标投标法和政府采购法中的建设工程，信息化工程中货物比例超过50%的，整个项目统计在货物类中，服务超过50%的，整个项目统计在服务类中（中国政府采购新闻网）。网络工程项目属于信息化工程项目，不属于招标投标法和政府采购法中的建设工程项目。

各级国家机关、事业单位和团体组织使用财政性资金建设的网络工程项目，是政府采购项目，而网络工程项目货物和服务占比较大，因此，政府采购的网络工程项目的招标投标活动，可以适用2017年财政部发布的《政府采购货物和服务招标投标管理办法》。

招标投标法第二条规定，在中华人民共和国境内进行招标投标活动，适用招标投标法。因此，对于非政府采购的网络工程项目的招标投标活动，比如企业自筹资金建设的网络工程项目的招标投标活动，可以适用《中华人民共和国招标投标法》。

10.7.2　网络工程项目招标投标流程

根据招标投标法有关规定，网络工程项目招标投标可以采用如下流程：

① 编制招标文件。招标人做好招标工作的前期准备，编制招标文件。

② 编制资格预审文件。如需对投标人进行资格预审，则编制资格预审文件。

③ 编制标底。如需确定标底，招标人根据项目具体情况组织专业人员编制标底。

④ 发布招标公告和资格预审公告。招标人发布招标公告和资格预审公告。

⑤ 发售资格预审文件和招标文件。招标人发售资格预审文件和招标文件。

⑥ 资格预审。招标人组建资格审查委员会审查资格预审申请文件。

⑦ 投标。接受投标人递送投标文件，未通过资格预审的申请人不具有投标资格。

⑧ 组建评标委员会。邀请网络专家和经济专家等组成评标委员会。

⑨ 开标。公开招标各方资料，准备评标。

⑩ 评标。评标委员会按照招标文件规定的评标标准和方法对投标文件进行评审。

⑪ 提出评标报告。评标委员会提出书面评标报告，并推荐合格的中标候选人。

⑫ 中标。招标人根据书面评标报告和推荐的中标候选人确定中标人。

⑬ 签订合同。招标人和中标人按照招标文件和投标文件签订书面合同。

招标人和中标人按照招标文件和投标文件的规定签订书面合同，表明网络工程项目招标投标过程完成。

10.7.3 网络工程投标文件

1. 投标文件制作注意事项

投标文件应当对招标文件提出的实质性要求和条件作出响应。在招标文件中，通常包括招标须知、合同的一般条款、合同特殊条款、价格条款、技术规范以及附件等。投标人在编制投标文件时必须按照招标文件的这些要求编写投标文件；投标人应认真研究、正确理解招标文件的全部内容，并认真编制招标文件。要求投标人必须严格按照招标文件填报，不得对招标文件进行修改，不得遗漏或者回避招标文件中的问题，更不能提出任何附带条件。

2. 网络工程投标文件技术部分目录

下面提供网络工程投标文件（技术部分）目录结构样本，以供参考。

网络工程投标文件（技术部分）

1. 网络工程项目概述
1.1 项目单位概况
1.2 项目名称及建设内容
2. 网络工程需求分析
2.1 网络基本需求（业务、服务、传输、环境平台）
2.2 网络高级需求（性能、可靠性、安全、扩展性、管理）
3. 网络工程设计
3.1 网络设计概述（设计原则、设计规范标准等）
3.2 网络工程逻辑设计（网络结构、拓扑图、VLAN设计、IP地址设计）
3.3 网络工程物理设计（结构化布线、机房系统、网络设备、服务器选型）
3.4 网络工程扩展设计（可靠性、性能、安全、扩展性、管理设计）
4. 项目实施管理
4.1 网络施工方案
4.2 施工进度计划
4.3 施工管理
5. 项目测试验收
5.1 测试目标及其验收标准
5.2 测试种类（可用性测试，吞吐量、响应时间、丢包率测试等）
5.3 测试需要的网络设备和网络资源
6. 项目培训计划方式
7. 技术支持和售后服务计划方法等

10.8 信息化工程造价概述

本节内容依据工信部颁布的《电子建设工程概（预）算编制方法及计价依据（HYD41-2015）》和

《电子建设工程预算定额》（工信厅规〔2015〕77号）文件，以及国家标准GB50500—2013《建设工程工程量清单计价规范》文件编写。

10.8.1　信息化及信息化工程

信息化是充分利用信息技术，开发利用信息资源，促进信息交流和知识共享，提高经济增长质量，推动经济社会发展转型的历史进程。总体来说，信息化包括国家信息化、经济信息化、社会信息化、领域信息化、基层单位信息化等。每种信息化又可以细分为多种类型的信息化，例如，领域信息化可以分为企业信息化、政务信息化、医疗信息化、金融信息化、教育信息化、物流信息化等。

信息化工程是指以计算机、通信技术及其他现代信息技术为主要手段的信息网络系统、信息安全系统、信息资源系统、信息应用系统等新建、扩建或者改建工程。例如，信息系统工程、软件工程、电子政务工程等。

信息化工程具有工程特性、信息特性、知识特性三个基本特性。信息化工程的工程特性决定信息化工程造价与建设工程造价有一定共通性和相似度，因此可以参考建设工程造价的指标体系和计量标准。但信息化工程的信息特性和知识特性使得信息化工程造价又与建设工程造价有明显的不同，信息化工程的信息特性和知识特性的度量和计价方法有别于建设工程造价，因此，信息化工程造价应建立自有的指标体系和计量标准。

10.8.2　信息化工程造价

信息化工程造价是指完成信息化工程项目所支出的全部费用。其度量和计价可按照两种方式进行，一种是按建设工程的传统方式进行度量和计价，主要指形成工程实体的费用；另一种是按照信息化工程的特有方式进行度量和计价，主要指不易度量的数字形态产品（如软件）和信息技术服务（如规划设计咨询）等非工程实体的价格。

按照工程造价管理与控制基础理论，信息化工程全生命周期对应的工程造价包括投资估算、初步设计概算、设计预算、合同价格、工程结算、工程决算等。

1. 信息化工程投资估算

信息化工程投资估算是依据项目建议书和项目可行性研究等资料编制的信息化项目总投资预测值。投资估算是项目建议书和项目可行性研究报告的组成部分，适用于信息化工程项目前期的投资决策和规划阶段。投资估算是项目审批的重要依据，也是确定信息化项目的建设规模和实现功能的参考，投资估算是最高限额。投资估算是设计阶段概算和预算的依据，指导设计概算和预算的编制。

2. 信息化工程初步设计概算

信息化工程设计概算是在投资估算的控制下依据初步设计文件、概算定额、设备、人工、材料预算价格等资料编制和确定建设项目从筹建到竣工交付使用所需的全部费用。初步设计概算是设计文件的重要组成部分，是对项目的总投资的计算，适用于信息化工程项目的设计阶段。初步设计概算一经批准，作为信息化项目的最高限额，是安排信息化工程项目资金计划的重要依据。

3. 信息化工程设计预算

信息化工程设计预算是依据详细设计文件和项目实施方案，以及预算定额、设备、人工、材料预算价格等资料编制和确定的工程建设费用。设计预算是项目实施前对工程建设费用的预测，适用于信息化工程项目的设计阶段，设计预算是确定工程项目合同价格的依据。

4. 信息化工程合同价格

信息化工程合同价格是建设单位和承建单位本着公平、公正、诚实、守信原则，为达成项目建设目标而约定的货币价格，适用于信息化工程项目实施阶段。合同价格的作用既表现为对自己的约束，又表现为向对方的承诺。

5. 信息化工程结算

信息化工程结算是依据竣工验收相关资料编制和确定工程建设费用。工程结算是项目建设单位和承建单位双方按照合同约定内容进行工程价款计算的结果，适用于信息化工程项目竣工阶段。工程结算是建设单位和承建单位双方对工程价款的确认，用来确定信息化工程项目实施阶段的价款，是施工单位索取工程款的重要依据。

6. 信息化工程决算

信息化工程决算是综合反映竣工项目从立项开始到项目竣工交付使用为止的全部费用，适用于项目竣工决算阶段。工程决算是从信息化工程最初规划阶段到竣工阶段的全部工程阶段里产生的费用。工程决算是从一个全面整体的高度来评审项目建设的成果，分析投资效果。

10.8.3 信息化工程费用组成

信息化工程费用由工程建设费用、工程建设其他费用、预备金三部分组成，见表10-1。

表 10-1 信息化工程费用组成表

信息化工程费用组成	工程建设费用	现货软件购置费
		硬件设备购置费
		软件开发费
		数据加工处理费和数字内容服务费
		综合布线工程费和机房工程费
		信息安全系统工程费
		信息系统集成费
		其他工程费
	工程建设其他费用	建设工程管理费
		前期工程咨询费
		工程勘察设计费
		工程造价咨询费
		招标代理费
		工程监理费
		第三方评测费
		其他相关费
	预备费	基本预备费

1. 工程建设费用

信息化工程建设费用主要由现货软件购置费、硬件设备购置费、软件开发费（开发和实施）、数据加工处理费和数字内容服务费、综合布线工程费和机房工程费、信息安全系统工程费、信息系统集成费和其他工程费构成。

（1）软件购置费和设备购置费用

软件购置费和设备购置费用除包括购置的产品本身费用外，还因考虑购置产品的其他相关费用，如手续费、采购及保管费、运输保险费、设备安装费等。

软件购置费是指信息化工程项目中的现货软件的购置费用，现货商品软件如系统软件、中间件、应用软件、数据库等。

设备购置费是指信息化工程项目中的硬件设备的购置费用，硬件设备如网络设备、服务器、存储设备、终端设备、信息安全设备等。

（2）软件开发费

软件开发费是指信息系统中除采购现货软件外需要定制或单独开发的软件的费用，包括软件开发成本、税金、合理利润等。

（3）数据加工处理费和数字内容服务费

数据加工处理费是指提供数据分析、整理、计算、编辑等加工和处理服务的费用，具体内容包括数据库活动、业务流程外包、网站内容更新、文件扫描存储等。

数字内容服务费是指数字内容的加工处理，即将图片、文字、视频等信息内容运用数字技术进行加工处理并整合应用的服务费用。具体内容包括数字动漫、游戏设计制作、地理信息加工处理等。

（4）综合布线工程费和机房工程费

综合布线工程费和机房工程费包括工程所需的设备、材料费和实施安装人工费等组成。

综合布线工程费是指建筑物内部和建筑群之间的传输网络的建设各项费用，可以按照材料费及安装人工费计取（新建项目），也可以按照信息点数据计取（改造项目）。

机房工程费是指确保计算机机房（也称数据中心）的关键设备和装置能安全稳定可靠运行而设计配置的基础工程的各项费用。可按设备材料费及安装人工费计取（新建项目），也可按照机房面积计取（改造项目）。

（5）信息安全系统工程费

信息安全系统是指保护网络系统正常运行和网络服务不中断的安全防护体系。信息安全系统工程费包括安全设备、加密设备、防火墙、入侵检测、安全软件、防病毒软件等的购买部署费用。

（6）信息系统集成费用

信息系统集成费用是指承建单位对采购的设备、系统需集成的部分在用户现场进行部署、调试，并将各个分离的设备、功能和数据等集成到相互关联、统一协调、实际可用的系统之中所花费的各种费用。

（7）其他工程费用

其他工程费用指其他专业工程（如视频监控系统、多媒体信息发布系统等）建设费用，以及项目建设期运营相关费用，如终端通信费和通信链路租用费等。

2. 工程建设其他费用

工程建设其他费用是指工程建设全过程中除工程建设费用、工程预备费用外的其他费用，包括建设单位管理费、前期工作咨询费、工程勘察设计费、工程造价咨询费、招标代理费、工程监理费、第三方评测费、其他相关费用（是指以上未涉及，但根据项目实际需要考虑的费用，如系统培训费、工程保险费、专家评审费、项目验收费等）。

3. 基本预备费

基本预备费是指在初步设计及概算内难以预料的工程费用，费用内容包括：在批准的初步范围内，技术设计及施工过程中增加的工程费用，以及设计变更增加的费用；一般自然灾害造成的损失和预防自然灾害所采取的措施费用等。

10.8.4 信息化工程计价

工程计价是指按照规定的程序、方法和依据，对工程造价及其构成内容进行估计或确定的行为。工程计价方式主要有两种，一种是定额计价，一种是工程量清单计价。信息化工程具有工程的特性，因此，信息化工程计价参考建设工程的工程计价方式，可以采用定额计价方式和工程量清单计价方式。

定额计价是由单位工程造价的直接工程费、施工措施费、综合管理费、其他费用、税金五部分构成，计价时先计算直接费，再以直接费为基数参照工程造价管理机构发布的市场信息费率，计算出综合管理费、其他费用及税金，再将各项费用汇总为工程造价。

工程量清单计价是由工程造价的分部分项工程费、措施项目费、其他项目费、规费、税金五部分组成，前三项费用分别计算汇总后，再按规定计取相应的规费和税金。最后将各项费用汇总为工程造价。我国的工程量清单计价是作为一种市场价格的形成机制，主要用在工程招标投标阶段。

根据国家标准GB 50500—2013《建设工程工程量清单计价规范》，凡使用国有资金投资的工程项目必须采用工程量清单计价方式；非国有资金投资的建设工程，宜采用工程量清单计价方式。《建设工程工程量清单计价规范》统一了建设工程的工程量清单计价办法、计算规则及项目设置规则，规范了工程量清单计价行为。当前，信息化工程计价应采用工程量清单计价方式。

说明：建设工程项目可以分解为建设项目、单项工程、单位工程、分部工程、分项工程。建设项目是一个具体的基本建设项目。单项工程又称工程项目，它是建设项目的组成部分，一个建设项目，可以是一个单项工程，也可以包括多个单项工程。所谓单项工程是具有独立的设计文件，竣工后可以独立发挥生成能力和效益的工程。单位工程是指具有独立施工条件的工程，它是单项工程的组成部分，一个单项工程由多个单位工程组成；分部工程是单位工程的组成部分，组成单位工程的部件或更小的部分就是分部工程，一个单位工程往往由多个分部工程组成；分项工程是分部工程的组成部分，是指能够采用单独工序完成，并可以采用适当计量单位进行工程量计算的基本构造单元，一个分部工程可以包含多个分项工程。

工程计价一般分为计量和计价两个环节。计量环节进行工程项目分解和工程量计算，计价环节包括工程项目单价确定和工程造价总价计算。

1. 项目分解

信息化工程项目作为一个具体建设项目，本身就是一个单项工程，可以按照单项工程、单位工程、分部分项工程进行逐步细分，将整个建设项目分解为多个基本构造单元，以便工程计价。首先将信息化工程项目作为一个单项工程进行分解，然后将这个单项工程分解成多个单位工程，最后将每个单位工程项目按照先分部后分项的顺序进行划分，形成多个分部分项工程量清单表。

2. 工程量计算

工程量是以物理计量单位或自然计量单位表示的各个具体分项工程的数量。工程量的计算可以依据工程设计方案和工程实施方案，以及工程量计算规则等进行。

3. 项目单价

定额计价的项目单价即定额基价，只包括人工、材料、机械设备费，是投标时期的指导价，反映定额编制时期的社会平均成本价。定额计价的唯一依据就是定额，编制方法具有地方性、行业性特点，各省有各省定额，各行业有各行业定额，消耗量也是指导性的。

工程量清单计价的项目单价是承建单位自定的综合单价，除了人工、材料、机械设备费，还要包括管理费、利润和必要的风险费因素，反映的是企业个别成本。工程量清单计价的主要依据是企业定额，随着工程量清单计价形式的推广和报价实践的增加，企业就会逐步建立起自身的企业定额和相应的项目单价。当企业都能根据自身状况和市场供求关系报出综合单价时，企业自主报价、市场竞争（通过招标投标）定价的计价格局就会形成。

4. 工程计价

工程计价采用先项目分解、后汇总计算的方式。首先，将整个工程项目分解为基本构造单元（工程量清单项目），然后根据技术经济参数及价格信息计算出所有基本构造单元的费用并进行组合汇总，最终计算出工程造价总价。分解过程中，分解结构层次越多、基本子项划分越细，工程造价计算就越精确。

10.9 网络工程项目建设经费预算

信息化工程建设经费预算是指信息化工程的设计预算，设计预算是确定工程项目合同价格的依据。网络工程属于信息化工程，本节采用工程量清单计价方式，说明网络工程建设经费预算。

10.9.1 工程量清单计价

目前，工程量清单计价作为一种市场价格的形成机制，其主要使用在招标投标阶段。工程量清单计价编制过程分为两个阶段，即工程量清单的编制过程和利用工程量清单编制投标报价的过程。在工程项目招标投标过程中，招标人或其委托有资质的咨询机构编制工程量清单，并作为招标文件的一部分提供给投标人。投标人依据工程量清单，根据各种渠道所获得的工程造价信息和经验数据，结合企业定额自主报价，编制工程量清单计价表，形成工程项目投标报价。

1. 工程量清单计价计算方法

采用工程量清单计价方式，工程计价由分部分项工程费、措施项目费、其他项目费、规费、税金五部分组成，对于建设项目的设计预算造价可以采用以下计算方法：

① 分部分项工程费=分部分项工程量×分部分项工程综合单价。分部分项工程主要是指完成工程项目过程中的实体工程。分部分项工程综合单价由人工费、材料费、机械费、管理费、利润、风险费用等组成。

② 措施项目费=措施项目工程量×措施项目综合单价。措施项目一般是指完成工程项目过程的技术、安全等方面的非工程实体项目。措施项目综合单价的构成与分部分项工程单价的构成类似。

③ 其他项目费=招标人部分金额+投标人部分金额。其他项目费是指招标人部分的预备级、自行采购材料购置金，以及暂定金额等。投标人部分的服务费用、技术培训费，以及零星工作项目费（投标人

提出的工程合同范围以外的零星工作项目）等。

④ 规费，是指根据法律规定所必须缴纳的费用。可以按照分部分项工程费、措施项目费、其他项目费中人工费为基数的一定百分比计取。

⑤ 税费，是指根据税法规定应列入的交税费用。按照分部分项工程费、措施项目费、其他项目费、规费之和乘以税率计取。

⑥ 单位工程报价=分部分项工程费+措施项目费+其他项目费+规费+税费。

⑦ 单项工程报价=∑单位工程报价。

⑧ 建设项目总报价=∑单项工程报价。

从建设项目采用工程量清单计价的计算方法中可以看到，其中的单位工程是具有独立施工条件的工程，本身由部分分项工程、措施项目和其他项目组成。

2. 工程量清单计价文件内容

工程量清单主要由分部分项工程量清单、措施项目清单、其他项目清单等组成。工程量清单是招标文件的组成部分，是编制标底和投标报价的依据，是签订合同、调整工程量和办理竣工结算的基础。工程量清单计价文件内容及格式应随招标文件发至投标人，由投标人填写，完整的工程量清单计价文件由下列内容组成:

① 封面。封面有投标人按规定的内容填写、签字、盖章。

② 投标总价。投标报价应按工程项目总价表合计金额填写。

③ 工程项目总价表。

④ 单项工程费汇总表。

⑤ 单位工程费汇总表。

⑥ 分部分项工程量清单计价表。

⑦ 措施项目清单计价表。

⑧ 其他项目清单计价表。

⑨ 零星工作表。

⑩ 分部分项工程量清单综合单价分析表。应由招标人根据需要提出要求后填写。

⑪ 措施项目费分析表。应由招标人根据需要提出要求后填写。

⑫ 主要材料表。

10.9.2 网络工程建设项目分解

网络工程属于信息化工程，根据信息工程费用组成，网络工程项目的建设费用一般由以下项目费用组成：网络硬件设备购置费、相关软件购置费、综合布线工程费、机房建设工程费、信息安全系统工程费、信息系统集成费、通信链路租用费等。

采用工程量清单计价方式进行计价，重点是编制好工程量清单计价表、措施项目计价表、其他项目清单表。这里结合工程量清单计价知识，针对网络工程项目建设经费预算，设计网络工程项目的分部分项工程、措施项目、其他项目。

分部分项工程：网络硬件设备购置、相关软件购置、综合布线工程、机房建设工程、信息安全系统工程等。

措施项目：网络系统集成等。

其他项目：技术培训、通信链路租用等。

考虑到网络工程项目作为单项工程的建设项目，且硬件设备购置和软件购置费用占用比例较大，这里将网络工程项目直接分解为分部分项工程、措施项目工程和其他项目工程，不考虑单位工程概念。在计算工程项目总报价时，工程项目总价报直接由分部分项工程费合计、措施项目费、其他项目、规费和税金之和形成。

10.9.3　网络工程项目建设经费预算

网络工程项目建设经费预算采用工程量清单计价表形式，主要预算表格可以由工程项目总价表、分部分项工程费汇总表，以及分部分项工程量清单计价表、措施项目清单计价表、其他项目清单计价表等组成。

1. 工程项目总价表

网络工程项目总价表是对工程项目的建设经费预算总表，是网络工程项目各项费用的总和，包括分部分项工程费合计、措施项目费、其他项目费、规费和税金，以及合计总价，见表10-2。

表 10-2　网络工程项目总价表

网络工程项目总价表			
项目名称		项目编号	
建设单位			
编　号	名　称	单价 / 万元	备　注
1	分部分项工程费合计		
2	措施项目费用		
3	其他项目费用		
4	规费		
5	税金		
合计			

2. 分部分项工程费用汇总表

网络工程分部分项工程费汇总表，是对网络工程项目中多个单位实体工程项目的经费汇总。网络工程项目的分部分项工程费用汇总表见表10-3。

表 10-3　分部分项工程费用汇总表

网络工程项目分部分项工程费用汇总表			
编　号	项目名称	单价 / 万元	备　注
1	网络硬件设备购置		
2	相关软件购置		
3	综合布线工程		
4	机房建设工程		
5	信息安全系统工程		
合计			

3. 分部分项工程量清单计价表

网络工程分部分项工程量清单计价表是对分部分项工程费用汇总表的各个分部分项工程的进一步细分计价，见表10-4。

表 10-4 分部分项工程量清单计价表

分部分项工程量清单计价表 1

工程名称：网络硬件设备购置

序号	分部分项名称	型号	单位	数量	综合单价	合价
1	核心交换机		台			
2	汇聚交换机		台			
3	接入交换机		台			
4	光纤交换机		台			
5	无线接入控制器		台			
6	瘦AP		台			
7	出口路由器		台			
8	云平台服务器		台			
9	存储服务器		台			
合计						

分部分项工程量清单计价表 2

工程名称：相关软件购置

序号	分部分项名称	型号	单位	数量	综合单价	合价
1	云平台操作系统		套			
2	网络管理系统		套			
3	数据库系统		套			
4	业务应用系统		套			
合计						

分部分项工程量清单计价表 3

工程名称：综合布线工程（设备和材料）

序号	分部分项名称	型号	单位	数量	综合单价	合价
1	超五类双绞线		箱			
2	超五类配线架		个			
3	五类配线架		个			
4	信息插座、面板		套			
5	42U机柜		台			
6	20U机柜		台			
7	12U机柜		台			
8	光纤（6芯）		米			
9	SC头		个			
10	SC耦合器		个			
11	LC头		个			
12	LC耦合器		个			

续表

序　　号	分部分项名称	型　　号	单　　位	数　　量	综合单价	合　　价
13	光纤接线盒		个			
14	光纤跳线LC-LC		根			
15	光纤跳线SC-SC		根			
16	光纤制作配件		套			
17	钢丝绳		米			
18	挂钩		个			
19	托架		个			
20	U型夹		个			
21	桥架		米			
22	PVC槽100 × 50		米			
23	PVC槽40 × 30		米			
24	RJ-45头		盒			
小计1						
工程名称：综合布线工程（施工）						
25	PVC槽敷设		米			
26	双绞线敷设		米			
27	跳线制作		条			
28	配线架安装		个			
29	机柜安装		台			
30	信息插座安装		套			
31	竖井打洞		个			
32	光纤敷设		米			
33	光纤SC头制作		个			
小计2						
合计						

分部分项工程量清单计价表 4

工程名称：机房建设工程（机房装修）

序　　号	分部分项名称	型　　号	单　　位	数　　量	综合单价	合　　价
1	天花板工程					
2	墙柱面工程					
3	防静电地板工程					
4	门窗工程					
小计1						
工程名称：机房建设工程（机柜系统）						
5	模块化机柜		套			
6	机柜空调		台			
7	机柜配供电设备		套			
8	机柜管理系统		套			
小计2						

工程名称：机房建设工程（机房配供电）						
9	UPS设备		台			
10	电线1		米			
11	电线2		米			
12	一级三相电源防雷型		台			
13	二级电源防雷器		个			
14	三级防雷排插		个			
15	辅助供电安装		套			
16	UPS供电安装		套			
小计3						
工程名称：机房建设工程（空调新风系统）						
17	精密空调		台			
18	新风系统		台			
小计4						
工程名称：机房建设工程（机房监控）						
19	环境监控设备		台			
20	设备监控（设备自备）		台			
21	安全监控设备		台			
22	监控系统集成		台			
小计5						
合计						

分部分项工程量清单计价表 5						
工程名称：信息安全系统工程						
序　号	分部分项名称	型　号	单　位	数　量	综合单价	合　价
1	防火墙		台			
2	上网行为管理器		台			
3	防病毒软件		套			
4	信息安全系统部署		套			
合计						

4. 措施项目清单计价表

网络工程措施项目清单计价表用于统计网络工程项目中信息特性和知识特性的非实体工程的项目计价，如网络系统集成等，见表10-5。

表 10-5　措施项目清单计价表

措施项目清单计价表						
工程名称：措施项目						
序　号	措施项目名称	计价方法	单　位	数　量	综合单价	合　计
1	网络系统集成	硬件、软件集成		1		
2						
3						
合计						

5. 其他项目清单计价表

网络工程项目其他项目清单计价表用于统计企业技术培训等，以及网络系统建设期间试运行需要的通信链路租用费等，见表10-6。

表 10-6　其他项目清单计价表

其他项目清单计价表						
工程名称：其他项目						
序　号	措施项目名称	计价方法	单　位	数　量	综合单价	合　计
1	技术培训					
2	通信链路租用					
合计						

小结

招标和投标是一种贸易方式的两个方面。这种贸易方式既适用于采购物资设备，也适用于发包工程项目。招标投标是一种国际惯例，是商品经济高度发展的产物，是应用技术、经济的方法和市场经济中竞争机制的作用，有组织开展的一种择优成交的方式。这种方式是在货物、工程和服务的采购行为中，招标人通过事先公布的采购和要求，吸引众多的投标人按照同等条件进行平等竞争，按照规定程序并组织技术、经济和法律等方面专家对众多的投标人进行综合评审，从中择优选定项目的中标人的行为过程。

本章首先介绍了招标投标基础知识，包括招标、投标、开标和评标、中标和合同签订的概念及相关的法律法规知识。在此基础上，介绍了网络工程项目的招标投标流程和网络工程项目投标文件技术部分参考内容。

本章最后还介绍信息化工程造价内容和计价方式。在此基础上，介绍了网络工程项目费用的组成，以及如何利用工程量清单计价进行网络工程项目经费预算。可以作为具体网络工程项目建设经费预算的参考。

习题

1. 什么是招标？
2. 什么是投标？
3. 常用的项目招标方式有哪些？
4. 如何进行评标？
5. 简要说明网络工程项目的招标投标流程。
6. 信息化工程有哪些费用组成？
7. 如何进行信息化工程计价？
8. 网络工程项目建设费用由哪些部分组成？

参考文献

[1] 张卫，俞黎阳. 计算机网络工程[M]. 2版.北京：清华大学出版社，2010.

[2] 陈鸣，李兵. 网络工程设计教程系统集成方法[M].北京：机械工业出版社，2015.

[3] 易建勋，姜腊林，史长琼. 计算机网络设计[M]. 2版. 北京：人民邮电出版社，2011.

[4] 王勇，刘晓辉，贺冀燕. 网络综合布线与组网工程[M]. 2版. 北京：科学出版社，2010.

[5] 王达. 网络工程师必读：网络系统设计[M]. 2版. 北京：电子工业出版社，2006.

[6] 陈明. 计算机网络工程[M]. 北京：中国铁道出版社，2009.